数理情報・工学系のための
数学教程　基礎編｜2

線形代数

河野 俊丈・吉田 朋広・松尾 宇泰　共編
朝倉 政典・落合 理・北山 貴裕・田口 雄一郎　共著

培風館

シリーズ編者

河野俊丈（明治大学総合数理学部専任教授）

吉田朋広（東京大学大学院数理科学研究科教授）

松尾宇泰（東京大学大学院情報理工学系研究科教授）

序　文

本書は大学 1〜2 年生向けの授業で教科書または参考書として使用されることを念頭に書かれた，線形代数学の入門書である．線形代数学は，代数学の中でも特に，線形空間（ベクトル空間）とそれらの間の線形写像についての理論であり，これらの抽象論に関連して，行列や連立 1 次方程式など，多くの具体的で有用な対象が扱われる．現代数学のあらゆる場面で基礎となる理論であると同時に，データサイエンスや機械学習などの現代的な応用においても基本的な道具となる．線形代数学の教科書は既に多数存在するが，本書執筆の際に特に心掛けたのは以下の諸点である．

- 数学的に厳密に記述する．証明は省略しない．
- 初心者にも理解しやすいように，丁寧な解説を施し，自習の用に堪えるようにする．
- 充実した例題や節末問題により理解を助ける．

紙数の都合で本書では節末問題の数が限られているが，本書のウェブサイトの問題も合わせると，問題集としても十分使ってもらえると思う．節末問題の解答もウェブサイトでより詳しく解説する．また，確率行列や LU 分解など，いくつかの応用的なトピックスについてもウェブサイトにてコラムとして取り上げる．

4 人の著者の所属（および前所属）からも想像されるように，本書は東京大学，東京科学大学，北海道大学，大阪大学の線形代数学のカリキュラムを参考にしているが，必ずしもそれらにとらわれずに，自然な流れを重視して書いた．教科書としての使い勝手をよくするため，各節は概ね授業 1 回分の内容としてある．また，各章はなるべく独立して読めるように心掛けた．例えば，第 3 章を飛ばして第 4 章，第 5 章と進むことも可能だし，第 7 章を第 6 章の前に読むことも可能である．

具体的な内容は以下の通りである．多くの大学では，1 年次の前期に行列についての基本事項と連立 1 次方程式の解法を学ぶと思う．本書でもこれを踏襲し，第 2 章と第 3 章でこれらの基礎理論を学ぶ．これに先立ち，第 1 章では，平面と空間（すなわち 2 次元と 3 次元）に限定して，ベクトルや行列を紹介し，それ以降の章で展開される理論の特別な場合を詳しく，視覚的にも分かりやすく，解説した．最近では高校で行列が扱われなくなり，また，令和 4 年度の高等学校学習指導要領の改定では「ベクトル」の単元が数学 C に移行するなど，高校数学における線形代数的要素が希薄化している．第 1 章はこの残念な現実を多少なりとも補うためのものである．

第 4 章からは線形代数学の本体，すなわちベクトル空間および線形写像の抽象論，を本格的に展開する．議論が抽象的になる分，最初は取っ付き難いかもしれないが，多くの例を通して馴染んでいくうちに，抽象論の方が却って「楽」であることを実感してもらえれば幸いである．係数体（スカラーの体）は，実数体や複素数体に限定せず，一般の体としてある．これは，情報理論などで典型的に見られるように，近年では有限体上の線形代数の理論の重要性が応用上も高まっていることに配慮したためである．

第 4 章，5 章および 6 章の 6.3 節ぐらいまでは通常 1 年次の線形代数学で学習する部分であろう．6.4 節（ジョルダン標準形）や第 8 章の内容を 1 年次でどれくらい学ぶかは大学によると思う．また，学ぶ順序も様々であろう．本書は，どのようなカリキュラムであれ，大抵は対応できるように書いたつもりである．目次において (∗) の付されている節はやや進んだ内容であることを表している．初読の際は飛ばしても一向に差し支えない．

本書が線形代数学をこれから学ぶ読者にとっても，あるいは線形代数学を他の分野に応用したい読者にとっても，役に立つことを切に願っている．

本書執筆にあたり，既に数多く存在する線形代数学の教科書のうちのいくつかを参考にさせて頂いた．いちいちお名前は記さないが，それらの著者の方々に感謝したい．また，河野俊丈先生には本書の執筆をお勧め頂いた．培風館の斉藤淳氏には本書の出版に関わるあらゆる場面でお世話になった．お二人に深く感謝する次第である．

2025 年 2 月

著者識す

本書の web 資料は培風館のホームページ
　http://www.baifukan.co.jp/shoseki/kanren.html
から，アクセスできるようになっている。
有効に活用していただきたい。

目　　次

1　平面や空間の線形変換

本章では，線形代数学を学び始めるための導入として，高校で学習した平面と空間という特別な場合に限って線形代数学で現れるベクトルや行列の概念を導入して，これから学習する理論の具体的な例を紹介しながら，線形代数学ではどのようなことを目標にするのかを説明したい．

1.1　幾何ベクトルと数ベクトル

本節では，平面や空間におけるベクトルの基本的なことを学び，それらの意味を理解したり計算に慣れていきたい．

平面内や空間内の有向線分に対して，平行移動して一致するものは同じだとみなしたものを幾何ベクトルとよび，点 Q を始点とし点 R を終点とする有向線分が与える幾何ベクトルを $\overrightarrow{\mathrm{QR}}$ と記す．始点や終点を固定した有向線分ではなくこのような幾何ベクトルを考えることの利点としては，幾何ベクトルに対しては長さを変えるスカラー倍が定まり，また 2 つの幾何ベクトルに対してベクトル同士の和や互いになす角度などを考えられることがある（和に関しては下図を参照のこと）．

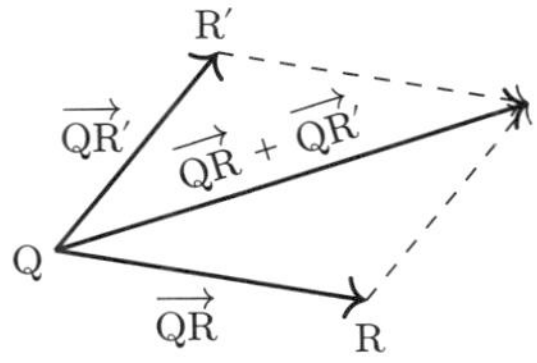

さて，平面や空間の点 P が与えられたとき，特に原点 O に対して定まる幾何ベクトル $\overrightarrow{\mathrm{OP}}$ を点 P の位置ベクトルとよぶ．

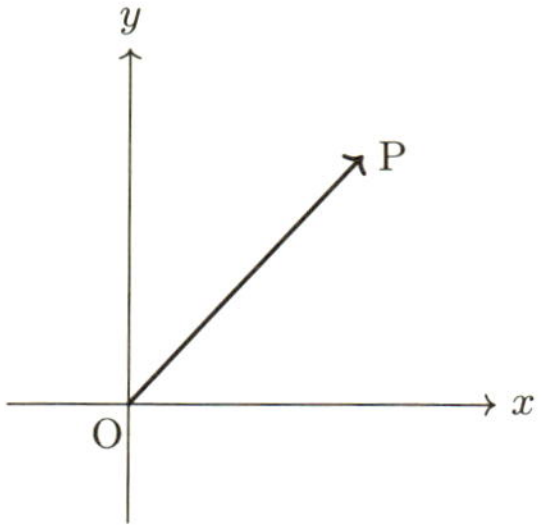

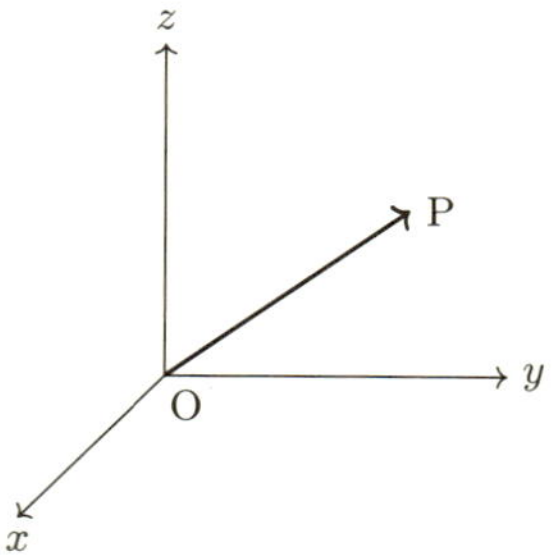

座標 (x, y) をもつ点 P に対応する平面の位置ベクトル $\overrightarrow{\mathrm{OP}}$ を考える．この座標成分を並べて角括弧でくくったもの $\begin{bmatrix} x \\ y \end{bmatrix}$ を **2 次元数ベクトル**とよぶ．実数の集合を $\mathbb{R}$ と書くので 2 次元数ベクトルの集合を $\mathbb{R}^2$ と記す．平面の幾何ベクトルがあると 2 次元数ベクトルがただ 1 つ定まり，逆に 2 次元数ベクトルがあると平面の幾何ベクトルがただ 1 つ定まる．

座標 (x, y, z) をもつ点 P に対応する空間の位置ベクトル $\overrightarrow{\mathrm{OP}}$ を考える．この座標成分を並べて角括弧でくくったもの $\begin{bmatrix} x \\ y \\ z \end{bmatrix}$ を **3 次元数ベクトル**とよぶ．3 次元数ベクトルの集合を $\mathbb{R}^3$ と記す．空間の幾何ベクトルがあると 3 次元数ベクトルがただ 1 つ定まり，逆に 3 次元数ベクトルがあると空間の幾何ベクトルがただ 1 つ定まる．

原点 O に対応するベクトルを $\mathbf{0}$ と記し，**零ベクトル**とよぶ．零ベクトルはすべての成分が 0 となる数ベクトルである．$\mathbb{R}^2$ や $\mathbb{R}^3$ のベクトルをしばしば $\boldsymbol{a}$, $\boldsymbol{b}$, $\boldsymbol{v}$, $\boldsymbol{w}$, $\boldsymbol{x}$, $\boldsymbol{y}$ などの小文字の太字で表す．

$\mathbb{R}^2$ や $\mathbb{R}^3$ の数ベクトルに対しては，**和**（または**加法**）と**スカラー倍**とよばれる 2 つの基本的な演算がある．

2 次元数ベクトル $\boldsymbol{v} = \begin{bmatrix} x \\ y \end{bmatrix}$, $\boldsymbol{v}' = \begin{bmatrix} x' \\ y' \end{bmatrix}$ に対して，和 $\boldsymbol{v}+\boldsymbol{v}'$ を $\boldsymbol{v}+\boldsymbol{v}' = \begin{bmatrix} x + x' \\ y + y' \end{bmatrix}$ と定義する．2 次元数ベクトル $\boldsymbol{v} = \begin{bmatrix} x \\ y \end{bmatrix}$ と実数 s に対して，スカラー倍 $s\boldsymbol{v}$ を

$s\boldsymbol{v} = \begin{bmatrix} sx \\ sy \end{bmatrix}$ と定義する．3 次元数ベクトル $\boldsymbol{v} = \begin{bmatrix} x \\ y \\ z \end{bmatrix}$, $\boldsymbol{v}' = \begin{bmatrix} x' \\ y' \\ z' \end{bmatrix}$, 実数 s に対しても和 $\boldsymbol{v} + \boldsymbol{v}'$ を同様に $\boldsymbol{v} + \boldsymbol{v}' = \begin{bmatrix} x + x' \\ y + y' \\ z + z' \end{bmatrix}$ と定義し，スカラー倍 $s\boldsymbol{v}$ を $s\boldsymbol{v} = \begin{bmatrix} sx \\ sy \\ sz \end{bmatrix}$ と定義する．

内積　2 次元数ベクトルや 3 次元数ベクトルに対して，内積という概念が定義される．2 次元数ベクトル $\boldsymbol{v} = \begin{bmatrix} x \\ y \end{bmatrix}$, $\boldsymbol{v}' = \begin{bmatrix} x' \\ y' \end{bmatrix}$ に対して

$$(\boldsymbol{v}, \boldsymbol{v}') = xx' + yy' \tag{1.1}$$

と定義する．3 次元数ベクトル $\boldsymbol{v} = \begin{bmatrix} x \\ y \\ z \end{bmatrix}$, $\boldsymbol{v}' = \begin{bmatrix} x' \\ y' \\ z' \end{bmatrix}$ に対して，実数 $(\boldsymbol{v}, \boldsymbol{v}')$ を

$$(\boldsymbol{v}, \boldsymbol{v}') = xx' + yy' + zz' \tag{1.2}$$

と定める．この $(\boldsymbol{v}, \boldsymbol{v}')$ を数ベクトル $\boldsymbol{v}$ と数ベクトル $\boldsymbol{v}'$ の**内積**とよぶ[1)]．

内積に関しては次のような性質が成り立つ．数ベクトル $\boldsymbol{v}$, $\boldsymbol{v}'$, $\boldsymbol{v}''$ と実数 s を任意にとるとき，

（1）　$(\boldsymbol{v} + \boldsymbol{v}', \boldsymbol{v}'') = (\boldsymbol{v}, \boldsymbol{v}'') + (\boldsymbol{v}', \boldsymbol{v}'')$, $(\boldsymbol{v}, \boldsymbol{v}' + \boldsymbol{v}'') = (\boldsymbol{v}, \boldsymbol{v}') + (\boldsymbol{v}, \boldsymbol{v}'')$

（2）　$(s\boldsymbol{v}, \boldsymbol{v}') = (\boldsymbol{v}, s\boldsymbol{v}') = s(\boldsymbol{v}, \boldsymbol{v}')$

（3）　$(\boldsymbol{v}, \boldsymbol{v}') = (\boldsymbol{v}', \boldsymbol{v})$

（4）　$(\boldsymbol{v}, \boldsymbol{v}) \geqq 0$ であり，等号成立は $\boldsymbol{v} = \boldsymbol{0}$ のときに限る．

性質 (1) から (4) は $\boldsymbol{v}, \boldsymbol{v}'$ を成分表示して計算することで機械的に確かめられる．

2 次元数ベクトル $\boldsymbol{v}$, $\boldsymbol{v}'$ が互いに**直交**するとは $(\boldsymbol{v}, \boldsymbol{v}') = 0$ となることをいう．しばしば，$\boldsymbol{v}$ と $\boldsymbol{v}'$ が直交することを記号 $\boldsymbol{v} \perp \boldsymbol{v}'$ で表す．また，2 次元数ベクトル $\boldsymbol{v}$ に対して上述の性質 (4) より，$(\boldsymbol{v}, \boldsymbol{v}) \geqq 0$ なので $\|\boldsymbol{v}\| = \sqrt{(\boldsymbol{v}, \boldsymbol{v})}$ と定め，$\|\boldsymbol{v}\|$ を 2

1)　内積の記号としては，$(\boldsymbol{v}, \boldsymbol{v}')$ の代わりに $\boldsymbol{v} \cdot \boldsymbol{v}'$ を用いることもある．

次元数ベクトル $\boldsymbol{v}$ の**ノルム**または**長さ**とよぶ．3 次元数ベクトル $\boldsymbol{v}, \boldsymbol{v}'$ に対する直交の概念，3 次元数ベクトルのノルムも全く同様に定義される．数ベクトル $\boldsymbol{v}$ と数ベクトル $\boldsymbol{v}'$ がともに零ベクトルでないとして，

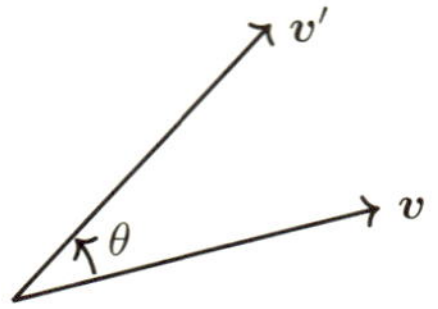

図のようにそれらがなす角を θ とするとき，

$$(\boldsymbol{v}, \boldsymbol{v}') = \|\boldsymbol{v}\|\|\boldsymbol{v}'\|\cos\theta \qquad (1.3)$$

が成り立つ．この等式は余弦定理を使って確かめることができる（問題 1.1.1）．高校数学では式 (1.3) を数ベクトルの内積の定義としたが，大学で学ぶ線形代数ではむしろ式 (1.1) や式 (1.2) を内積の定義として，式 (1.3) は定義から導かれる事実という位置付けになる．内積に関してはのちに第 7 章において，4 次元以上も込めた一般の場合にも定義して性質などをより詳しく説明する．

外積　3 次元数ベクトル $\boldsymbol{v} = \begin{bmatrix} x \\ y \\ z \end{bmatrix}$, $\boldsymbol{v}' = \begin{bmatrix} x' \\ y' \\ z' \end{bmatrix}$ に対しては，3 次元数ベクトル $\boldsymbol{v} \times \boldsymbol{v}'$ を $\boldsymbol{v} \times \boldsymbol{v}' = \begin{bmatrix} yz' - y'z \\ zx' - z'x \\ xy' - x'y \end{bmatrix}$ で定める．この $\boldsymbol{v} \times \boldsymbol{v}'$ を数ベクトル $\boldsymbol{v}$ と数ベクトル $\boldsymbol{v}'$ の**外積**とよぶ[2)]．例えば，$\boldsymbol{v} = \begin{bmatrix} 1 \\ 0 \\ 0 \end{bmatrix}$, $\boldsymbol{v}' = \begin{bmatrix} 0 \\ 1 \\ 0 \end{bmatrix}$ に対しては，$\boldsymbol{v} \times \boldsymbol{v}' = \begin{bmatrix} 0 \\ 0 \\ 1 \end{bmatrix}$ となる．

外積に関しては次のような性質が成り立つ．数ベクトル $\boldsymbol{v}, \boldsymbol{v}', \boldsymbol{v}''$ と実数 s を任意にとるとき，

（1）　$\boldsymbol{v} \times \boldsymbol{v}' = -\boldsymbol{v}' \times \boldsymbol{v}$

（2）　$(s\boldsymbol{v}) \times \boldsymbol{v}' = \boldsymbol{v} \times (s\boldsymbol{v}') = s(\boldsymbol{v} \times \boldsymbol{v}')$

2)　外積の記号としては，$\boldsymbol{v} \times \boldsymbol{v}'$ の代わりに $\boldsymbol{v} \wedge \boldsymbol{v}'$ を用いることもある．

（３）　$\boldsymbol{v} \times (\boldsymbol{v}' + \boldsymbol{v}'') = \boldsymbol{v} \times \boldsymbol{v}' + \boldsymbol{v} \times \boldsymbol{v}''$

（４）　$\boldsymbol{v} \times \boldsymbol{v} = \boldsymbol{0}$

（５）　数ベクトル $\boldsymbol{v}$ と数ベクトル $\boldsymbol{v}'$ がなす角を θ とするとき，

$$\|\boldsymbol{v} \times \boldsymbol{v}'\| = \|\boldsymbol{v}\|\|\boldsymbol{v}'\||\sin\theta|$$

（６）　$(\boldsymbol{v} \times \boldsymbol{v}', \boldsymbol{v}) = (\boldsymbol{v} \times \boldsymbol{v}', \boldsymbol{v}') = 0$

性質 (1) から (4) と (6) は，$\boldsymbol{v}, \boldsymbol{v}', \boldsymbol{v}''$ を成分表示して計算することで機械的に確かめられる．性質 (5) は，他の性質ほど簡単には確かめられないが内積の性質である式 (1.3) を用いて確かめることができる（問題 1.1.2）．(6) より 3 次元数ベクトル $\boldsymbol{v}$ と $\boldsymbol{v}'$ の外積 $\boldsymbol{v} \times \boldsymbol{v}'$ は $\boldsymbol{v}$ と $\boldsymbol{v}'$ の両方に直交する数ベクトルであり，また (5) よりその長さが $\boldsymbol{v}$ と $\boldsymbol{v}'$ が張る平行四辺形 S の面積に等しいことを主張している．

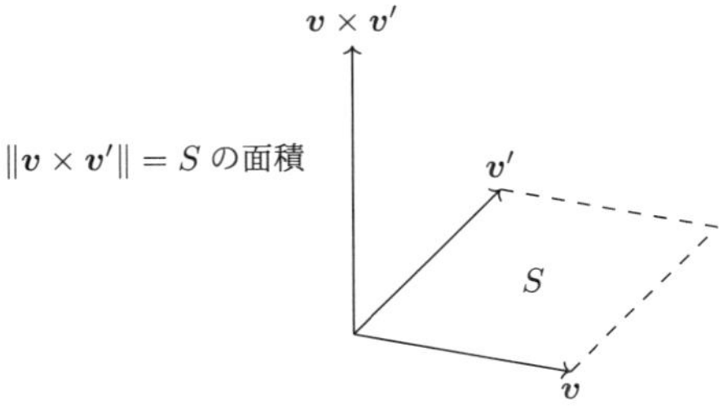

平面または空間における異なる 2 点 P, Q を考える．このとき，2 点 P, Q を通る直線は，ベクトル $\boldsymbol{v} = \overrightarrow{\mathrm{OP}}$, $\boldsymbol{v}' = \overrightarrow{\mathrm{PQ}}$ を用いて $\boldsymbol{v} + s\boldsymbol{v}'$ と表せる．ここで s は変数であり，s に特定の値を入れると P, Q を通る直線上の点が得られ，また s の値が実数を動くときこの直線上の点をすべて尽くす．このような s を**パラメータ**，表示 $\boldsymbol{v} + s\boldsymbol{v}'$ を直線の**パラメータ表示**とよぶ．

例えば，具体的に平面における点 $\mathrm{P} = (2,1)$, $\mathrm{Q} = (-1,3)$ を考えると，$\overrightarrow{\mathrm{OP}} = \begin{bmatrix} 2 \\ 1 \end{bmatrix}$, $\overrightarrow{\mathrm{PQ}} = \begin{bmatrix} -3 \\ 2 \end{bmatrix}$ なので，2 点 P, Q を通る直線のパラメータ表示は，$\begin{bmatrix} 2 \\ 1 \end{bmatrix} + s\begin{bmatrix} -3 \\ 2 \end{bmatrix}$ で与えられる．この直線上の数ベクトルを $\begin{bmatrix} x \\ y \end{bmatrix}$ とすると，$x = 2 - 3s$, $y = 1 + 2s$ となるので，s を消去すれば直線の方程式 $2x + 3y = 7$ が得られる．

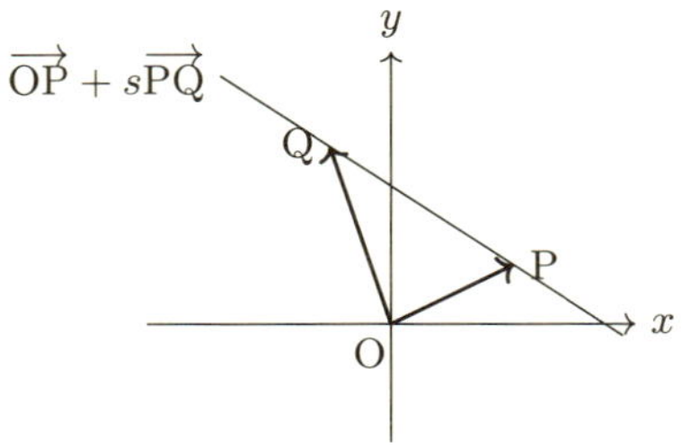

空間内において一般の位置にある 3 点 P, Q, R を考える[3]．ベクトル $\boldsymbol{v} = \overrightarrow{\mathrm{OP}}$, $\boldsymbol{v}' = \overrightarrow{\mathrm{PQ}}$, $\boldsymbol{v}'' = \overrightarrow{\mathrm{QR}}$ を用いて，3 点 P, Q, R を通る平面を $\boldsymbol{v} + s\boldsymbol{v}' + t\boldsymbol{v}''$ とパラメータ表示できる．この場合にはパラメータが 2 つあり，s, t それぞれに特定の値を入れると P, Q, R を通る平面上の点が得られ，また s, t の値が実数を動くときこの平面上の点をすべて尽くす．

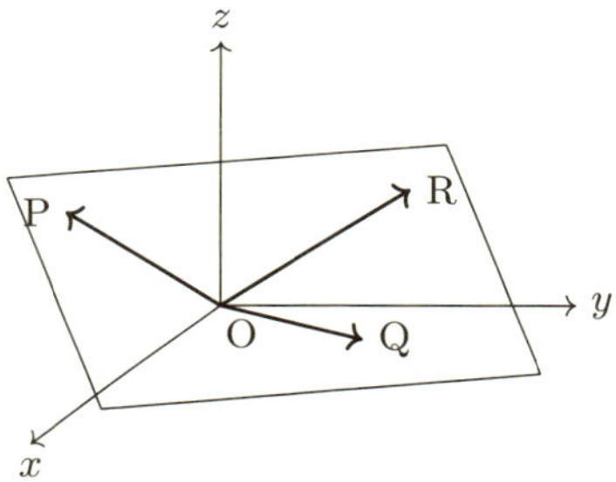

ここで考えたパラメータ表示のように，数によるスカラー倍だけでなく変数によるスカラー倍を考えたり，成分が変数であるような数ベクトルを考えたりすることもある．

本節の最後に高次元の空間について軽く紹介しておく．本章はあくまで導入ということもあり，平面と空間の場合のみを取り扱うが，本書では $n \geqq 4$ なる整数に対しても同様に $\begin{bmatrix} a_1 \\ a_2 \\ \vdots \\ a_n \end{bmatrix}$ という数ベクトルを考えて，それらがなす集合を $\mathbb{R}^n$ と記す．次章以降では，このような高次元の空間を扱っていく．

3) 空間内の 3 点が「一般の位置にある」とは，それらの 3 点すべてを通過する直線が存在しないことをいう．

問題 1.1

1. $\mathbb{R}^2$ の数ベクトル $\boldsymbol{v}, \boldsymbol{v}'$ がなす角を θ とするとき，式 (1.1) で定義した内積に対して，余弦定理を用いることで

$$(\boldsymbol{v}, \boldsymbol{v}') = \|\boldsymbol{v}\|\|\boldsymbol{v}'\| \cos\theta$$

が成り立つことを示せ．また，$\mathbb{R}^3$ の数ベクトル $\boldsymbol{v}, \boldsymbol{v}'$ がなす角を θ とするとき，式 (1.2) で定義した内積に対して同様の式を示せ．

2. $\mathbb{R}^3$ の数ベクトル $\boldsymbol{v} = \begin{bmatrix} x \\ y \\ z \end{bmatrix}$, $\boldsymbol{v}' = \begin{bmatrix} x' \\ y' \\ z' \end{bmatrix}$ を任意にとるとき，外積 $\boldsymbol{v} \times \boldsymbol{v}' = \begin{bmatrix} yz' - y'z \\ zx' - z'x \\ xy' - x'y \end{bmatrix}$ が，本文で紹介した性質 (1) から (6) を満たすことを確かめよ．

3. $\mathbb{R}^3$ の数ベクトル $\boldsymbol{a} = \begin{bmatrix} 1 \\ 0 \\ -1 \end{bmatrix}, \boldsymbol{b} = \begin{bmatrix} 3 \\ -2 \\ 1 \end{bmatrix}, \boldsymbol{c} = \begin{bmatrix} 0 \\ 1 \\ 0 \end{bmatrix}$ に対して，$\boldsymbol{a}\times\boldsymbol{b}$, $(\boldsymbol{a}, \boldsymbol{b}\times\boldsymbol{c})$ を求めよ．

4. 次の問いに答えよ．

（1） 平面の 2 点 $\mathrm{P} = (1,3)$, $\mathrm{Q} = (2,5)$ を通る直線の $\boldsymbol{v} + s\boldsymbol{v}'$ というパラメータ表示を与えよ．

（2） 空間の 3 点 $\mathrm{P} = (1,1,1)$, $\mathrm{Q} = (2,3,5)$, $\mathrm{R} = (3,2,1)$ を通る平面の $\boldsymbol{v} + s\boldsymbol{v}' + t\boldsymbol{v}''$ というパラメータ表示を与えよ．

1.2 線形変換の定義と例

本節では，平面や空間の線形変換の定義と基本的な性質を学ぶ．また，線形変換の具体例をいくつかあげ，それらの性質を掘り下げて議論したい．

S, S' を集合とする．S の任意の元（要素ともいう[4)]）$x \in S$ に対して，S' の元を対応させる規則のことを S から S' への**写像**という．f が S から S' への写像であるとき記号で $f : S \longrightarrow S'$ と記し，写像 f が S の x に対応させる S' の元を $f(x)$ と記す．S, S', S'' を集合として，$f : S \longrightarrow S'$, $g : S' \longrightarrow S''$ を写像とする．このとき，$(g \circ f)(x) = g(f(x))$ で定まる写像 $g \circ f : S \longrightarrow S''$ を f と g の**合成写像**という．

一般に，ある集合 S から S 自身への写像のことを**変換**とよぶ．変換 $f : \mathbb{R}^2 \longrightarrow \mathbb{R}^2$ のうち，ある実定数 a, b, c, d を用いて 1 次式

$$f\left(\begin{bmatrix} x \\ y \end{bmatrix}\right) = \begin{bmatrix} ax + by \\ cx + dy \end{bmatrix} \tag{1.4}$$

で定まるようなものを $\mathbb{R}^2$ の **1 次変換**とよぶ．同様に，$S = \mathbb{R}^3$ の変換 $f : \mathbb{R}^3 \longrightarrow \mathbb{R}^3$ のうち，ある実定数 $a, b, c, d, e, f, g, h, i$ を用いて 1 次式

$$f\left(\begin{bmatrix} x \\ y \\ z \end{bmatrix}\right) = \begin{bmatrix} ax + by + cz \\ dx + ey + fz \\ gx + hy + iz \end{bmatrix} \tag{1.5}$$

で定まるようなものを $\mathbb{R}^3$ の **1 次変換**とよぶ．

1 次変換に対して，常に成り立つ基本的な性質を紹介する．

命題 1.2.1

f が $\mathbb{R}^2$ または $\mathbb{R}^3$ の 1 次変換であるとすると，$f(\mathbf{0}) = \mathbf{0}$ が成り立つ．

この命題は直ちに確かめられるので証明は省略する．

4) 高校までは集合の「要素」という言葉遣いをしたが，大学以降では「要素」のことを「元」とよぶことが多い．

命題 1.2.2

f, g がともに $\mathbb{R}^2$ または $\mathbb{R}^3$ の 1 次変換であるとすると，合成変換 $g \circ f$ も $\mathbb{R}^2$ または $\mathbb{R}^3$ の 1 次変換となる．

［証明］　f はある実定数 a, b, c, d を用いて 1 次式

$$f\left(\begin{bmatrix} x \\ y \end{bmatrix}\right) = \begin{bmatrix} ax + by \\ cx + dy \end{bmatrix}$$

で定まる 1 次変換とし，g はある実定数 a', b', c', d' を用いて 1 次式

$$g\left(\begin{bmatrix} x \\ y \end{bmatrix}\right) = \begin{bmatrix} a'x + b'y \\ c'x + d'y \end{bmatrix}$$

で定まる 1 次変換とする．合成変換の定義に従って計算すると

$$\begin{aligned} g \circ f\left(\begin{bmatrix} x \\ y \end{bmatrix}\right) &= g\left(f\left(\begin{bmatrix} x \\ y \end{bmatrix}\right)\right) \\ &= g\left(\begin{bmatrix} ax + by \\ cx + dy \end{bmatrix}\right) \\ &= \begin{bmatrix} a'(ax + by) + b'(cx + dy) \\ c'(ax + by) + d'(cx + dy) \end{bmatrix} \\ &= \begin{bmatrix} (aa' + b'c)x + (a'b + b'd)y \\ (ac' + cd')x + (bc' + dd')y \end{bmatrix} \end{aligned}$$

となる．よって，$a'' = aa' + b'c$, $b'' = a'b + b'd$, $c'' = ac' + cd'$, $d'' = bc' + dd'$ とおくと，

$$g \circ f\left(\begin{bmatrix} x \\ y \end{bmatrix}\right) = \begin{bmatrix} a''x + b''y \\ c''x + d''y \end{bmatrix}$$

と表せるので，$g \circ f$ も 1 次変換である．□

1 次変換を定める式 (1.4) において，a, b, c, d に特別な値を与えることで典型的な例を考えてみよう．

(1) $b=c=0, a \neq 0, d \neq 0$ の場合を考える．つまり，

$$f\left(\begin{bmatrix} x \\ y \end{bmatrix}\right)=\begin{bmatrix} ax \\ dy \end{bmatrix} \tag{1.6}$$

と表される 1 次変換を考える．この 1 次変換は，もし a, d がともに正ならば，平面内の図形を x 軸方向に a 倍，y 軸方向に b 倍拡大するような 1 次変換である．また，a が負ならば y 軸に対して対称に反転させたうえで x 軸方向に $|a|$ 倍，d が負ならば x 軸に対して対称に反転させたうえで y 軸方向に $|d|$ 倍を施す 1 次変換である．このような 1 次変換を「引き伸ばし変換」とよびたい．

(2) $a=d=1, c=0$ の場合を考える．つまり，

$$f\left(\begin{bmatrix} x \\ y \end{bmatrix}\right)=\begin{bmatrix} x+by \\ y \end{bmatrix} \tag{1.7}$$

と書けるような 1 次変換を考える．この 1 次変換は，平面に書かれた正方形を底辺と高さはそのままで斜めに倒した平行四辺形に移すような変換である．この 1 次変換を「斜倒変換」とよびたい．今までの 2 つの 1 次変換の図は以下のように表せる．

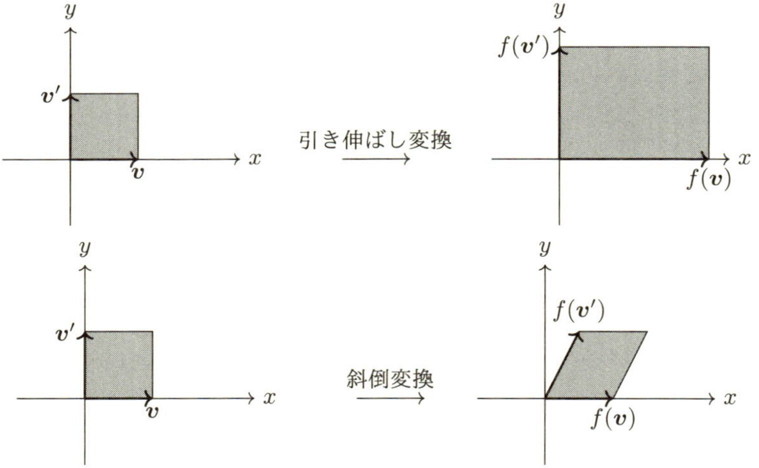

(3) $0 \leqq \theta < 2\pi$ を満たすある実数 θ によって，$a=\cos\theta, b=-\sin\theta, c=\sin\theta, d=\cos\theta$ と a, b, c, d が与えられた場合を考える．つまり，

$$f\left(\begin{bmatrix} x \\ y \end{bmatrix}\right) = \begin{bmatrix} x\cos\theta - y\sin\theta \\ x\sin\theta + y\cos\theta \end{bmatrix} \tag{1.8}$$

と書けるような 1 次変換を考える．この 1 次変換は，平面に書かれた図形をその形は全く変えずに原点を中心に角度 θ だけ回転させる変換である．この 1 次変換を「回転変換」とよびたい．回転変換の図は以下のように表せる．

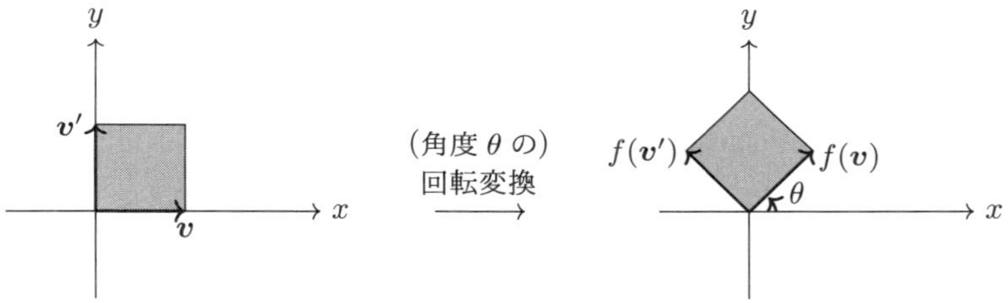

S を集合とするとき, 変換 $\mathrm{id}_S : S \longrightarrow S$ を S の任意の元 x に対して, $\mathrm{id}_S(x) = x$ となる変換とする．このような変換を S の**恒等変換**とよぶ．一般に，変換 $f : S \longrightarrow S$ が与えられたときに，合成変換 $g \circ f$，$f \circ g$ がともに恒等変換となるような変換 $g : S \longrightarrow S$ が存在するならば，g を f の**逆変換**とよぶ．逆変換を記号で f^{-1} と表す．

特に，S が $\mathbb{R}^2$ または $\mathbb{R}^3$ のとき，定義からすぐ確かめられるように S の恒等変換 id_S は 1 次変換である．また，このとき f を S の 1 次変換とすると，その逆変換 f^{-1} が存在するならば f^{-1} も 1 次変換となる（問題 1.2.3 の解答参照）．

式 (1.6), (1.7), (1.8) で与えた 3 つのタイプの 1 次変換は，どれも逆変換をもつ（問題 1.2.3 参照）．f が式 (1.6) のタイプの 1 次変換ならば，その逆変換 f^{-1} は

$$f^{-1}\left(\begin{bmatrix} x \\ y \end{bmatrix}\right) = \begin{bmatrix} \frac{x}{a} \\ \frac{y}{d} \end{bmatrix}$$

で与えられる．f が式 (1.7) のタイプの 1 次変換ならば，その逆変換 f^{-1} は

$$f^{-1}\left(\begin{bmatrix} x \\ y \end{bmatrix}\right) = \begin{bmatrix} x - by \\ y \end{bmatrix}$$

で与えられる．f が式 (1.8) のタイプの 1 次変換ならば，その逆変換 f^{-1} は

$$f^{-1}\left(\begin{bmatrix}x\\y\end{bmatrix}\right)=\begin{bmatrix}x\cos\theta+y\sin\theta\\x\cos\theta-y\sin\theta\end{bmatrix}$$

で与えられる．

一般には，逆変換をもたない場合もある．そのような例として，$a=b=c=d=1$ の場合を考える．つまり，

$$f\left(\begin{bmatrix}x\\y\end{bmatrix}\right)=\begin{bmatrix}x+y\\x+y\end{bmatrix} \tag{1.9}$$

と書けるような 1 次変換を考える．この 1 次変換はすべてのベクトルは $\begin{bmatrix}1\\1\end{bmatrix}$ のスカラー倍に写される．この 1 次変換 f が逆変換をもたないことを背理法で示すために，逆変換 f^{-1} があると仮定する．このとき，$f\circ f^{-1}$ は恒等写像でないといけないが，$\begin{bmatrix}1\\1\end{bmatrix}$ のスカラー倍ではない $\mathbb{R}^2$ のベクトル $\boldsymbol{v}$ に対しては，$f\circ f^{-1}(\boldsymbol{v})=f(f^{-1}(\boldsymbol{v}))$ は $\begin{bmatrix}1\\1\end{bmatrix}$ のスカラー倍なので，$f\circ f^{-1}(\boldsymbol{v})\neq\boldsymbol{v}$ となる．これは $f\circ f^{-1}$ は恒等写像であることに矛盾する．よって，式 (1.9) で与えられた 1 次変換 f は逆変換をもたない．

さて，証明はしないが次のことがいえる（問題 1.2.3，問題 1.2.4）．

命題 1.2.3

$f\left(\begin{bmatrix}x\\y\end{bmatrix}\right)=\begin{bmatrix}ax+by\\cx+dy\end{bmatrix}$ で定まる 1 次変換 $f:\mathbb{R}^2\longrightarrow\mathbb{R}^2$ が逆変換をもつための必要十分条件は，$ad-bc\neq 0$ が成り立つことである．

また，以下のようなことも成立する[5)]．

命題 1.2.4

1 次変換 $f:\mathbb{R}^2\longrightarrow\mathbb{R}^2$ が逆変換をもつならば，引き伸ばし変換 f_1，斜倒変換 f_2，回転変換 f_3 が存在して，$f=f_3\circ f_2\circ f_1$ と書ける．

5) この命題は，行列の岩澤分解とよばれる岩澤健吉氏の名前がついた有名な定理の特別な場合に相当する．

3 次元の 1 次変換 $f : \mathbb{R}^3 \longrightarrow \mathbb{R}^3$ についても考察してみよう．3 次元でも命題2.1 と同様の結果がある．同じく証明はせずに結果を紹介しておく．

命題 1.2.5

$f\left(\begin{bmatrix} x \\ y \\ z \end{bmatrix}\right) = \begin{bmatrix} ax+by+cz \\ dx+ey+fz \\ gx+hy+iz \end{bmatrix}$ で定まる 1 次変換 $f : \mathbb{R}^3 \longrightarrow \mathbb{R}^3$ が逆変換をもつための必要十分条件は，$aei + bfg + cdh - ceg - afh - bdi \neq 0$ が成り立つことである．

命題 1.2.4 のような 1 次変換の分類をしたり，任意の 1 次変換を分解する命題の 3 次元版はより複雑になるので立ち入らないが，代わりに 1 次変換のいくつかの例だけに着目してそれらを掘り下げて観察してみることにする．

(1)　a, e, i を 0 でない実数として，$f\left(\begin{bmatrix} x \\ y \\ z \end{bmatrix}\right) = \begin{bmatrix} ax \\ ey \\ iz \end{bmatrix}$ で定まる 1 次変換を考える．この 1 次変換は，もし a, e, i がともに正ならば，空間内の図形を x 軸方向に a 倍，y 軸方向に e 倍，z 軸方向に i 倍拡大するような 1 次変換である (a, e, i のいずれかが負のときには向きを反転させる操作が入ることに注意する)．

(2)　次のような $\mathbb{R}^3$ の変換 $f_\alpha, g_\beta, h_\gamma$ を考える．

$$f_\alpha\left(\begin{bmatrix} x \\ y \\ z \end{bmatrix}\right) = \begin{bmatrix} x \\ y\cos\alpha - z\sin\alpha \\ y\sin\alpha + z\cos\alpha \end{bmatrix},$$

$$g_\beta\left(\begin{bmatrix} x \\ y \\ z \end{bmatrix}\right) = \begin{bmatrix} x\cos\beta - z\sin\beta \\ y \\ x\sin\beta + z\cos\beta \end{bmatrix},$$

$$h_\gamma\left(\begin{bmatrix} x \\ y \\ z \end{bmatrix}\right) = \begin{bmatrix} x\cos\gamma - y\sin\gamma \\ x\sin\gamma + y\cos\gamma \\ z \end{bmatrix}.$$

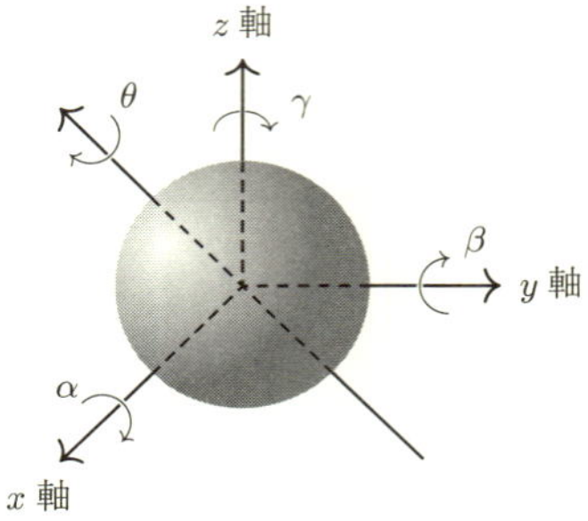

f_α は x 軸を回転軸として x 軸の正の方向から負の方向を向いたときに時計まわりに角度 α だけ回転させる 1 次変換である．同様に g_β, h_γ も，それぞれ，y 軸を回転軸として角度 β だけ回転する変換，z 軸を回転軸として角度 γ だけ回転する $\mathbb{R}^3$ の 1 次変換である．

今，$\mathbb{R}^3$ 内の単位球面上の任意の点 P に対し，P と原点を通る直線 ℓ を考える．x 軸上の点 $(1,0,0)$ は適当な角度 β, γ を選んで h_β と g_γ を施すことで P に写される．このとき，逆に点 P は $g_{-\gamma}$ と $h_{-\gamma}$ を施すことで点 $(1,0,0)$ に写される．よって，直線 ℓ を回転軸として角度 θ だけ回転する 1 次変換は合成写像 $g_\gamma \circ h_\beta \circ f_\theta \circ h_{-\beta} \circ g_{-\gamma}$ と表せる．したがって，$\mathbb{R}^3$ 内の原点を通る任意の直線を回転軸とする回転操作は，角度 α, β, γ をうまく選んで，f_α, h_β, g_γ, $h_{-\beta}$, $g_{-\gamma}$ の合成で表せる．空間内の原点を通る直線を回転軸とする回転操作で得られる 1 次変換を，平面のときと同様に**回転変換**とよぶ．

(3)　$\mathbb{R}^3$ 内の原点を通る平面 H を任意にとる．$f : \mathbb{R}^3 \longrightarrow \mathbb{R}^3$ を，与えられた点を平面 H に関して面対称な点へ写す変換とする．この変換 f は 1 次変換であり[6]，このような 1 次変換を（**平面 H に関する**）**折り返し変換**とよぶ．例えば，H として $\mathbb{R}^3$ 内の (x,y) 平面をとるときには，H に関する折り返し変換 f は $f\left(\begin{bmatrix} x \\ y \\ z \end{bmatrix}\right) = \begin{bmatrix} x \\ y \\ -z \end{bmatrix}$ で与えられることは直ちにわかる．一般の場合には，H の法線ベクトルを $\boldsymbol{u}$ とすると前節で定義した内積を用いることで，H に関する折り返し変換 f は

6)　1 次変換であることは，f が後で定義する線形変換の条件 (i), (ii) を満たすことが簡単に確かめられるので，定理 1.2.6 を認めるとわかる．また，より具体的にはすぐ後で紹介する式 (1.10) で与えられる．

$$f(\boldsymbol{v}) = \boldsymbol{v} - 2\frac{(\boldsymbol{u}, \boldsymbol{v})}{(\boldsymbol{u}, \boldsymbol{u})}\boldsymbol{u} \tag{1.10}$$

で与えられる.

最後に，固有ベクトルという概念を紹介する．$\mathbb{R}^2$ または $\mathbb{R}^3$ の 1 次変換 f が与えられたとき，零ベクトルではないベクトル $\boldsymbol{v}$ に対して，ある実数 α が存在して $f(\boldsymbol{v}) = \alpha\boldsymbol{v}$ が成り立つならば，$\boldsymbol{v}$ を f の**固有ベクトル**とよび，α を f の**固有値**とよぶ．例えば，直前の 1 次変換の例 (1),(2),(3) で，どのような固有ベクトルがあるかを観察してみよう．

(1) の引き伸ばし変換に対しては，$\begin{bmatrix} x \\ 0 \\ 0 \end{bmatrix}$, $\begin{bmatrix} 0 \\ y \\ 0 \end{bmatrix}$, $\begin{bmatrix} 0 \\ 0 \\ z \end{bmatrix}$ などが固有ベクトルであり，それぞれの場合に対応する固有値は a, e, i であることはすぐに確かめられる．a, e, i がすべて異なるならば，これら以外には固有ベクトルがない．

(2) の原点を通る任意の直線 $\ell = s\begin{bmatrix} a \\ b \\ c \end{bmatrix}$ を回転軸とする回転変換を考えると，回転軸の直線 ℓ は動かないので回転軸が定めるベクトル $\boldsymbol{v} = \begin{bmatrix} a \\ b \\ c \end{bmatrix}$ やそれに零でない定数を掛けたベクトルは固有値 1 の固有ベクトルである．回転角 θ が適当な整数 n で $n\pi$ と表される場合を除けば，回転変換はこれ以外に固有ベクトルをもたないことも知られている．

(3) の原点を通る平面 H に関する折り返し変換を考えると，まず H の法線ベクトル $\boldsymbol{u}$ は $-\boldsymbol{u}$ に写されるので固有値 -1 の固有ベクトルとなる．また，H 内の原点以外の点 P を任意にとると，H 上の点は動かないので，$\boldsymbol{v} = \overrightarrow{\mathrm{OP}}$ は固有値 1 の固有ベクトルである．原点を通る平面 H に関する折り返し変換の固有ベクトルはこれらで尽くされる．

与えられた1次変換 f に対して，f の固有値や固有ベクトルは f の様子を反映する大事な情報である．

1次変換に対して以下の2つの性質が成り立つ．

(i) $\mathbb{R}^2$ または $\mathbb{R}^3$ の $\boldsymbol{v}$ と $\boldsymbol{v}'$ を任意にとるとき，$f\left(\boldsymbol{v}+\boldsymbol{v}'\right)=f(\boldsymbol{v})+f\left(\boldsymbol{v}'\right)$ が成り立つ．

(ii) 実数 s と $\mathbb{R}^2$ または $\mathbb{R}^3$ の $\boldsymbol{v}$ を任意にとるとき，$f(s\boldsymbol{v})=sf(\boldsymbol{v})$ が成り立つ．

1次変換が上の (i), (ii) を満たすことは定義に基づいた計算ですぐに確かめられるので省略する．標語的には，(i) の性質はしばしば「変換 f は和を保つ」と言及される．(ii) の性質はしばしば「変換 f はスカラー倍を保つ」と言及される．変換 f が上の (i), (ii) の性質を満たすとき，f を**線形変換**とよぶ．線形代数の線形とはこの2つの性質のことである．線形な変換に対して，どのような理論が組み立てられるかを掘り下げて調べていくことが，この線形代数学で学びたいテーマである．

1次変換は線形変換となることを上で紹介した．以下のように逆も成立する．

定理 1.2.6

f を $\mathbb{R}^2$ または $\mathbb{R}^3$ の変換とする．f が線形変換ならば，f は1次変換である．

この定理もここでは証明はしないが，先の章を学習することで，このようなことも自然と示せるようになるはずである．

線形代数を学ぶための動機付けとして，本章では平面や空間のベクトルや線形変換について様々なことを紹介してきた．最後に，これから本格的に線形代数を勉強するための指針として次のような問題提起をしたい．

- $\mathbb{R}^2$ や $\mathbb{R}^3$ の線形変換 f が逆変換をもつための必要十分条件を紹介した．それらの証明は？
- $n \geqq 4$ での $\mathbb{R}^n$ の線形変換 f が逆変換をもつための必要十分条件はどのような数式で表される？
- 与えられた線形変換 f の固有ベクトルや固有値を求める方法は？
- 線形変換 f の固有ベクトルや固有値はどう役立つ？

本節では，特に証明を述べずに結果だけ紹介した事実もいくつかあった．上で提示されたような素朴な疑問や展望を頭の片隅におきながら，これらの質問に自然に答えられる状態に成長することを目指して，線形代数を勉強してほしい．

問題 1.2

1. 次のそれぞれの変換 $f:\mathbb{R}^2 \longrightarrow \mathbb{R}^2$ が線形変換であるかどうかを判定せよ．(線形変換でない場合は，線形変換の性質 (i), (ii) のどれが成り立つかどうかも検討せよ．)

（1）$f\left(\begin{bmatrix} x \\ y \end{bmatrix}\right) = \begin{bmatrix} x+1 \\ y+1 \end{bmatrix}$　　（2）$f\left(\begin{bmatrix} x \\ y \end{bmatrix}\right) = \begin{bmatrix} x \\ 0 \end{bmatrix}$

（3）$f\left(\begin{bmatrix} x \\ y \end{bmatrix}\right) = \begin{bmatrix} 2x \\ 3y \end{bmatrix}$

2. $f\left(\begin{bmatrix} x \\ y \end{bmatrix}\right) = \begin{bmatrix} x+2y \\ 3x+4y \end{bmatrix}$ で定まる写像は逆変換をもつ 1 次変換である．逆変換 f^{-1} を求めよ．

3. $ad-bc \neq 0$ が成り立つとき，$f\left(\begin{bmatrix} x \\ y \end{bmatrix}\right) = \begin{bmatrix} ax+by \\ cx+dy \end{bmatrix}$ で定まる $\mathbb{R}^2$ の 1 次変換は逆変換をもつことを示せ．

4. $ad-bc = 0$ が成り立つとき，$f\left(\begin{bmatrix} x \\ y \end{bmatrix}\right) = \begin{bmatrix} ax+by \\ cx+dy \end{bmatrix}$ で定まる $\mathbb{R}^2$ の 1 次変換は逆変換をもたないことを示せ．

5. $\mathbb{R}^3$ の原点を通る平面 H に関する折り返し変換 f は，H の法線ベクトル $\boldsymbol{u}$ を用いて

$$f(\boldsymbol{v}) = \boldsymbol{v} - 2\frac{(\boldsymbol{u},\boldsymbol{v})}{(\boldsymbol{u},\boldsymbol{u})}\boldsymbol{u}$$

で与えられる．H を $x+2y+3z=0$ で定まる平面とするとき，上式を用いることで折り返し変換 f が $f\left(\begin{bmatrix} x \\ y \\ z \end{bmatrix}\right) = \begin{bmatrix} ax+by+cz \\ dx+ey+fz \\ gx+hy+iz \end{bmatrix}$ と表されるような実定数 a,b,c,d,e,f,g,h,i を求めよ．

6. $f\left(\begin{bmatrix} x \\ y \end{bmatrix}\right) = \begin{bmatrix} 3x+y \\ 2x+2y \end{bmatrix}$ で定まる 1 次変換 $f:\mathbb{R}^2 \longrightarrow \mathbb{R}^2$ を考える．$\mathbb{R}^2$ 内の直線 ℓ であって f により ℓ 自身に写されるものをすべて求めよ．

2　行　列

本章では，行列という概念を導入して，行列の様々な演算，性質を紹介するとともに，連立１次方程式を解くこととの関連などを論じる．

2.1　行列と数ベクトルの演算

m を正の整数とする．このとき，以下のような m 個の数[1]を並べて角括弧でくくったもの

$$\boldsymbol{a} = \begin{bmatrix} a_1 \\ \vdots \\ a_i \\ \vdots \\ a_m \end{bmatrix} \tag{2.1}$$

を **(m 次元) 数ベクトル**とよぶ．数ベクトルの成分には上から下に向かって順に，第１成分，第２成分，... と番号をつけ，第 i 成分を a_i で記す．$1 \leqq i \leqq m$ なる各 i で，第 i 成分が１でありそれ以外の成分がすべて０である m 次元ベクトルを $\boldsymbol{e}_i$ と記す．$\boldsymbol{e}_1, \ldots, \boldsymbol{e}_m$ を**基本単位ベクトル**とよぶ．すべての成分が０である m 次元べ

1）本書で "数" というときは，加減乗除が考えられる集合の元のことをさす．専門用語でいうと，ある１つ決めた体 K を想定していて，数とはその体 K の元を考えている．体 K の例としては，前章で考えた実数の集合 $\mathbb{R}$ がある．$\mathbb{R}$ 以外の K の具体例としては実数より広い複素数の集合 $\mathbb{C}$，逆に実数より狭い有理数の集合 $\mathbb{Q}$ も考えられる．また，有限個の元しかもたない有限体などの例も知られている．本書における定理やその証明などの議論は，第１章，７章，８章を除き，任意の体 K で成り立つ．例題や節末問題などで具体的な状況設定で考える際には，K は $\mathbb{R}$ や $\mathbb{C}$ など具体的な体で考える場合もある．

クトルを $\mathbf{0}$ と記し，**零ベクトル**とよぶ．

本書では数ベクトルに角括弧を用いているが，以下のように数ベクトルを丸括弧で書くこともある．

$$\boldsymbol{a} = \begin{pmatrix} a_1 \\ \vdots \\ a_i \\ \vdots \\ a_m \end{pmatrix}$$

m, n を正の整数とする．このとき，mn 個の数を以下のように縦 m 個，横 n 個に並べて角括弧[2)]でくくったもの

$$A = \begin{bmatrix} a_{11} & \cdots & a_{1j} & \cdots & a_{1n} \\ \vdots & & \vdots & & \vdots \\ a_{i1} & \cdots & a_{ij} & \cdots & a_{in} \\ \vdots & & \vdots & & \vdots \\ a_{m1} & \cdots & a_{mj} & \cdots & a_{mn} \end{bmatrix}$$

を $\boldsymbol{(m, n)}$ **型行列**とよぶ[3)]．

行列では横の並びを**行**とよび，一番上から下に向かって順に第 1 行，第 2 行，... と番号をつける．また，縦の並びを**列**とよび，一番左から右に向かって順に第 1 列，第 2 列，... と番号をつける．第 i 行と第 j 列の両方に入る数を (i, j) 成分とよび，しばしば 2 重添字を用いて a_{ij} と記す．また上のように各 (i, j) 成分が a_{ij} で与えられる行列を，$A = [a_{ij}]_{1 \leqq i \leqq m, 1 \leqq j \leqq n}$，あるいは単に $A = [a_{ij}]$ と記すこともある．特に，行の個数と列の個数が等しいような行列，つまり (n, n) 型行列を**正方行列**とよび，n をこの正方行列 A の次数とよぶ．

しばしば，体 K に成分をもつすべての (m, n) 型行列からなる集合を $\mathrm{M}_{m,n}(K)$ と記し，体 K に成分をもつすべての n 次正方行列からなる集合を $\mathrm{M}_n(K)$ と記す．

m 次元数ベクトルは $(m, 1)$ 型行列なので，行列は数ベクトルの概念の一般化であり，逆に数ベクトルは行列の特別な場合であると思うこともできる．また，式 (2.1)

2) 本書では行列に角括弧を用いているが，行列を丸括弧で書くこともありどちらでも構わない．ただ，いずれかの括弧は必ずつけなければならない．

3) それ以外に，$m \times n$ 行列，m 行 n 列の行列などとよばれることもある．

のような数ベクトルは，成分を縦に並べているのでしばしば **(m 次元) 列ベクトル**とよばれ，対比として，成分を横に並べた数ベクトル

$$\boldsymbol{a} = \begin{bmatrix} a_1 & \cdots & a_i & \cdots & a_n \end{bmatrix} \tag{2.2}$$

を **(n 次元) 行ベクトル**とよぶ．

行列に対して自然に定まる演算を導入したい．行列 $A = [a_{ij}]$ と $B = [b_{ij}]$ がともに同じ (m, n) 型であるとする．このとき，$A + B$ によって，各 (i, j) 成分同士の和をとることで定まる (m, n) 型行列を表す．つまり，

$$\begin{bmatrix} a_{11} & \cdots & a_{1n} \\ \vdots & & \vdots \\ a_{m1} & \cdots & a_{mn} \end{bmatrix} + \begin{bmatrix} b_{11} & \cdots & b_{1n} \\ \vdots & & \vdots \\ b_{m1} & \cdots & b_{mn} \end{bmatrix} = \begin{bmatrix} a_{11} + b_{11} & \cdots & a_{1n} + b_{1n} \\ \vdots & & \vdots \\ a_{m1} + b_{m1} & \cdots & a_{mn} + b_{mn} \end{bmatrix}$$

と定める．この $A + B$ を A と B の**和**とよぶ．同じ状況下で，$A - B$ によって，各 (i, j) 成分同士の差をとることで定まる (m, n) 型行列を表す．つまり，

$$\begin{bmatrix} a_{11} & \cdots & a_{1n} \\ \vdots & & \vdots \\ a_{m1} & \cdots & a_{mn} \end{bmatrix} - \begin{bmatrix} b_{11} & \cdots & b_{1n} \\ \vdots & & \vdots \\ b_{m1} & \cdots & b_{mn} \end{bmatrix} = \begin{bmatrix} a_{11} - b_{11} & \cdots & a_{1n} - b_{1n} \\ \vdots & & \vdots \\ a_{m1} - b_{m1} & \cdots & a_{mn} - b_{mn} \end{bmatrix}$$

と定める．この $A - B$ を A と B の**差**とよぶ．

s を数，$A = [a_{ij}]$ を (m, n) 型行列とする．このとき，sA によって各 (i, j) 成分を s 倍することで定まる (m, n) 型行列を表す．つまり，

$$s \begin{bmatrix} a_{11} & \cdots & a_{1n} \\ \vdots & & \vdots \\ a_{m1} & \cdots & a_{mn} \end{bmatrix} = \begin{bmatrix} sa_{11} & \cdots & sa_{1n} \\ \vdots & & \vdots \\ sa_{m1} & \cdots & sa_{mn} \end{bmatrix}$$

と定める．この sA のような行列を A の**スカラー倍**とよぶ．$(-1)A$ のことをしばしば $-A$ と記す．上で現れた差 $A - B$ は $A + (-B)$ に等しいことに注意する．

行列 $A = [a_{ij}]$ と $B = [b_{jk}]$ が[4]それぞれ (l, m) 型，(m, n) 型であるとする．つまり，行列 A における列の個数と行列 B における行の個数が等しいとする．このと

4) すぐ後の積 AB の定義のための便宜的な理由で，A の成分の添字を文字 i, j で表し，B の成分の添字を文字 j, k で表す．

き，$AB = [c_{ik}]$ によって各 (i,k) 成分 c_{ik} が $c_{ik} = \sum_{j=1}^{m} a_{ij}b_{jk}$ で与えられる (l,n) 型行列を表す．この AB を A と B の**積**とよぶ．積の定義は和やスカラー倍より難しいかもしれないので特別な場合の例によって確認しておきたい．$A = \begin{bmatrix} a_{11} & a_{12} \\ a_{21} & a_{22} \\ a_{31} & a_{32} \end{bmatrix}$，$B = \begin{bmatrix} b_{11} & b_{12} \\ b_{21} & b_{22} \end{bmatrix}$ とする．A は $(3,2)$ 型，B は $(2,2)$ 型である．行列 A における列の個数 2 と行列 B における行の個数 2 は等しいので積 AB が定まり，

$$AB = \begin{bmatrix} a_{11}b_{11} + a_{12}b_{21} & a_{11}b_{12} + a_{12}b_{22} \\ a_{21}b_{11} + a_{22}b_{21} & a_{21}b_{12} + a_{22}b_{22} \\ a_{31}b_{11} + a_{32}b_{21} & a_{31}b_{12} + a_{32}b_{22} \end{bmatrix}$$

となる．また，行列 B における列の個数 2 と行列 A における行の個数 3 とは等しくないので積 BA は定まらない．

先に進む前に，少し寄り道して積をこのように定義する理由について，前章で定義した線形変換と関連して論じておきたい．f はある実定数 a, b, c, d を用いて 1 次式

$$f\left(\begin{bmatrix} x \\ y \end{bmatrix}\right) = \begin{bmatrix} ax + by \\ cx + dy \end{bmatrix}$$

で定まる $\mathbb{R}^2$ の線形変換とし，g はある実定数 a', b', c', d' を用いて 1 次式

$$g\left(\begin{bmatrix} x \\ y \end{bmatrix}\right) = \begin{bmatrix} a'x + b'y \\ c'x + d'y \end{bmatrix}$$

で定まる $\mathbb{R}^2$ の線形変換とする．このとき，$A = \begin{bmatrix} a & b \\ c & d \end{bmatrix}$, $B = \begin{bmatrix} a' & b' \\ c' & d' \end{bmatrix}$ と定めると，f, g は

$$f\left(\begin{bmatrix} x \\ y \end{bmatrix}\right) = A\begin{bmatrix} x \\ y \end{bmatrix}, \quad g\left(\begin{bmatrix} x \\ y \end{bmatrix}\right) = B\begin{bmatrix} x \\ y \end{bmatrix}$$

と，それぞれ $\mathbb{R}^2$ の数ベクトル $\boldsymbol{v}$ に左から A, B を掛けることで得られる．今，命題 1.2.2 の証明において計算したように

$$(g \circ f)\left(\begin{bmatrix} x \\ y \end{bmatrix}\right) = \begin{bmatrix} (aa' + b'c)x + (a'b + b'd)y \\ (ac' + cd')x + (bc' + dd')y \end{bmatrix}$$

となる．よって，線形変換 $g \circ f$ は

$$(g \circ f)\left(\begin{bmatrix} x \\ y \end{bmatrix}\right) = BA \begin{bmatrix} x \\ y \end{bmatrix}$$

と $\mathbb{R}^2$ の数ベクトル $\boldsymbol{v}$ に左から BA を掛けることで得られる．このことから，行列の積は線形変換の合成写像に対応するという意味で，このように定義する理由がつけられるのである．全く同じ計算で，$\mathbb{R}^3$ の線形変換の合成として 3 次正方行列の積にも積の定義の理由がつけられる．一般の場合については定理 5.3.4 を参照されたい．

行列 $A = [a_{ij}]$ に対して，${}^{\mathrm{t}}A$ によって (i, j) 成分が A の (j, i) 成分と一致する行列を表す．この ${}^{\mathrm{t}}A$ を A の**転置行列**とよぶ[5)]．A が (m, n) 型ならば ${}^{\mathrm{t}}A$ は (n, m) 型である．行列 A に対して $A = {}^{\mathrm{t}}({}^{\mathrm{t}}A)$ である．行列 A と行列 B について積 AB が定まるとき，積 ${}^{\mathrm{t}}B{}^{\mathrm{t}}A$ も定まり，また ${}^{\mathrm{t}}(AB) = {}^{\mathrm{t}}B{}^{\mathrm{t}}A$ である（問題 2.1.10）．

すべての成分 (i, j) が 0 となる行列を**零行列**とよぶ．(m, n) 型の零行列を $O_{m,n}$ と記し，n 次正方行列である零行列は O_n と記すが，型を敢えて明らかにする必要がない場合には，零行列は単に記号 O で表す．零行列のうち，$(m, 1)$ 型行列であるものは数ベクトルでもある．この場合は，零行列は先に定義した零ベクトルに他ならない．A を任意の行列として，その型が (l, m) であるとする．このとき，$A + O_{l,m} = O_{l,m} + A = A$ が成り立つ．また，任意の自然数 k, n に対して，$O_{k,l}A = O_{k,m}$，$AO_{m,n} = O_{l,n}$ が成り立つ．A を任意の行列とするとき，$A + (-A) = O$ が成り立つことにも注意する．

任意の i に対して (i, i) 成分が 1 で，それ以外の成分が 0 であるような n 次正方行列を E_n と記し，**単位行列**とよぶ．単位行列 E_n は 1 列目から n 列目に基本単位ベクトル $\boldsymbol{e}_1, \ldots, \boldsymbol{e}_n$ を並べたものに他ならない．A を任意の行列として，その型を (m, n) とする．このとき，$E_mA = AE_n = A$ が成り立つ．単位行列 E_n の型を敢えて明らかにする必要がない場合には単に記号 E で表す．

n を自然数，A, B がともに n 次正方行列である場合にいくつか大事なことを補足しておく．積 AB と積 BA のいずれも定まり，これらもまた n 次正方行列となる．ただ，この場合でも AB と BA は必ずしも一致しない．k を自然数，A を正方

5) 行列 A の転置行列の記号としては，${}^{\mathrm{t}}A$ 以外に A^{T} が用いられることもある．

行列とするとき，A を k 回掛け合わせたべき乗を A^k と記す．また，A を n 次正方行列とするとき，$A^0 = E$ であると約束する．

$A = [a_{ij}]$ を正方行列とする．このとき，もし $i > j$ なる任意の (i, j) に対して $a_{ij} = 0$ ならば A を**上三角行列**という．もし $i < j$ なる任意の (i, j) に対して $a_{ij} = 0$ ならば A を**下三角行列**という．もし $i \neq j$ なる任意の (i, j) に対して $a_{ij} = 0$ ならば A を**対角行列**という．これらの行列はしばしば 0 が成分として集まっている部分を以下のように大きな O でくくって書くことがある（左から，それぞれ上三角行列，下三角行列，対角行列）．

$$\begin{bmatrix} a_{11} & \cdots & a_{1n} \\ & \ddots & \vdots \\ \huge{O} & & a_{nn} \end{bmatrix}, \begin{bmatrix} a_{11} & & \huge{O} \\ \vdots & \ddots & \\ a_{n1} & \cdots & a_{nn} \end{bmatrix}, \begin{bmatrix} a_{11} & & \huge{O} \\ & \ddots & \\ \huge{O} & & a_{nn} \end{bmatrix}.$$

A を正方行列とするとき，もしある自然数 k が存在して $A^k = O$ ならば A は**べき零行列**という．零行列は明らかにべき零行列である．零行列でないべき零行列の例として，例えば $A = \begin{bmatrix} 1 & -1 \\ 1 & -1 \end{bmatrix}$ とすると，$A \neq O$ であるが，$k \geqq 2$ ならば $A^k = O$ である．

正方行列 A に対して同じ型の零でない正方行列 B が存在して，AB または BA が零行列となるとき，A を**零因子**であるという．べき零行列は零因子である．べき零行列ではない零因子の例として，例えば $A = \begin{bmatrix} 1 & 1 \\ 0 & 0 \end{bmatrix}$ がある．実際，零でない行列 $B = \begin{bmatrix} 1 & 1 \\ -1 & -1 \end{bmatrix}$ に対して $AB = O$ となる．

行列の演算 (和，差，スカラー倍，積) に関しては，行列 A, B, C と数 s, s' を任意にとるとき，次のような性質が成り立つ（問題 2.1.3，問題 2.1.4 参照）．

（1）　A, B が同じ型をもつとき，$A + B = B + A$.

（2）　A, B, C が同じ型をもつとき，$(A + B) + C = A + (B + C)$.

（3）　AB, BC が定まるとき，$(AB)C, A(BC)$ も定まり $(AB)C = A(BC)$.

（4）　$(s's)A = s'(sA)$.

（5）　AB が定まるとき，$(sA)B = s(AB)$.

（6）　$(s + s')A = sA + s'A$.

（7）　A, B が同じ型をもつとき，$s(A + B) = sA + sB$.

（8） AB, AC が定まるとき，$A(B+C)=AB+AC$.

（9） AC, BC が定まるとき，$(A+B)C=AC+BC$.

性質 (1) を「和の可換性」，性質 (2) を「和の結合律」，性質 (3) を「積の結合律」，性質 (4),(5) を「スカラー倍の結合律」，性質 (6),(7) を「スカラー倍の分配法則」，性質 (8),(9) を「積の分配法則」とよぶ．上の性質より，(2), (3), (4), (5) で現れた行列は，しばしば，それぞれ $A+B+C$, ABC, $s'sA$, sAB と表記する．

A を n 次正方行列とする．このとき，$AB=E$ かつ $BA=E$ が成り立つ n 次正方行列 B が存在するならば，この B を A の**逆行列**とよぶ．与えられた正方行列 A に対してその逆行列はもし存在するならば 1 つしかない[6]．実際，B も B' も A の逆行列であるとする．このとき，$B=BE=B(AB')$ となる．積の結合律より $B(AB')=(BA)B'=EB'=B'$ なので $B=B'$ となる．A が逆行列をもつとき，記号 A^{-1} で A の逆行列を表す．逆行列をもつ正方行列を**正則行列**とよぶ．

逆行列の定義と関連して，次のようなことがいえる．

命題 2.1.1

A を n 次正方行列とする．このとき，もし n 次正方行列 B, C が存在して，それぞれ $BA=E$, $AC=E$ が成り立つならば $B=C$ が成り立つ．

[証明]　$AC=E$ の両辺に左側から B を掛けると，$B(AC)=B$ なる式が得られる．積の結合律から前式の左辺 $B(AC)$ は $(BA)C$ に等しく，$BA=E$ が成り立つので，これはさらに C に等しい．よって，$C=B$ が示された．□

一般には，与えられた正方行列 A に対して逆行列は存在するとは限らない．零行列は逆行列をもたないが，零行列以外にも逆行列をもたない行列の例がある．

例 2.1.2　零行列でない行列として $A=\begin{bmatrix}1 & 1\\ 1 & 1\end{bmatrix}$ を考える．$AB=E$ となる行列 $B=\begin{bmatrix}a & b\\ c & d\end{bmatrix}$ があると仮定すると，$AB=\begin{bmatrix}a+c & b+d\\ a+c & b+d\end{bmatrix}$ より，$a+c=1$ かつ $a+c=0$ となる．これは矛盾するので A は逆行列をもたない．

6)　実は，n 次正方行列 B に対して，$AB=E$ が成り立てば $BA=E$ も成り立つことが後の命題 2.5.3 で示される．

注意 2.1.3 A を正方行列とするとき，次が成り立つ．

（1） A が零因子ならば A は正則行列ではない．このことを背理法で確かめるために，A は正則行列でありかつ零因子であるとする．もし $AB = O$ となる零でない行列 B が存在すると，両辺に左から逆行列 A^{-1} を掛けて $B = O$ を得るので，これは B が零行列でないことに矛盾する．もし $BA = O$ となる零でない行列 B が存在するときも，同様に矛盾が導かれる．

（2） 逆に，A が零因子でないならば正則行列となることが確かめられる．この事実は本書の後の部分の結果を用いて確かめることができる．

例 2.1.4 一般に，2 次正方行列 $A = \begin{bmatrix} a & b \\ c & d \end{bmatrix}$ に対して逆行列が存在するための必要十分条件は，$ad - bc \neq 0$ が成り立つことである．行列 $B = \begin{bmatrix} d & -b \\ -c & a \end{bmatrix}$ を考えると，$AB = BA = (ad - bc)E_2$ となる．よって，$ad - bc \neq 0$ ならば $\frac{1}{ad-bc}B$ が逆行列 A^{-1} となる．逆に，$ad - bc = 0$ ならば，$AB = BA = O$ なので A は零因子となる．注意 2.1.3(1) より，A は逆行列をもたない．

一般の n に対する n 次正方行列に対する逆行列の存在条件は定理 2.5.4 で論じられる．また，定理 3.4.4 でも逆行列の存在条件と逆行列の公式が与えられている．

ここで，与えられた行列 A を

$$A = \begin{bmatrix} A_{11} & \cdots & A_{1j} & \cdots & A_{1m} \\ \vdots & & \vdots & & \vdots \\ A_{i1} & \cdots & A_{ij} & \cdots & A_{im} \\ \vdots & & \vdots & & \vdots \\ A_{l1} & \cdots & A_{lj} & \cdots & A_{lm} \end{bmatrix}$$

と lm 個のブロックに分けてみよう．ただし，A_{ij} はそれら自体が行列であり，同じ行にある行列 $A_{i1}, \ldots, A_{im}$ の行の個数はすべて等しく，同じ列にある行列 $A_{1j}, \ldots, A_{lj}$ の列の個数はすべて等しいとする．これを行列 A の**ブロック分解**とよぶ．例えば，

$A = \begin{bmatrix} 1 & 0 & 3 \\ 2 & -1 & 5 \\ 0 & 3 & 4 \end{bmatrix}$ とすると，$A_{11} = \begin{bmatrix} 1 & 0 \\ 2 & -1 \end{bmatrix}$，$A_{12} = \begin{bmatrix} 3 \\ 5 \end{bmatrix}$，$A_{21} = \begin{bmatrix} 0 & 3 \end{bmatrix}$，

$A_{22} = \begin{bmatrix} 4 \end{bmatrix}$ によって，$A = \begin{bmatrix} A_{11} & A_{12} \\ A_{21} & A_{22} \end{bmatrix}$ とブロック分解される．

このようなブロック分解は，以後様々な使われ方で役に立つ．ここでは，特にもう 1 つの行列 B との積 AB へのブロック分解の応用を紹介しよう．A と同様に行列 B を

$$B = \begin{bmatrix} B_{11} & \cdots & B_{1k} & \cdots & B_{1n} \\ \vdots & & \vdots & & \vdots \\ B_{j1} & \cdots & B_{jk} & \cdots & B_{jn} \\ \vdots & & \vdots & & \vdots \\ B_{m1} & \cdots & B_{mk} & \cdots & B_{mn} \end{bmatrix}$$

と mn 個のブロックに分ける．A の左から j 番目のブロックでの列の数と B の上から j 番目のブロックでの行の数が等しいとすると，あたかもブロック分解の成分の行列 A_{ij} や B_{jk} を数のように扱って積 AB を考えられる．つまり，$C = AB$ とすると

$$C = \begin{bmatrix} C_{11} & \cdots & C_{1k} & \cdots & C_{1n} \\ \vdots & & \vdots & & \vdots \\ C_{i1} & \cdots & C_{ik} & \cdots & C_{in} \\ \vdots & & \vdots & & \vdots \\ C_{l1} & \cdots & C_{lk} & \cdots & C_{ln} \end{bmatrix}$$

と ln 個のブロックに分けられて，各 i, k ごとに (i, k) 成分のブロックにある行列 C_{ik} は $C_{ik} = \sum_{j=1}^{m} A_{ij} B_{jk}$ と表される．

ブロック分解による行列の積が便利に使われる最も典型的な状況を述べておきたい．例えば，行列 A が (l, m) 型，行列 B が (m, n) 型であるとする．このとき，$B = \begin{bmatrix} \boldsymbol{b}_1 & \boldsymbol{b}_2 & \cdots & \boldsymbol{b}_n \end{bmatrix}$ と B を n 個の m 次元列ベクトル $\boldsymbol{b}_1, \ldots, \boldsymbol{b}_n$ で分解して，積 AB は

$$AB = \begin{bmatrix} A\boldsymbol{b}_1 & A\boldsymbol{b}_2 & \cdots & A\boldsymbol{b}_n \end{bmatrix}$$

と計算できる．また，$A = \begin{bmatrix} \boldsymbol{a}_1 \\ \boldsymbol{a}_2 \\ \vdots \\ \boldsymbol{a}_l \end{bmatrix}$ と A を l 個の m 次元行ベクトル $\boldsymbol{a}_1, \dots, \boldsymbol{a}_l$ で分解して，積 AB は

$$AB = \begin{bmatrix} \boldsymbol{a}_1 B \\ \boldsymbol{a}_2 B \\ \vdots \\ \boldsymbol{a}_l B \end{bmatrix}$$

とも計算できる．

行列 M が型 (l, m) をもち，行列 N が型 (m, n) をもつとする．M, N がより小さな行列で $M = \begin{bmatrix} A & B \\ C & D \end{bmatrix}$, $N = \begin{bmatrix} A' & B' \\ C' & D' \end{bmatrix}$ とブロック分解されているとする．A や C の列の個数を m_1, B や D の列の個数を m_2 とする．A' や B' の行の個数が m_1 に等しく，C' や D' の行の個数が m_2 に等しいならば，$MN = \begin{bmatrix} AA' + BC' & AB' + BD' \\ CA' + DC' & CB' + DD' \end{bmatrix}$ と計算できる．

問題 2.1

1. 行列 $A = [a_{ij}]$, $B = [b_{ij}]$ はそれぞれ (i, j) 成分が $a_{ij} = i + j$, $b_{ij} = 2^{i+j-2}$ と表される 3 次正方行列であるとする．A, B を具体的に記せ．

2. $A = \begin{bmatrix} 1 & 2 & 0 \\ 1 & -1 & 3 \end{bmatrix}$, $B = \begin{bmatrix} -1 & 3 \\ 0 & 2 \\ 1 & 1 \end{bmatrix}$, $C = \begin{bmatrix} 1 & 2 \\ 3 & 4 \end{bmatrix}$ とする．

（1） AB, BA, BC, CB, CA, AC の 6 個のうち，行列の積として定まらないものをすべてあげよ．

（2） AB, BA, BC, CB, CA, AC の 6 個のうち，行列の積として定まるものすべてに対して積を計算せよ．

3. 行列 A, B, C に対して積 AB, BC が定まるとき，$(AB)C$, $A(BC)$ も定まり $(AB)C = A(BC)$ が成り立つことを示せ．

4. 行列 A, B, C がすべて同じ型の正方行列であるとき，$A(B+C) = AB+AC$，$(A+B)C = AC+BC$ を示せ．

5. 上三角行列 $A = \begin{bmatrix} a & b \\ 0 & a \end{bmatrix}$ を考える．任意の自然数 k に対する A^k を求めよ．

6. 行列 $A = \begin{bmatrix} -4 & 3 \\ -3 & 2 \end{bmatrix}$ を考える．

（1） $A^2 + pA + qE = O$ を満たすような実数 p, q を見つけよ．

（2） A^{10} を計算せよ．

7. 行列 $A = \begin{bmatrix} 2 & 1 \\ 4 & 2 \end{bmatrix}$, $B = \begin{bmatrix} 6 & -2 \\ 8 & -1 \end{bmatrix}$ は正則行列であるか．正則行列ならばその逆行列を与え，正則行列でない場合は理由を説明せよ．

8. 2 次正方行列 $X = \begin{bmatrix} 0 & 1 \\ -1 & 0 \end{bmatrix}$ を考える．実数成分をもつ 2 次正方行列 A で $AX = XA$ を満たすものを決定せよ．

9. A を n 次正方行列とする．

（1） $(E+A)(E-A+A^2+\cdots+(-1)^{k-1}A^{k-1})$, $(E-A+A^2+\cdots+(-1)^{k-1}A^{k-1})(E+A)$ を計算せよ．

（2） A がべき零行列とするとき，$E+A$ は正則行列であることを示せ．

10. $A = [a_{ij}]$ を型 (l, m) の行列，$B = [b_{jk}]$ が型 (m, n) の行列とする．このとき，積 ${}^{\mathrm{t}}B{}^{\mathrm{t}}A$ が定まること，および ${}^{\mathrm{t}}(AB) = {}^{\mathrm{t}}B{}^{\mathrm{t}}A$ であることを示せ．

11. n 次正方行列 $A = [a_{ij}]$ に対して，対角成分の和 $a_{11} + a_{22} + \cdots + a_{nn}$ を A の**トレース**とよび，$\mathrm{tr}(A)$ で記す．任意の n 次正方行列 A, B に対して，$\mathrm{tr}(AB) = \mathrm{tr}(BA)$ が成り立つことを示せ．

12. 正則な n 次正方行列 A, B に対して，AB は正則であり $(AB)^{-1} = B^{-1}A^{-1}$ が成り立つことを示せ．より一般に k 個の正則な n 次正方行列 $A_1, \ldots, A_k$ に対して，積 $A_1 \cdots A_k$ は正則であり，$(A_1 \cdots A_k)^{-1} = A_k^{-1} \cdots A_1^{-1}$ が成り立つことを示せ．

13. $A = {}^{\mathrm{t}}A$ を満たす n 次正方行列 A を**対称行列**，$B = -{}^{\mathrm{t}}B$ を満たす n 次正方行列 B を**交代行列**とよぶ．実数を成分にもつ任意の n 次正方行列 M は，n 次対称行列 A と n 次交代行列 B によって $M = A + B$ と表せることを示せ．

2.2　行列の基本変形

本節では，行列に対する行の基本変形と列の基本変形とよばれる操作を学ぶ．

定義 2.2.1

与えられた行列 A に対して，以下の操作 (I), (II), (III) を**行基本変形**とよぶ．

(I)　A のある行 (第 i 行) に 0 でないある数 s を掛ける．

(II)　A のある行 (第 i 行) と別の行 (第 j 行) を交換する ($i \neq j$).

(III)　A のある行 (第 j 行) に別の行 (第 i 行) のある数 s 倍を加える．

同様に，与えられた行列 A に対して，以下の操作 (I′), (II′), (III′) を**列基本変形**とよぶ．

(I′)　A のある列 (第 i 列) に 0 でないある数 s を掛ける．

(II′)　A のある列 (第 i 列) と別の列 (第 j 列) を交換する ($i \neq j$).

(III′)　A のある列 (第 j 列) に別の列 (第 i 列) のある数 s 倍を加える．

また，行基本変形と列基本変形を合わせて，単に**基本変形**とよぶ．

2.2 節と 2.3 節では，与えられた行列に基本変形を施して単純な形に変形することを論じていく．上の操作は文で書くと長くなるので，(I), (II), (III) の行基本変形をそれぞれ

$$\textcircled{i} \to \textcircled{i} \times s, \qquad \textcircled{i} \leftrightarrow \textcircled{j}, \qquad \textcircled{j} \to \textcircled{j} + \textcircled{i} \times s$$

と記号で表し，(I′), (II′), (III′) の列基本変形をそれぞれ

$$\boxed{i} \to \boxed{i} \times s, \qquad \boxed{i} \leftrightarrow \boxed{j}, \qquad \boxed{j} \to \boxed{j} + \boxed{i} \times s$$

と記号で表す．簡単な行列で具体例を 1 つみてみよう．

例 2.2.2　$A = \begin{bmatrix} 3 & 5 & -1 \\ 2 & 1 & 0 \end{bmatrix}$ とする．A にいくつかの基本変形を施して，単純な形の行列に変形してみよう．

$$\begin{bmatrix} 3 & 5 & -1 \\ 2 & 1 & 0 \end{bmatrix} \xrightarrow{\textcircled{1} \to \textcircled{1} + \textcircled{2} \times (-\frac{3}{2})\ ((\text{III})\ 型)} \begin{bmatrix} 0 & \frac{7}{2} & -1 \\ 2 & 1 & 0 \end{bmatrix}$$

$$\xrightarrow{\textcircled{2} \to \textcircled{2} + \textcircled{1} \times (-\frac{2}{7})\ ((\text{III})\ 型)} \begin{bmatrix} 0 & \frac{7}{2} & -1 \\ 2 & 0 & \frac{2}{7} \end{bmatrix}$$

$$\xrightarrow{①\to①\times\frac{2}{7}\ ((\mathrm{I})\text{ 型})}\begin{bmatrix}0&1&-\frac{2}{7}\\2&0&\frac{2}{7}\end{bmatrix}$$

$$\xrightarrow{②\to②\times\frac{1}{2}\ ((\mathrm{I})\text{ 型})}\begin{bmatrix}0&1&-\frac{2}{7}\\1&0&\frac{1}{7}\end{bmatrix}$$

$$\xrightarrow{①\leftrightarrow②\ ((\mathrm{II})\text{ 型})}\begin{bmatrix}1&0&\frac{1}{7}\\0&1&-\frac{2}{7}\end{bmatrix}$$

$$\xrightarrow{\boxed{3}\to\boxed{3}+\boxed{1}\times(-\frac{1}{7})\ ((\mathrm{III}')\text{ 型})}\begin{bmatrix}1&0&0\\0&1&-\frac{2}{7}\end{bmatrix}$$

$$\xrightarrow{\boxed{3}\to\boxed{3}+\boxed{2}\times\frac{2}{7}\ ((\mathrm{III}')\text{ 型})}\begin{bmatrix}1&0&0\\0&1&0\end{bmatrix}$$

基本変形だけでこのような単純な形の行列に変換していく操作に関しては，2.3 節でより正確な目標を定めて議論していく．基本変形についてはまず次の事実が大事である．

命題 2.2.3

基本変形は可逆な操作である．つまり，以下のことが成り立つ．

（1） A に行基本変形を何回か施して A' に変形できるとき，逆に A' に行基本変形を何回か繰り返して A に変形できる．

（2） A に列基本変形を何回か施して A' に変形できるとき，逆に A' に列基本変形を何回か繰り返して A に変形できる．

［証明］ 行基本変形に関してのみ説明する．A' が A の第 i 行に 0 でないある数 s を掛ける基本変形で得られるならば，A は A' の第 i 行に s^{-1} を掛ける基本変形で得られる．A' が A の第 i 行と第 j 行を交換する基本変形で得られるならば，A は A' の第 i 行と第 j 行を交換する基本変形で得られる．A' が A の第 j 行に第 i 行の s 倍を加える基本変形で得られるならば，A は A' の第 j 行に第 i 行の $-s$ 倍を加える基本変形で得られる．行基本変形は上の 3 種類の基本変形を繰り返すことで得られるので，以上で行基本変形の場合が証明された．列の基本変形に関しても全く同様の議論が成り立つ．□

次に，基本変形と密接に関連する基本行列とよばれる行列を導入したい．

定義 2.2.4

n を自然数とする．

(I) $1 \leqq i \leqq n$ なる自然数 i と 0 でないある数 s に対して，

- (i,i) 成分が s,
- (i,i) 成分以外の対角成分は 1,
- 対角成分以外の成分はすべて 0,

であるような n 次正方行列を $E_n(i;s)$ で表す．

(II) $1 \leqq i,j \leqq n$ なる相異なる自然数 i, j に対して，

- (i,i) 成分と (j,j) 成分が 0,
- (i,i) 成分と (j,j) 成分以外の対角成分は 1,
- (i,j) 成分と (j,i) 成分は 1,
- それ以外の成分はすべて 0,

であるような n 次正方行列を $E_n(i,j)$ で表す．

(III) $1 \leqq i,j \leqq n$ なる相異なる自然数 i, j とある数 s に対して，

- 対角成分はすべて 1,
- (i,j) 成分は s,
- それ以外の成分はすべて 0,

であるような n 次正方行列を $E_n(i,j;s)$ で表す．

(I), (II), (III) の行列を総称して，**基本行列**とよぶ．

例 2.2.5 (I) 型の基本行列の例をあげる．

$$E_2(1;s) = \begin{bmatrix} s & 0 \\ 0 & 1 \end{bmatrix}, E_3(2;s) = \begin{bmatrix} 1 & 0 & 0 \\ 0 & s & 0 \\ 0 & 0 & 1 \end{bmatrix}, E_4(3;s) = \begin{bmatrix} 1 & 0 & 0 & 0 \\ 0 & 1 & 0 & 0 \\ 0 & 0 & s & 0 \\ 0 & 0 & 0 & 1 \end{bmatrix}$$

(II) 型の基本行列の例をあげる．

$$E_2(1,2) = \begin{bmatrix} 0 & 1 \\ 1 & 0 \end{bmatrix}, E_3(1,3) = \begin{bmatrix} 0 & 0 & 1 \\ 0 & 1 & 0 \\ 1 & 0 & 0 \end{bmatrix}, E_4(2,4) = \begin{bmatrix} 1 & 0 & 0 & 0 \\ 0 & 0 & 0 & 1 \\ 0 & 0 & 1 & 0 \\ 0 & 1 & 0 & 0 \end{bmatrix}$$

(III) 型の基本行列の例をあげる.

$$E_2(1,2;s)=\begin{bmatrix}1 & s\\ 0 & 1\end{bmatrix},\ E_3(3,1;s)=\begin{bmatrix}1 & 0 & 0\\ 0 & 1 & 0\\ s & 0 & 1\end{bmatrix},\ E_4(2,4;s)=\begin{bmatrix}1 & 0 & 0 & 0\\ 0 & 1 & 0 & s\\ 0 & 0 & 1 & 0\\ 0 & 0 & 0 & 1\end{bmatrix}$$

基本変形と基本行列との関連については，以下の命題が大事である.

命題 2.2.6

A を (m,n) 型行列とする.

(I)　行列 $E_m(i;s)A$ は A の第 i 行を s 倍する基本変形を施した行列に等しい. 行列 $AE_n(i;s)$ は A の第 i 列を s 倍する基本変形を施した行列に等しい.

(II)　行列 $E_m(i,j)A$ は A の第 i 行と第 j 行を交換する基本変形を施した行列に等しい. 行列 $AE_n(i,j)$ は A の第 i 列と第 j 列を交換する基本変形を施した行列に等しい.

(III)　行列 $E_m(i,j;s)A$ は A の第 j 行の s 倍を第 i 行に加える基本変形を施した行列に等しい. 行列 $AE_n(i,j;s)$ は A の第 i 列の s 倍を第 j 列に加える基本変形を施した行列に等しい.

基本変形と基本行列に関して大事なことを述べておきたい.

命題 2.2.7

基本行列の逆行列もまた基本行列であり，逆行列は

$$E_n(i;s)^{-1} = E_n(i;s^{-1}),$$
$$E_n(i,j)^{-1} = E_n(i,j),$$
$$E_n(i,j;s)^{-1} = E_n(i,j;-s)$$

で与えられる. 特に基本行列は正則行列である.

[証明]　$E_n(i;s)E_n(i;s^{-1}) = E_n(i;s^{-1})E_n(i;s) = E_n,$

$$E_n(i,j)^2 = E_n,$$

$$E_n(i,j;s)E_n(i,j;-s) = E_n(i,j;-s)E_n(i,j;s) = E_n$$

より，$E_n(i;s)$, $E_n(i,j)$, $E_n(i,j;s)$ それぞれは逆行列をもち，逆行列は上の命題の中で述べられたもので与えられる．□

命題 2.2.8

A を (m,n) 型行列とするとき，次のことが成り立つ．

（1）　A に行基本変形を何回か施して A' に変形できるとき，いくつかの m 次基本行列の積 P が存在して $A' = PA$ と表される．特に，m 次正則行列 P が存在して $A' = PA$ と表される．

（2）　A に列基本変形を何回か施して A' に変形できるとき，いくつかの n 次基本行列の積 P が存在して $A' = AP$ と表される．特に，n 次正則行列 P が存在して $A' = AP$ と表される．

[証明]　A が k 回の行基本変形によって A' に変形されるとして，それぞれの基本変形が m 次基本行列 $A_1, \ldots, A_k$ を左から掛けることで得られるとする．このとき，$A_k \cdots A_1 A = A'$ となる．命題 2.2.7 より，$A_1, \ldots, A_k$ はそれぞれ正則行列であるからその積 $A_k \cdots A_1$ を P と記すとき，P は正則行列であり，$A' = PA$ が成り立つ．したがって，(1) が示された．行基本変形の代わりに列基本変形を考えて基本行列の右からの積を考えることで，(2) も同様に示される．□

上の命題で現れる行列 P は次のように基本変形で求めることができる．

命題 2.2.9

A を (m,n) 型行列とするとき，次のことが成り立つ．

（1）　$(m, m+n)$ 型行列 $\widetilde{A}$ を $\widetilde{A} = \begin{bmatrix} A & E_m \end{bmatrix}$ で定める．$\widetilde{A}$ が行基本変形によって $\begin{bmatrix} A' & B \end{bmatrix}$ (A' は (m,n) 型行列，B は m 次正方行列) に変換されたとすると，命題 2.2.8 (1) の行列 P は B に等しい．

（2）　$(m+n, n)$ 型行列 $\widetilde{A}$ を $\widetilde{A} = \begin{bmatrix} A \\ E_n \end{bmatrix}$ で定める．$\widetilde{A}$ が列基本変形によって $\begin{bmatrix} A' \\ B \end{bmatrix}$ (A' は (m,n) 型行列，B は n 次正方行列) に変換されたとすると，命題 2.2.8 (2) の行列 P は B に等しい．

［証明］ (1) で与えられた $(m, m+n)$ 型行列 $\widetilde{A}$ が k 回の行基本変形によって $\begin{bmatrix} A' & B \end{bmatrix}$ に変形されるとして，それぞれに対応する基本行列の積が P であるとする．このとき，$PE_m = P$ より

$$\begin{bmatrix} A' & B \end{bmatrix} = P\widetilde{A} = \begin{bmatrix} PA & P \end{bmatrix}$$

となる．ブロック分解の成分を比べることによって，$A' = PA$, $B = P$ が得られ (1) が示された．(2) も同様に示される．□

問題 2.2

1. $A = \begin{bmatrix} 1 & 2 & 3 \\ 4 & 5 & 6 \\ 7 & 8 & 9 \end{bmatrix}$ とする．

（1） 行基本変形のみを用いて，A を $\begin{bmatrix} 1 & 0 & * \\ 0 & 1 & * \\ 0 & 0 & 0 \end{bmatrix}$ という行列に変形せよ．

（2） 前問で得た行列を列基本変形によって $\begin{bmatrix} 1 & 0 & 0 \\ 0 & 1 & 0 \\ 0 & 0 & 0 \end{bmatrix}$ に変形せよ．

2. 基本行列の積で与えられた 4 次正方行列 $A = E_4(3; s)E_4(2, 4)E_4(3, 1; t)$ の逆行列 A^{-1} を基本行列の積で表せ．

3. 正方行列 A に何回かの行基本変形を施して $\begin{bmatrix} & A' & \\ 0 & \cdots & 0 \end{bmatrix}$ という最後の行がすべて 0 であるような行列に変換できるとする．このとき，A は逆行列をもたないことを証明せよ．

4. 次の問に答えよ．

（1） 行列 A が $\begin{bmatrix} B & C \end{bmatrix}$ というブロック分解をもつとする．また，行列 A' が $\begin{bmatrix} B' & C' \end{bmatrix}$ というブロック分解をもつとして，B', C' のそれぞれの型は B, C の型と等しいとする．このとき，A' が A の行基本変形で得られるならば，B', C' のそれぞれが B, C の同じ行基本変形で得られることを証明せよ．

（2） 行列 A が $\begin{bmatrix} B \\ C \end{bmatrix}$ というブロック分解をもつとする．また，行列 A' が $\begin{bmatrix} B' \\ C' \end{bmatrix}$ というブロック分解をもつとして，B', C' のそれぞれの型は B, C の型と等しいとする．このとき，A' が A の列基本変形で得られるならば，B', C' のそれぞれが B, C の同じ列基本変形で得られることを証明せよ．

2.3 行列の簡約化や標準化と行列の階数

本節では，簡約な行列や標準形という概念を導入して，与えられた行列を基本変形によって簡約な行列や標準形に変形する操作を学ぶ．大事な定義を述べるために，少し言葉を準備する．A を (m,n) 型行列とする．

A の第 i 行 $\begin{bmatrix} a_{i1} & a_{i2} & \cdots & a_{in} \end{bmatrix}$ の**先頭項**とは，0 でない成分のうち一番左にあるものをいう．A の第 i 行が零ベクトルのときは先頭項は存在しない．

A の第 j 列 $\begin{bmatrix} a_{1i} \\ a_{2j} \\ \vdots \\ a_{mj} \end{bmatrix}$ の**先頭項**とは，0 でない成分のうち一番上にあるものをいう．

A の第 j 列が零ベクトルのときは先頭項は存在しない．

例 2.3.1 行列 $A = \begin{bmatrix} 0 & 0 & 1 \\ 0 & 0 & 0 \\ 0 & 2 & 3 \end{bmatrix}$ を考える．第 1 行の先頭項は左から 3 番目の項の 1 である．第 2 行は零ベクトルなので先頭項は存在しない．第 3 行の先頭項は左から 2 番目の項の 2 である．第 1 列は零ベクトルなので先頭項は存在しない．第 2 列の先頭項は上から 3 番目の項の 2 である．第 3 列の先頭項は上から 1 番目の項の 1 である．

定義 2.3.2

A を (m,n) 型行列とする．

（1） Aが次の性質をすべて満たすとき，Aは**行簡約行列**であるという．

(i) A のある行が零ベクトルならば，その行より下の行はすべて零ベクトルである．

(ii) 零ベクトルでないすべての行において先頭項は 1 である．

(iii) 第 i 行と第 $i+1$ 行がともに先頭項をもつとき，第 $i+1$ 行の先頭項は第 i 行の先頭項より右にある．

(iv) すべての行の先頭項に対して，先頭項と同じ列の他の成分はすべて 0 である．

（2） Aが次の性質をすべて満たすとき，Aは**列簡約行列**であるという．

(i)　A のある列が零ベクトルならば，その列より右の行はすべて零ベクトルである．

(ii)　零ベクトルでないすべての列において先頭項は 1 である．

(iii)　第 j 列と第 $j+1$ 列がともに先頭項をもつとき，第 $j+1$ 列の先頭項は第 j 列の先頭項より下にある．

(iv)　すべての列の先頭項に対して，先頭項と同じ行の他の成分はすべて 0 である．

（3） A が行簡約かつ列簡約であるとき，すなわちブロック分解によって $A = \begin{bmatrix} E_s & \mathbf{0}_{s,n-s} \\ \mathbf{0}_{m-s,s} & \mathbf{0}_{m-s,n-s} \end{bmatrix}$ と表せるとき，A は**標準形**であるという．

注意 2.3.3　行簡約行列，列簡約行列，標準形に関して，定義からすぐにわかる事実をいくつか述べておきたい．

（1） A が零行列ならば，A は行簡約でもあり列簡約でもある．つまり A は標準形である．

（2） A が行簡約行列ならばその転置行列 ${}^{t}\!A$ は列簡約である．同様に，A が列簡約行列ならばその転置行列 ${}^{t}\!A$ は行簡約である．

（3） n 次正方行列 A が行簡約でどの行も零ベクトルでないならば A は E_n に等しい．同様に，n 次正方行列 A が列簡約でどの列も零ベクトルでないならば A は E_n に等しい．

（4） A が行簡約行列であるとき，ブロック分解 $A = \begin{bmatrix} B & C \end{bmatrix}$ における行列 B も行簡約であり[7]，ブロック分解 $A = \begin{bmatrix} B \\ C \end{bmatrix}$ における行列 B, C はともに行簡約である．

A が列簡約行列であるとき，ブロック分解 $A = \begin{bmatrix} B & C \end{bmatrix}$ における行列 B, C はともに列簡約であり，ブロック分解 $A = \begin{bmatrix} B \\ C \end{bmatrix}$ における行列 B も列簡約である[8]．

7)　C は行簡約とは限らない．

8)　C は列簡約とは限らない．

行簡約や列簡約の定義は若干複雑かもしれない．行簡約な行列や行簡約でない行列の例をいくつかあげて，定義に照らし合わせて説明したい．

例 2.3.4 $A = \begin{bmatrix} 1 & 0 & 3 & 0 \\ 0 & 1 & 2 & 0 \\ 0 & 0 & 0 & 0 \end{bmatrix}$ は行簡約行列である．この行列の一部を変えた行列を論じる．$B = \begin{bmatrix} 1 & 0 & 3 & 0 \\ 0 & 0 & 0 & 0 \\ 0 & 1 & 2 & 0 \end{bmatrix}$ は第2行が零ベクトルであるが第3行が零ベクトルでないので行簡約ではない (定義 2.3.2 の条件 (i) に不適)．$B' = \begin{bmatrix} 1 & 0 & 3 & 0 \\ 0 & 5 & 2 & 0 \\ 0 & 0 & 0 & 0 \end{bmatrix}$ は第 2 行の先頭項が 1 でないので行簡約ではない (定義 2.3.2 の条件 (ii) に不適)．$B'' = \begin{bmatrix} 0 & 1 & 3 & 0 \\ 1 & 0 & 2 & 0 \\ 0 & 0 & 0 & 0 \end{bmatrix}$ は第 2 行の先頭項が第 1 行の先頭項より右にないので行簡約ではない (定義 2.3.2 の条件 (iii) に不適)．$B''' = \begin{bmatrix} 1 & -1 & 3 & 0 \\ 0 & 1 & 2 & 0 \\ 0 & 0 & 0 & 0 \end{bmatrix}$ は第 2 行の先頭項と同じ列に 0 でない項 -1 があるので行簡約ではない (定義 2.3.2 の条件 (iv) に不適)．

定理 2.3.5

A を (m,n) 型行列とする．

（1） A に何回かの行基本変形を施すことで行簡約行列に変形できる．

（2） A に何回かの列基本変形を施すことで列簡約行列に変形できる．

（3） A に何回かの基本変形を施すことで標準形に変形できる．

[証明] (1) を示す．A が零行列の場合は既に行簡約なので証明することはない．よって，以下 A は零行列でないと仮定し，A における行の個数 m に関する数学的帰納法によって証明を行う．

まず，$m = 1$ の場合を考える．A は行を 1 個しかもたず，仮定より A は零行列

でないので A の先頭項を a とする．A に a^{-1} を掛ける行基本変形で得られた行列は先頭項が 1 なので定義 2.3.2 の条件 (ii) に適合する．この行列は行を 1 個しかもたないので定義 2.3.2 の条件 (i), (iii), (iv) は自明に満たされ，行簡約となる．よって，$m = 1$ のとき (1) は正しい．

次に，$m > 1$ の場合を考える．A が零行列でないという仮定より，A には零でない成分が存在する．A のすべての成分のうち最も左にあるもの a_{ij} をとる[9)]．a_{ij} は A の第 i 行の先頭項であるから，第 i 行と第 1 行を交換する行基本変形を行ったあとで，さらに第 1 行に a_{ij}^{-1} を掛ける行基本変形を施すことで，A を

$$\begin{bmatrix} 0 & \cdots & 0 & 1 & * & \cdots & * \\ 0 & \cdots & 0 & * & & & \\ \vdots & & \vdots & \vdots & & A' & \\ 0 & \cdots & 0 & * & & & \end{bmatrix} \tag{2.3}$$

という形の行列に変形できる．ここで，A' は $(m-1, n-j)$ 型行列である．$j = n$ のときは n 列目の 2 行目以下の成分を 0 にすれば他に示すべきことはない．

以下では，$j < n$ であると仮定する．さらに，第 1 行の適当な定数倍を第 2 行以降に加える行基本変形で

$$\begin{bmatrix} 0 & \cdots & 0 & 1 & * & \cdots & * \\ 0 & \cdots & 0 & 0 & & & \\ \vdots & & \vdots & \vdots & & A'' & \\ 0 & \cdots & 0 & 0 & & & \end{bmatrix} \tag{2.4}$$

という形の行列に変形できる．行の個数に関する数学的帰納法の仮定によって，A'' に行基本変形を施すことによって A'' は行簡約行列 A''' に変形できる．(2.4) の行列を行基本変形によって

$$\begin{bmatrix} 0 & \cdots & 0 & 1 & * & \cdots & * \\ 0 & \cdots & 0 & 0 & & & \\ \vdots & & \vdots & \vdots & & A''' & \\ 0 & \cdots & 0 & 0 & & & \end{bmatrix} \tag{2.5}$$

9) このような a_{ij} は複数あるかもしれないが，どれをとってもよい．

と変形する．(2.5) の行列に行基本変形を施して第 1 行の成分のうち A''' の先頭項と同じ列にあるものを 0 に変換することで行簡約化が完了するので，(1) の証明が完了する．

(2) の証明は，行を列に置き換えて (1) と全く同じ議論を行うことで証明できる[10)]ので省略する．

最後に (3) を示す．A が零行列の場合は既に標準形なので証明することはない．よって，以下 A は零行列でないと仮定する．A における行の個数 m に関する数学的帰納法で証明を行う．

まず，$m = 1$ の場合を考える．$m = 1$ のとき，A は行を 1 個しかもたない．(1) における議論で示したように先頭項 a の逆数 a^{-1} を掛ける行基本変形を行うと，$\begin{bmatrix} 0 & \cdots & 0 & 1 & * & \cdots & * \end{bmatrix}$ と行簡約化される．さらに，先頭項の 1 を列基本変形で一番最初の成分と交換することで，$\begin{bmatrix} 1 & * & \cdots & * \end{bmatrix}$ と変形できる．さらに，第 1 列の定数倍を他の列に加える列基本変形で他の成分を打ち消すと，$\begin{bmatrix} 1 & 0 & \cdots & 0 \end{bmatrix}$ と標準形に変形される．よって，$m = 1$ の場合に (3) が示された．

次に，$m > 1$ の場合を考える．A が零行列の場合は証明することはないので，先と同様に A は零行列でないとする．よって，A は少なくとも 1 つは零でない成分 a をもつ．行同士を交換する行基本変形と列同士を交換する列基本変形を何回か施すことによって，A は $\begin{bmatrix} a & * & \cdots & * \\ * & * & \cdots & * \\ \vdots & \vdots & & \vdots \\ * & * & \cdots & * \end{bmatrix}$ と変形できる．ここで，第 1 行を a^{-1} 倍することで，この行列は $\begin{bmatrix} 1 & * & \cdots & * \\ * & * & \cdots & * \\ \vdots & \vdots & & \vdots \\ * & * & \cdots & * \end{bmatrix}$ と変形できる．列基本変形を繰り返して第

10)　あるいは，まず A の転置行列 ${}^{\mathrm{t}}A$ に (1) の議論を適用して得られた ${}^{\mathrm{t}}A$ の行簡約化の転置行列をとったものが，もとの行列 A の列簡約化であると言ってもよい．

1 行の先頭項以外の成分を打ち消すと $\begin{bmatrix} 1 & 0 & \cdots & 0 \\ * & * & \cdots & * \\ \vdots & \vdots & & \vdots \\ * & * & \cdots & * \end{bmatrix}$ と変形できる．さらに，行基本変形を繰り返して第 1 列の先頭項以外の成分を打ち消すと $\begin{bmatrix} 1 & 0 & \cdots & 0 \\ 0 & & & \\ \vdots & & A' & \\ 0 & & & \end{bmatrix}$ と変形できる．A' は $(m-1, n-1)$ 型行列なので数学的帰納法の仮定により，A' に行基本変形と列基本変形を何回か繰り返して標準形 A'' に変形することができる．A に行基本変形を列基本変形を何回か繰り返して得られる行列 $\begin{bmatrix} 1 & 0 & \cdots & 0 \\ 0 & & & \\ \vdots & & A'' & \\ 0 & & & \end{bmatrix}$ は標準形なので，(3) の証明が完了する．□

定理 2.3.6

A を (m, n) 型行列とする．

（1）　A の行簡約化は A から一意に定まる．

（2）　A の列簡約化は A から一意に定まる．

（3）　A の標準化は A から一意に定まる．

（4）　A の行簡約化における零でない行の個数，A の列簡約化における零でない列の個数，A の標準化に含まれる単位行列の次数はすべて等しい．

定理 2.3.6 の主張自体はわかりやすい一方で，その証明はかなり技巧的で長い．よって，証明は本節の最後に回す．また，第 4 章の新しい概念を通して系 4.2.9 として再証明される．

定義 2.3.7
A を行列とする．このとき，A の標準化に含まれる単位行列の次数を行列 A の**階数**とよぶ[11)]．また，A の階数を $\mathrm{rank}(A)$ で表す．

例 2.3.8　$A = \begin{bmatrix} 1 & 1 \\ 1 & 1 \end{bmatrix}$ のとき，A の行簡約化は $\begin{bmatrix} 1 & 1 \\ 0 & 0 \end{bmatrix}$ となる．A を行簡約化した後の零でない行の個数が 1 なので，$\mathrm{rank}(A) = 1$ となる．

$B = \begin{bmatrix} 1 & 2 & 3 \\ 4 & 5 & 6 \\ 7 & 8 & 9 \end{bmatrix}$ のとき B の行簡約化は $\begin{bmatrix} 1 & 0 & -1 \\ 0 & 1 & 2 \\ 0 & 0 & 0 \end{bmatrix}$ となる．B を行簡約化した後の零でない行の個数が 2 なので，$\mathrm{rank}(B) = 2$ となる．

注意 2.3.9　階数や簡約化，標準化に関して定義からすぐわかることをまとめておく．

- 行列 A が (m, n) 型であるとする．m と n のうちの最小値を $\min(m, n)$ で表すとき，次式が成り立つ．

$$0 \leqq \mathrm{rank}(A) \leqq \min(m, n)$$

- A を行列とするとき，$\mathrm{rank}(A) = 0$ であることと A が零行列であることは同値である．
- A を行列とするとき，$\mathrm{rank}(A) = \mathrm{rank}({}^t A)$ が成り立つ．
- A が特に n 次正方行列であるとき，次の 4 条件は同値である．
  (a)　$\mathrm{rank}(A) = n$
  (b)　A の行簡約化が E_n に等しい．
  (c)　A の列簡約化が E_n に等しい．
  (d)　A の標準化が E_n に等しい．

以下では，定理 2.3.6 の証明を与えたい．本節の残りの部分は少し骨が折れるので，とりあえず結果を認めて次節に進んでも差し支えない．

---

11)　定理 2.3.6 (4) によって，$\mathrm{rank}(A)$ を A の行簡約化における零でない行の個数，または A の列簡約化における零でない列の個数で定義しても同値な定義となる．

［定理 **2.3.6** の証明］　まず，(1) を示す．B, C はともに与えられた (m, n) 型行列 A の行簡約化として得られた行列であるとする．B, C を n 個の m 次元列ベクトルによる分解として $B = \begin{bmatrix}\mathbf{b}_1 & \cdots & \mathbf{b}_n\end{bmatrix}$, $C = \begin{bmatrix}\mathbf{c}_1 & \cdots & \mathbf{c}_n\end{bmatrix}$ と表しておく．B と C は互いに他の行列に行基本変形を施すことで得られるので，命題 2.2.8 によって，いくつかの m 次基本行列の積 P が存在して $C = PB$ と表される．よって，$1 \leqq j \leqq n$ なる各自然数 j に対して，$\mathbf{c}_j = P\mathbf{b}_j$ が成り立つ．

まず，$\mathbf{b}_1 = \mathbf{c}_1$ であることを示したい．B が行簡約な行列であることに注意すると，B の 1 行目の先頭項が 1 列目にある場合は $\mathbf{b}_1$ は m 次元の基本単位ベクトル $\mathbf{e}_1$ に等しい．B の 1 行目の先頭項が 2 列目以降にある場合は $\mathbf{b}_1$ は m 次元の零ベクトル $\mathbf{0}$ に等しい．全く同様に，C も行簡約な行列であることに注意すると，$\mathbf{c}_1$ も $\mathbf{e}_1$ または $\mathbf{0}$ に等しい．上述の P は正則行列であるから，$\mathbf{b}_1 = \mathbf{0}$ であるための必要十分条件は $P\mathbf{b}_1 = \mathbf{0}$ となることであることに注意すると，$\mathbf{b}_1 = \mathbf{c}_1$ であることが従う．

数学的帰納法で $1 \leqq j \leqq n$ なる任意の j で $\mathbf{b}_j = \mathbf{c}_j$ を示すために，$1 \leqq j \leqq k-1$ なる任意の j で $\mathbf{b}_j = \mathbf{c}_j$ が成立すると仮定して $\mathbf{b}_k = \mathbf{c}_k$ を示す．$\mathbf{b}_1, \ldots, \mathbf{b}_{k-1}$ のうちある行の先頭項を含む列ベクトルが $\mathbf{b}_{j_1}, \ldots, \mathbf{b}_{j_s}$ のみであるとする[12)]．注意 2.3.3 (4) より $\begin{bmatrix}\mathbf{b}_1 & \cdots & \mathbf{b}_{k-1}\end{bmatrix}$ は行簡約であるから，m 次元の基本単位ベクトル $\mathbf{e}_1, \ldots, \mathbf{e}_s$ を用いて $\mathbf{b}_{j_1} = \mathbf{e}_1, \ldots, \mathbf{b}_{j_s} = \mathbf{e}_s$ が成り立つ．$1 \leqq j \leqq k-1$ なる任意の j で $\mathbf{b}_j = \mathbf{c}_j$ である仮定より $\mathbf{c}_{j_1} = \mathbf{e}_1, \ldots, \mathbf{c}_{j_s} = \mathbf{e}_s$ も成り立つ．

まず，$\mathbf{b}_k$ と $\mathbf{c}_k$ がともに $s+1$ 行目の先頭項を含む場合を考えよう．このとき，これらの列ベクトルはともに基本単位ベクトルであるから，どちらも $\mathbf{e}_{s+1}$ に等しい．よって，特に $\mathbf{b}_k = \mathbf{c}_k$ となることが直ちにわかる．

以下，$\mathbf{b}_k$ と $\mathbf{c}_k$ のいずれかが $s+1$ 行目の先頭項を含まない場合を考える．もし，$\mathbf{b}_k$ が $s+1$ 行目の先頭項を含まないとすると，$\mathbf{b}_k$ の $s+1$ 番目以降の成分はすべて 0 である．よって，スカラー $d_1, \ldots, d_s$ が存在して $\mathbf{b}_k = \sum_{i=1}^{s} d_i \mathbf{e}_i$ と表せる．上述のように，$\mathbf{b}_{j_1} = \mathbf{e}_1, \ldots, \mathbf{b}_{j_s} = \mathbf{e}_s$ が成り立っているので，

$$\mathbf{b}_k = \sum_{i=1}^{s} d_i \mathbf{b}_{j_i} \tag{2.6}$$

が得られる．$1 \leqq j \leqq n$ なる各自然数 j に対して，$\mathbf{c}_j = P\mathbf{b}_j$ が成り立つので，上式の両辺に左から P を掛けることによって

12)　このとき，s は k 以下の整数であり $1 \leqq j_1 < j_2 < \ldots < j_s \leqq k-1$ である．

$$\mathbf{c}_k = \sum_{i=1}^{s} d_i \mathbf{c}_{j_i} \tag{2.7}$$

が得られる．帰納法の仮定より $j \leqq k-1$ のときには $\mathbf{b}_j = \mathbf{c}_j$ であるから，式 (2.6) と式 (2.7) の右辺は等しい．よって，$\mathbf{b}_k = \mathbf{c}_k$ であることが示された．$\mathbf{c}_k$ が $s+1$ 行目の先頭項を含まない場合には，$1 \leqq j \leqq n$ なる各自然数 j に対して，$\mathbf{b}_j = P^{-1}\mathbf{c}_j$ が成り立つことを用いて，上と全く同様の議論でやはり $\mathbf{b}_k = \mathbf{c}_k$ であることが示される．以上で (1) の証明が終了する．

(2) の証明は，行と列の立場を入れ替えることで全く同様の議論を行えばよいので証明を省略する．

次に，(3) を示す．つまり，$\begin{bmatrix} E_s & \mathbf{0}_{s,n-s} \\ \mathbf{0}_{m-s,s} & \mathbf{0}_{m-s,n-s} \end{bmatrix}$ と $\begin{bmatrix} E_t & \mathbf{0}_{t,n-t} \\ \mathbf{0}_{m-t,t} & \mathbf{0}_{m-t,n-t} \end{bmatrix}$ がともに A の標準化ならば $s = t$ が成り立つことを示したい[13]．一般性を失わずに $s \geqq t$ と仮定してよい．A に行や列の基本変形を施して得られる 2 つの行列は互いに他の基本変形となるので，基本行列の積として得られる正則行列 P, Q が存在して

$$\begin{bmatrix} E_s & \mathbf{0}_{s,n-s} \\ \mathbf{0}_{m-s,s} & \mathbf{0}_{m-s,n-s} \end{bmatrix} = P \begin{bmatrix} E_t & \mathbf{0}_{t,n-t} \\ \mathbf{0}_{m-t,t} & \mathbf{0}_{m-t,n-t} \end{bmatrix} Q \tag{2.8}$$

が成り立つ．$P = \begin{bmatrix} A & B \\ C & D \end{bmatrix}$, $Q = \begin{bmatrix} A' & B' \\ C' & D' \end{bmatrix}$ と A, A' が t 次正方行列，D, D' が $n-t$ 次正方行列であるようなブロック分解を考える．このブロック分解を用いて式 (2.8) の右辺を計算すると

$$P \begin{bmatrix} E_t & \mathbf{0}_{t,n-t} \\ \mathbf{0}_{m-t,t} & \mathbf{0}_{m-t,n-t} \end{bmatrix} Q = \begin{bmatrix} A & \mathbf{0}_{t,n-t} \\ C & \mathbf{0}_{m-t,n-t} \end{bmatrix} \begin{bmatrix} A' & B' \\ C' & D' \end{bmatrix} = \begin{bmatrix} AA' & AB' \\ CA' & CB' \end{bmatrix} \tag{2.9}$$

に等しい．今，$s = t$ を背理法で示すために $s > t$ であると仮定する．式 (2.9) の右辺を式 (2.8) の左辺と比べることで

13)　注意 2.3.3 (2) で述べた事実を思い出そう．

$$AA' = E_t, AB' = \mathbf{0}_{s,n-s}, CA' = \mathbf{0}_{n-s,s}, CB' = \begin{bmatrix} E_{s-t} & \mathbf{0}_{s-t,n-s} \\ \mathbf{0}_{m-s,s-t} & \mathbf{0}_{m-s,n-s} \end{bmatrix}$$

を得る[14)]．命題 2.5.3 より $A'A = E_t$ も成り立つので，A と A' は互いに他の逆行列である．$CA' = \mathbf{0}_{n-t,t}$ の両辺に右から A を掛けることで $C = \mathbf{0}_{n-t,t}$ が得られる．よって，$CB' = \mathbf{0}_{n-t}$ となるが，これは $CB' = \begin{bmatrix} E_{s-t} & \mathbf{0}_{s-t,n-s} \\ \mathbf{0}_{n-s,s-t} & \mathbf{0}_{n-s} \end{bmatrix}$ であることに矛盾する．よって，$s = t$ でなければならず，(3) が示された．

最後に，(4) を示す．A の行簡約化の零でない行の個数を s' とすると，列基本変形を施して $\begin{bmatrix} E_{s'} & \mathbf{0}_{s',n-s'} \\ \mathbf{0}_{m-s',s'} & \mathbf{0}_{m-s'',n-s'} \end{bmatrix}$ と変形できる．(3) の結果より，$s = s'$ となる．同様の議論により，A の列簡約化の零でない列の個数を s'' とすると，行基本変形を施して $\begin{bmatrix} E_{s''} & \mathbf{0}_{s'',n-s''} \\ \mathbf{0}_{m-s'',s''} & \mathbf{0}_{m-s'',n-s''} \end{bmatrix}$ と変形できる．(3) の結果より，$s = s''$ となる．以上で (4) が示された．□

14)　式 (2.9) の右辺と式 (2.8) の左辺のブロック分解の各成分のサイズが違うので単に各ブロックが等しいという比較ではないことに気をつけよう．例えば，式 (2.9) の右辺の AA' は式 (2.8) の左辺の E_s に真に含まれるが，そのことから E_t と等しいことがわかる．

問題 2.3

1. 次の問いに答えよ.

（1） 行列 $A = \begin{bmatrix} 1 & -1 & 0 & 2 \\ 0 & 0 & 1 & 3 \\ 0 & 0 & 0 & 0 \end{bmatrix}$, $B = \begin{bmatrix} 1 & 0 & 1 & 1 \\ 0 & 1 & 0 & 3 \\ 0 & 0 & 1 & -1 \\ 0 & 0 & 0 & 0 \end{bmatrix}$ を考える.

A, B はそれぞれ行簡約であるかそうでないかを述べよ. 特に, 行簡約でない場合は, なぜそうでないか, 定義 2.3.2 のどの条件が成立しないのかを説明せよ.

（2） 行列 $A = \begin{bmatrix} 1 & 0 & 0 & 0 \\ 0 & 0 & 1 & 0 \\ -2 & 0 & 0 & 0 \\ 0 & 0 & 0 & 1 \end{bmatrix}$, $B = \begin{bmatrix} 1 & 0 & 0 \\ 0 & 1 & 0 \\ 5 & -2 & 0 \\ 0 & 0 & 1 \end{bmatrix}$ を考える.

A, B はそれぞれ列簡約であるかそうでないかを述べよ. 特に, 列簡約でない場合はなぜそうでないか, 定義 2.3.2 のどの条件が成立しないのかを説明せよ.

2. $A = \begin{bmatrix} 1 & 2 & 3 \\ 4 & 5 & 6 \\ 7 & 8 & 9 \end{bmatrix}$, $B = \begin{bmatrix} 0 & 3 & 6 & -6 \\ 2 & 1 & -4 & 3 \\ -1 & 2 & 7 & -6 \end{bmatrix}$, $C = \begin{bmatrix} 4 & -7 & 6 & 1 \\ 1 & 0 & 5 & 2 \\ -1 & 5 & 5 & 3 \\ 0 & 1 & 2 & 1 \end{bmatrix}$

を考える.

（1） 行列 A, B, C の行簡約化を求めよ.

（2） 行列 A, B, C の列簡約化を求めよ.

（3） 行列 A, B, C の標準化を求めよ.

3. a, b, c, d, e を実数として行列 $A = \begin{bmatrix} a & b & c \\ 0 & d & e \\ 0 & 0 & 1 \end{bmatrix}$ を考える.

$\mathrm{rank}(A)$ の値がそれぞれ 1, 2, 3 となるための必要十分条件を a, b, c, d, e を用いて記せ.

2.4　行基本変形による連立 1 次方程式の解法

本節では, $1 \leqq i \leqq m$, $1 \leqq j \leqq n$ なる整数の組 (i, j) に対する数 a_{ij} と $1 \leqq i \leqq m$ なる整数 i に対する数 b_i が与えられたときの連立 1 次方程式

$$\begin{cases} a_{11}x_1 + a_{12}x_2 + \cdots + a_{1n}x_n = b_1 \\ a_{21}x_1 + a_{22}x_2 + \cdots + a_{2n}x_n = b_2 \\ \qquad\qquad \vdots \\ a_{m1}x_1 + a_{m2}x_2 + \cdots + a_{mn}x_n = b_m \end{cases} \tag{2.10}$$

の共通解を求める問題を考察する．このような連立 1 次方程式の問題を行列の言葉を用いて表し，2.2 節と 2.3 節で考えた行列の行基本変形の理論を応用したい．考える行列の階数の言葉を用いて，与えられた連立 1 次方程式が解をもつかどうかを論じ，解をもつ場合にはパラメータ表示で解を完全に求めることが目的である．

定義 2.4.1

連立 1 次方程式 (2.10) を考える．このとき，(m, n) 型行列 $A = [a_{ij}]$ を連立 1 次方程式 (2.10) の**係数行列**とよぶ．$\boldsymbol{b} = \begin{bmatrix} b_1 \\ b_2 \\ \vdots \\ b_m \end{bmatrix}$ とおくとき，$(m, n+1)$ 型行列 $\widetilde{A} = \begin{bmatrix} A & \boldsymbol{b} \end{bmatrix}$ を連立 1 次方程式 (2.10) の**拡大係数行列**とよぶ．

定義からすぐにわかることとして，

$$\mathrm{rank}(A) \leqq \min(m, n), \quad \mathrm{rank}(A) \leqq \mathrm{rank}(\widetilde{A}) \leqq \mathrm{rank}(A) + 1$$

が成り立つ．

連立 1 次方程式 (2.10) の問題は，右辺の数 $b_1, \ldots, b_m$ を並べて得られる数ベクトル $\boldsymbol{b} = \begin{bmatrix} b_1 \\ \vdots \\ b_m \end{bmatrix}$ と係数行列 $A = [a_{ij}]$ に対して，

$$A\boldsymbol{x} = \boldsymbol{b} \tag{2.11}$$

を満たすような数ベクトル $\boldsymbol{x} = \begin{bmatrix} x_1 \\ \vdots \\ x_n \end{bmatrix}$ を求めるという**行列方程式**に言い換えられる．逆に，列ベクトル $\boldsymbol{b} \in K^m$ と K に成分をもつ (m,n) 型行列 A を任意に与えたときの行列方程式 (2.11) が与えられると，両辺の各行を比べることで m 個の 1 次方程式からなる連立 1 次方程式 (2.10) の問題に帰着される．したがって，(2.10) と (2.11) は等価な問題である．

(2.11) の問題で，特に $m = n$ でさらに A が逆行列 A^{-1} をもつならば，両辺に A^{-1} を左から掛けることで直ちに $\boldsymbol{x} = A^{-1}\boldsymbol{b}$ と解ける．一般には，$m = n$ とは限らないし，もし $m = n$ でも A が逆行列をもつとは限らないので，これほど簡単には解けない．

定理 2.4.2

連立 1 次方程式 (2.10) に対する係数行列，拡大係数行列をそれぞれ A, $\widetilde{A}$ で記す．A は (m,n) 型であるとする．

（1） 連立 1 次方程式 (2.10) が解をもつための必要十分条件は，$\mathrm{rank}(A) = \mathrm{rank}(\widetilde{A})$ となることである．

（2） $\mathrm{rank}(A) = \mathrm{rank}(\widetilde{A})$ のとき，連立 1 次方程式 (2.10) の解は，$n - \mathrm{rank}(A)$ 個のパラメータで表示される．

証明の準備として連立 1 次方程式に対する基本変形を考える．連立 1 次方程式の解法として知られている**ガウスの消去法**は，以下の 3 種類の基本変形の組み合わせである．

定義 2.4.3

与えられた連立 1 次方程式 (2.10) に対して，以下の操作のいずれかを繰り返し施すことを連立 1 次方程式の基本変形とよぶ．

(I) (2.10) のある式 (i 番目の式) の両辺に 0 でないある数 s を掛ける．

(II) (2.10) のある式 (i 番目の式) と別の式 (j 番目の式) を交換する ($i \neq j$).

(III) (2.10) のある式 (j 番目の式) に別の式 (i 番目の式) の s 倍を加える．

これらの基本変形は，拡大係数行列の行基本変形 (I), (II), (III)（定義 2.2.1）と対応している．

補題 2.4.4

連立 1 次方程式 (2.10) に基本変形を施して得られた連立 1 次方程式を

$$\begin{cases} a'_{11}x_1 + a'_{12}x_2 + \cdots + a'_{1n}x_n = b'_1 \\ a'_{21}x_1 + a'_{22}x_2 + \cdots + a'_{2n}x_n = b'_2 \\ \qquad\qquad\vdots \\ a'_{m1}x_1 + a'_{m2}x_2 + \cdots + a'_{mn}x_n = b'_m \end{cases} \tag{2.12}$$

とするとき，(2.10) が解をもつための必要十分条件は，(2.12) が解をもつことである．また，(2.10) の解と (2.12) の解は一致する．

[証明] 連立 1 次方程式の 3 種類の基本変形 (I), (II), (III) はいずれも可逆な操作であり，このことから (2.10) の解と (2.12) の解が同じものであることがわかる．□

[定理 **2.4.2** の証明] 連立 1 次方程式 (2.10) に対する拡大係数行列 $\widetilde{A} = \begin{bmatrix} A & \boldsymbol{b} \end{bmatrix}$ に行基本変形を施して行簡約化した行列を $\widetilde{A}' = \begin{bmatrix} A' & \boldsymbol{b}' \end{bmatrix}$ とする．$A' = [a'_{ij}]$, $\boldsymbol{b}' = [b'_j]$ とすると，$\widetilde{A}'$ を拡大係数行列にもつ連立 1 次方程式は

$$\begin{cases} a'_{11}x_1 + a'_{12}x_2 + \cdots + a'_{1n}x_n = b'_1 \\ a'_{21}x_1 + a'_{22}x_2 + \cdots + a'_{2n}x_n = b'_2 \\ \qquad\qquad\vdots \\ a'_{m1}x_1 + a'_{m2}x_2 + \cdots + a'_{mn}x_n = b'_m \end{cases}$$

となる．補題 2.4.4 により，連立 1 次方程式 (2.10) が解をもつための必要十分条件は $\widetilde{A}'$ を拡大係数行列にもつ連立 1 次方程式が解をもつことであり，連立 1 次方程式 (2.10) が解をもつとき，その解と $\widetilde{A}'$ を拡大係数行列にもつ連立 1 次方程式の解は一致する．

今，$\mathrm{rank}(A) < \mathrm{rank}(\widetilde{A})$ とする．このとき，行簡約化された行列 $\widetilde{A}' = \begin{bmatrix} A' & \boldsymbol{b}' \end{bmatrix}$ に対しても $\mathrm{rank}(A') < \mathrm{rank}(\widetilde{A}')$ が成り立つ．仮定より，$\widetilde{A}'$ における零でない行のうち一番下の行は

$$\begin{bmatrix} 0 & \cdots & 0 & 1 \end{bmatrix}$$

と書ける．この行に対応する方程式は $0 = 1$ と書ける．この方程式を満たす解は存在しないので，もとの連立 1 次方程式にも解は存在しない．

次に, $\mathrm{rank}(A) = \mathrm{rank}(\widetilde{A})$ とする．このとき, 行簡約化された行列 $\widetilde{A}' = \begin{bmatrix} A' & \boldsymbol{b}' \end{bmatrix}$ に対しても $\mathrm{rank}(A') = \mathrm{rank}(\widetilde{A}')$ が成り立つ．$r = \mathrm{rank}(A)$ とすると，$\widetilde{A}'$ を拡大係数行列にもつ連立 1 次方程式には $0 = 0$ という形でない r 個の 1 次方程式がある．$1 \leqq i \leqq r$ なる i ごとに $\widetilde{A}'$ の第 i 行の先頭項が l_i 番目にあるとすると，$\widetilde{A}'$ から得られる連立 1 次方程式は

$$\begin{cases} x_{l_1} + a'_{1\,l_1+1}x_{l_1+1} + \cdots + a'_{1n}x_n = b'_1 \\ x_{l_2} + a'_{2\,l_2+1}x_{l_2+1} + \cdots + a'_{2n}x_n = b'_2 \\ \qquad\qquad\vdots \\ x_{l_r} + a'_{r\,l_r+1}x_{l_r+1} + \cdots + a'_{rn}x_n = b'_r \end{cases}$$

となる．最初の項以外を右辺に移項して

$$\begin{cases} x_{l_1} = b'_1 - (a'_{1\,l_1+1}x_{l_1+1} + \cdots + a'_{1n}x_n) \\ x_{l_2} = b'_2 - (a'_{2\,l_2+1}x_{l_2+1} + \cdots + a'_{2n}x_n) \\ \qquad\qquad\vdots \\ x_{l_r} = b'_r - (a'_{r\,l_r+1}x_{l_r+1} + \cdots + a'_{rn}x_n) \end{cases} \tag{2.13}$$

を得る．この右辺には先頭項に対応する変数 $x_{l_1}, \ldots, x_{l_r}$ は現れない．これらの変数以外の残りの $n - r$ 個の変数を順に $c_1, \ldots, c_{n-r}$ とパラメータでおくことで，連立 1 次方程式 (2.10) の一般解がパラメータ $c_1, \ldots, c_{n-r}$ を用いた表示で得られる．□

例題 2.4.5

次の連立 1 次方程式

$$\begin{cases} 2x_1 - 2x_2 + 3x_3 + 9x_4 = 7 \\ x_1 + 2x_3 + 5x_4 = 2 \\ -4x_2 - 2x_3 - 2x_4 = 6 \\ x_1 - 2x_2 + x_3 + 4x_4 = 5 \end{cases} \tag{2.14}$$

を拡大係数行列の行簡約化によって解け.

[解答] 拡大係数行列 $\widetilde{A}$ は

$$\widetilde{A} = \begin{bmatrix} 2 & -2 & 3 & 9 & 7 \\ 1 & 0 & 2 & 5 & 2 \\ 0 & -4 & -2 & -2 & 6 \\ 1 & -2 & 1 & 4 & 5 \end{bmatrix}$$

となる. $\widetilde{A}$ の行簡約化 $\widetilde{A}'$ は

$$\widetilde{A}' = \begin{bmatrix} 1 & 0 & 2 & 5 & 2 \\ 0 & 1 & \frac{1}{2} & \frac{1}{2} & -\frac{3}{2} \\ 0 & 0 & 0 & 0 & 0 \\ 0 & 0 & 0 & 0 & 0 \end{bmatrix}$$

である. $\widetilde{A}'$ を拡大係数行列にもつ連立 1 次方程式は $\begin{cases} x_1 + 2x_3 + 5x_4 = 2 \\ x_2 + \frac{1}{2}x_3 + \frac{1}{2}x_4 = -\frac{3}{2} \end{cases}$ となる. 1 行目, 2 行目の先頭項に対応する変数 x_1, x_2 以外を右辺に移項することで

$$\begin{cases} x_1 = 2 - (2x_3 + 5x_4) \\ x_2 = -\frac{3}{2} - (\frac{1}{2}x_3 + \frac{1}{2}x_4) \end{cases}$$

を得る. 先頭項に対応しない残りの変数を順に $x_3 = c_1$, $x_4 = c_2$ とパラメータで表すことによって, 一般解は

$$\begin{cases} x_1 = 2 - 2c_1 - 5c_2 \\ x_2 = -\frac{3}{2} - \frac{1}{2}c_1 - \frac{1}{2}c_2 \\ x_3 = c_1 \\ x_4 = c_2 \end{cases}$$

で与えられる[15)].

先に述べたように，連立 1 次方程式は行列方程式の問題と等価である．行列方程式で定式化された問題に対する結果も述べておきたい[16)].

定理 2.4.6

行列方程式 (2.11) に対して $\widetilde{A} = \begin{bmatrix} A & \boldsymbol{b} \end{bmatrix}$ と定める．A は (m, n) 型であるとする．

（1） 行列方程式 (2.11) が解をもつための必要十分条件は，$\mathrm{rank}(A) = \mathrm{rank}(\widetilde{A})$ となることである．

（2） $\mathrm{rank}(A) = \mathrm{rank}(\widetilde{A})$ のとき，$r = \mathrm{rank}(A)$ とおく．このとき，零ベクトルでない $n-r$ 個のベクトル $\boldsymbol{v}_1, \ldots, \boldsymbol{v}_{n-r} \in K^n$ と $\boldsymbol{w} \in K^n$ が存在して，行列方程式 (2.11) の解は $\boldsymbol{x} = c_1\boldsymbol{v}_1 + \cdots + c_{n-r}\boldsymbol{v}_{n-r} + \boldsymbol{w}$ とパラメータ表示される．

[証明] 定理 2.4.6 は定理 2.4.2 の言い換えなので，証明は定理 2.4.2 に帰される．そのため，ここでは，特に $\mathrm{rank}(A) = \mathrm{rank}(\widetilde{A})$ の仮定の下で，定理 2.4.2 における $\boldsymbol{v}_1, \ldots, \boldsymbol{v}_{n-r} \in K^n$ と $\boldsymbol{w} \in K^n$ を与える公式を明記しておきたい．

拡大係数行列 $\widetilde{A} = \begin{bmatrix} A & \boldsymbol{b} \end{bmatrix}$ に行基本変形を施して行簡約化した行列を $\widetilde{A}' = \begin{bmatrix} A' & \boldsymbol{b}' \end{bmatrix}$ とする．このとき，行列方程式 (2.11) の解は

$$A'\boldsymbol{x} = \boldsymbol{b}' \tag{2.15}$$

15) 計算間違いのリスクもあるので得られた一般解をもとの式に代入して検算することも推奨される．

16) 第 4 章で登場する用語を先取りして用いると，定理の中の $n-r$ はこの連立 1 次方程式の「解空間」の「次元」であり，ベクトル $\boldsymbol{v}_1, \ldots, \boldsymbol{v}_{n-r}$ はその解空間の「基底」となる．

の解に他ならない．また，解 $\boldsymbol{x} = \begin{bmatrix} x_1 \\ \vdots \\ x_n \end{bmatrix}$ における成分 $x_1, \ldots, x_n$ は，定理 2.4.2 の証明における式 (2.13) で与えられた通りである．今，$r = \mathrm{rank}(A)$ なので，A' は最初の r 行のみが零でないベクトルであり，$r+1$ 行目以降は零ベクトルである．$1 \leqq i \leqq r$ なる自然数 i に対して，A' の i 行目の先頭項は l_i 番目にあるとする．A' の n 個の列ベクトルのうち先頭項を含まないものは $n-r$ 個ある．それらの列が左から $k_1, k_2, \ldots, k_{n-r}$ 列目であるとする．$1 \leqq j \leqq n$ なる自然数 j に対して，A' の j 列目を $\boldsymbol{a}'_j$ と記す．さて，$F : K^r \longrightarrow K^n$ は，$\boldsymbol{u} = \begin{bmatrix} u_1 \\ \vdots \\ u_r \end{bmatrix} \in K^r$ を，第 l_i 成分 $(i = 1, \ldots, r)$ が u_i で $l_1, \ldots, l_r$ 以外の成分は 0 であるベクトル $F(\boldsymbol{u}) \in K^n$ に送る写像とする．$\boldsymbol{b}'$, $\boldsymbol{a}'_j$ $(j = 1, \ldots, n)$ は K^m のベクトルであるが，$r+1$ 番目以降の成分は 0 なので，それらの最初の r 個の成分から定まる K^r のベクトルを $\overline{\boldsymbol{b}'}$, $\overline{\boldsymbol{a}'_j}$ $(j = 1, \ldots, n)$ と記すことにする．このとき，

$$\boldsymbol{w} = F(\overline{\boldsymbol{b}'}), \quad \boldsymbol{v}_j = \boldsymbol{e}_{k_j} - F(\overline{\boldsymbol{a}'_{k_j}}) \ (j = 1, \ldots, n-r)$$

とおくと，定理 2.4.2 の証明における式 (2.13) によって，行列方程式 (2.11) の解は $\boldsymbol{x} = c_1\boldsymbol{v}_1 + \cdots + c_{n-r}\boldsymbol{v}_{n-r} + \boldsymbol{w}$ とパラメータ表示され，ほしい結果が示された．□

例題 2.4.7

$A = \begin{bmatrix} -3 & 0 & -1 & -1 \\ 5 & -1 & 0 & -1 \\ -4 & 1 & 1 & 0 \end{bmatrix}$, $\boldsymbol{b} = \begin{bmatrix} 2 \\ 1 \\ -2 \end{bmatrix}$ に対して，行列方程式 $A\boldsymbol{x} = \boldsymbol{b}$ を解け．

[解答]　$\widetilde{A} = \begin{bmatrix} A & \boldsymbol{b} \end{bmatrix}$ と定めると，$\widetilde{A} = \begin{bmatrix} -3 & 0 & -1 & -1 & 2 \\ 5 & -1 & 0 & -1 & 1 \\ -4 & 1 & 1 & 0 & -2 \end{bmatrix}$ とな

る．$\widetilde{A}$ の行簡約化 $\widetilde{A}' = \begin{bmatrix} A' & \boldsymbol{b}' \end{bmatrix}$ は $\widetilde{A}' = \begin{bmatrix} 1 & 0 & 0 & 1 & -\frac{1}{2} \\ 0 & 1 & 0 & 6 & -\frac{7}{2} \\ 0 & 0 & 1 & -2 & -\frac{1}{2} \end{bmatrix}$ で与えられる (計算は省略)．$\mathrm{rank}(A) = 3$ より，解は $4 - 3 = 1$ 個のパラメータで表示される．$\widetilde{A}'$ における先頭項を含まない列ベクトルは 4 列目のベクトル $\boldsymbol{a}'_4 = \begin{bmatrix} 1 \\ 6 \\ -2 \end{bmatrix}$ のみである．また，定理 2.4.6 の証明の記号を用いると，$\boldsymbol{w} = F(\overline{\boldsymbol{b}'}) = \begin{bmatrix} -\frac{1}{2} \\ -\frac{7}{2} \\ -\frac{1}{2} \\ 0 \end{bmatrix}$,

$\boldsymbol{v}_1 = \boldsymbol{e}_{k_1} - F(\overline{\boldsymbol{a}'_{k_1}}) = \begin{bmatrix} -1 \\ -6 \\ 2 \\ 1 \end{bmatrix}$ である．よって，行列方程式 $A\boldsymbol{x} = \boldsymbol{b}$ の解は 1 つのパラメータ s によって，$\boldsymbol{x} = s \begin{bmatrix} -1 \\ -6 \\ 2 \\ 1 \end{bmatrix} + \begin{bmatrix} -\frac{1}{2} \\ -\frac{7}{2} \\ -\frac{1}{2} \\ 0 \end{bmatrix}$ と表される．

定理 2.4.6 や上の例題でみたように，行列方程式 (2.11) において，特に $\boldsymbol{b} = \boldsymbol{0}$ の状況を考えた問題

$$A\boldsymbol{x} = \boldsymbol{0} \tag{2.16}$$

はしばしば大事になる．よって，以下の結果も述べておきたい．

系 2.4.8

A を (m, n) 型行列とする．このとき，行列方程式 (2.16) が $\boldsymbol{x} = \boldsymbol{0}$ 以外の解をもつための必要十分条件は，$\mathrm{rank}(A) < n$ が成り立つことである．

系 2.4.8 は定理 2.4.6 の特別な場合なので証明は省略する．

問題 2.4

1.　次の連立 1 次方程式を解け．

（1）$\begin{cases} x_1 + 2x_2 - x_3 = 1 \\ 3x_1 + x_2 = -1 \\ 2x_1 - 2x_2 + x_3 = 2 \end{cases}$　（2）$\begin{cases} 3x_2 + 3x_3 - 2x_4 = -4 \\ x_1 + x_2 + 2x_3 + 3x_4 = 2 \\ x_1 + 2x_2 + 3x_3 + 2x_4 = 1 \\ x_1 + 3x_2 + 4x_3 + 2x_4 = -1 \end{cases}$

（3）$\begin{cases} 3x_2 + 6x_3 + 3x_4 = 3 \\ -x_1 + x_2 + 3x_3 + 2x_4 = 2 \\ x_1 + 2x_2 + 3x_3 + x_4 = 1 \\ -2x_1 - x_2 + x_4 = 1 \end{cases}$

2.　a, b, c を実数とする．連立 1 次方程式 $x + ay + a^2z = a^3$, $x + by + b^2z = b^3$, $x + cy + c^2z = c^3$ がただ 1 つの実数解をもつための a, b, c の条件を求めよ．さらに，そのときの実数解を求めよ．

3.　$\mathbb{R}^3$ のベクトル $\boldsymbol{a}_1 = \begin{bmatrix} 1 \\ 3 \\ -2 \end{bmatrix}$, $\boldsymbol{a}_2 = \begin{bmatrix} 5 \\ 1 \\ 1 \end{bmatrix}$, $\boldsymbol{a}_3 = \begin{bmatrix} -2 \\ 1 \\ -1 \end{bmatrix}$, $\boldsymbol{b} = \begin{bmatrix} 1 \\ 2 \\ 3 \end{bmatrix}$ に対して，$\boldsymbol{b} = x_1\boldsymbol{a}_1 + x_2\boldsymbol{a}_2 + x_3\boldsymbol{a}_3$ が成り立つような実数 x_1, x_2, x_3 を求めよ．

4.　$A = \begin{bmatrix} 1 & 1 & 2 & -2 & -1 \\ -1 & 7 & 5 & -1 & -2 \\ 2 & 3 & 0 & 5 & 1 \\ 4 & -4 & 1 & -5 & -1 \end{bmatrix}$, $\boldsymbol{b} = \begin{bmatrix} 2 \\ -2 \\ -2 \\ 8 \end{bmatrix}$ に対して，行列方程式 $A\boldsymbol{x} = \boldsymbol{b}$ を解け．

5.　K に係数をもつ (m, n) 型の行列 A と $\boldsymbol{b} \in K^m$ に対する行列方程式 $A\boldsymbol{x} = \boldsymbol{b}$ が解をもつとして，その解 $\boldsymbol{w} \in K^n$ を 1 つ固定する．このとき，$A\boldsymbol{x} = \boldsymbol{b}$ の任意の解 $\boldsymbol{y} \in K^n$ に対して，$\boldsymbol{y}' = \boldsymbol{y} - \boldsymbol{w}$ は行列方程式 $A\boldsymbol{x} = \boldsymbol{0}$ の解を与えることを示せ．逆に，$A\boldsymbol{x} = \boldsymbol{0}$ の任意の解 $\boldsymbol{y}' \in K^n$ に対して，$\boldsymbol{y} = \boldsymbol{y}' + \boldsymbol{w}$ は行列方程式 $A\boldsymbol{x} = \boldsymbol{b}$ の解を与えることを示せ．

2.5 基本変形による逆行列の計算

逆行列の存在と計算方法を論じるためにいくつかの準備を行う．

命題 2.5.1

A を n 次正方行列とするとき，次の 3 条件は同値である．

（1） $\mathrm{rank}(A) = n$

（2） $(n, 2n)$ 型行列 $\begin{bmatrix} A & E_n \end{bmatrix}$ に行基本変形を施して，$\begin{bmatrix} E_n & B \end{bmatrix}$ なる行列 (B は適当な n 次正方行列) に変形できる．

（3） $(2n, n)$ 型行列 $\begin{bmatrix} A \\ E_n \end{bmatrix}$ に列基本変形を施して，$\begin{bmatrix} E_n \\ B \end{bmatrix}$ なる行列 (B は適当な n 次正方行列) に変形できる．

この命題の証明は注意 2.3.9 に述べたことよりすぐにわかるので省略する．

注意 2.5.2 上の命題を用いて証明される定理 2.5.4 で述べられるように，A が逆行列をもつための必要十分条件は $\mathrm{rank}(A) = n$ となることである．定理 2.5.4 の証明で実際にわかることとして，上の命題の (2) や (3) の計算で現れる行列 B が A の逆行列と一致する．

命題 2.5.3

A を n 次正方行列とする．ある n 次正方行列 B が存在して $BA = E_n$ が成立するならば，$AB = E_n$ が成立する．また，ある n 次正方行列 C が存在して $AC = E_n$ が成立するならば，$CA = E_n$ が成立する．

[証明] ある n 次正方行列 B が存在して $BA = E_n$ が成立すると仮定する．命題 2.2.8 より，ある正則行列 Q が存在して AQ は列簡約行列となる．AQ のどの列も零でないことを背理法によって証明するために，AQ は零である列をもつと仮定する．仮定より，$AQ = \begin{bmatrix} \ast & \begin{matrix} 0 \\ \vdots \\ 0 \end{matrix} \end{bmatrix}$ と書ける．$BA = E_n$ の両辺に右から Q を掛けると $B \begin{bmatrix} \ast & \begin{matrix} 0 \\ \vdots \\ 0 \end{matrix} \end{bmatrix} = Q$ なる式を得る．両辺に左から Q^{-1} を掛けることで，

$$Q^{-1}B\begin{bmatrix} & 0 \\ * & \vdots \\ & 0 \end{bmatrix} = E_n \tag{2.17}$$

を得る．行列の積の定義より，ある第 j 列の成分がすべて 0 である行列に別の行列を左から掛けて得られた行列の第 j 列の成分はすべて 0 となる．よって，式 (2.17) の左辺の行列の最後の列の成分はすべて 0 となる．式 (2.17) の右辺は E_n であるから右辺の行列の最後の列は 0 でない成分をもつ．よって，矛盾する．したがって，AQ のどの行も零でないことが示された．

今，AQ は列簡約な正方行列であり，かつ AQ のどの行も零でないので $AQ = E_n$ となる．よって，$BA = E_n$ の両辺に右から Q を掛けると $B = Q$ を得る．これと $AQ = E_n$ を合わせて望む等式 $AB = E_n$ が得られ，前半の証明が完了する．

後半の C に関する主張は上の議論における列基本変形を行基本変形に置き換えることによって全く同様の議論で示されるので省略する．□

定理 2.5.4

A を n 次正方行列とするとき，次の 3 条件は同値である．

（1） $\mathrm{rank}(A) = n$

（2） A は正則行列となる．

（3） A は基本行列の積として表せる．

［証明］ (1) と (3) の同値性は，命題 2.2.8 と注意 2.3.9 から直ちに従う．(1) と (2) の同値性について論じる．注意 2.3.9 より，(1) が成立することと A の行簡約化が E_n になることが同値である．また，命題 2.2.9 と命題 2.5.1 より，A の行簡約化が E_n になるための必要十分条件は，$BA = E_n$ となる n 次正方行列 B が存在することである．命題 2.1.1 と命題 2.5.3 より，$BA = E_n$ となる n 次正方行列 B が存在することと (2) は同値である．以上で (1) と (2) の同値性の証明が完了する．また，この証明方法によって，$\mathrm{rank}(A) = n$ の n 次正方行列 A に対して，$\widetilde{A} = \begin{bmatrix} A & E_n \end{bmatrix}$ の行簡約化が $\begin{bmatrix} E_n & B \end{bmatrix}$ と表されたときに，右側のブロックに現れる n 次正方行列 B が A の逆行列 A^{-1} である．□

例題 2.5.5

$A = \begin{bmatrix} 1 & -1 & 2 \\ 3 & 0 & 1 \\ 2 & 1 & -2 \end{bmatrix}$ の逆行列 A^{-1} を求めよ.

[解答] $\widetilde{A} = \begin{bmatrix} 1 & -1 & 2 & 1 & 0 & 0 \\ 3 & 0 & 1 & 0 & 1 & 0 \\ 2 & 1 & -2 & 0 & 0 & 1 \end{bmatrix}$ とおく. この行列を行基本変形によって行簡約化する.

$$\begin{bmatrix} 1 & -1 & 2 & 1 & 0 & 0 \\ 3 & 0 & 1 & 0 & 1 & 0 \\ 2 & 1 & -2 & 0 & 0 & 1 \end{bmatrix} \xrightarrow{②\to②+①\times(-3)} \begin{bmatrix} 1 & -1 & 2 & 1 & 0 & 0 \\ 0 & 3 & -5 & -3 & 1 & 0 \\ 2 & 1 & -2 & 0 & 0 & 1 \end{bmatrix}$$

$$\xrightarrow{③\to③+①\times(-2)} \begin{bmatrix} 1 & -1 & 2 & 1 & 0 & 0 \\ 0 & 3 & -5 & -3 & 1 & 0 \\ 0 & 3 & -6 & -2 & 0 & 1 \end{bmatrix}$$

$$\xrightarrow{③\to③\times\frac{1}{3}} \begin{bmatrix} 1 & -1 & 2 & 1 & 0 & 0 \\ 0 & 3 & -5 & -3 & 1 & 0 \\ 0 & 1 & -2 & -\frac{2}{3} & 0 & \frac{1}{3} \end{bmatrix}$$

$$\xrightarrow{②\to②+③\times(-3)} \begin{bmatrix} 1 & -1 & 2 & 1 & 0 & 0 \\ 0 & 0 & 1 & -1 & 1 & -1 \\ 0 & 1 & -2 & -\frac{2}{3} & 0 & \frac{1}{3} \end{bmatrix}$$

$$\xrightarrow{①\to①+③} \begin{bmatrix} 1 & 0 & 0 & \frac{1}{3} & 0 & \frac{1}{3} \\ 0 & 0 & 1 & -1 & 1 & -1 \\ 0 & 1 & -2 & -\frac{2}{3} & 0 & \frac{1}{3} \end{bmatrix}$$

$$\xrightarrow{③\to③+②\times 2} \begin{bmatrix} 1 & 0 & 0 & \frac{1}{3} & 0 & \frac{1}{3} \\ 0 & 0 & 1 & -1 & 1 & -1 \\ 0 & 1 & 0 & -\frac{8}{3} & 2 & -\frac{5}{3} \end{bmatrix}$$

$$\xrightarrow{②\leftrightarrow③}\begin{bmatrix}1 & 0 & 0 & \frac{1}{3} & 0 & \frac{1}{3}\\ 0 & 1 & 0 & -\frac{8}{3} & 2 & -\frac{5}{3}\\ 0 & 0 & 1 & -1 & 1 & -1\end{bmatrix}$$

定理 2.5.4 の証明の議論によって，$\widetilde{A}$ の行簡約化の右半分に現れた行列が求めたい A の逆行列なので，$A^{-1}=\frac{1}{3}\begin{bmatrix}1 & 0 & 1\\ -8 & 6 & -5\\ -3 & 3 & -3\end{bmatrix}$ である．

問題 2.5

1. $A = \begin{bmatrix} 1 & 2 \\ 3 & 4 \end{bmatrix}$ とする．

（1） A に 3 回の行基本変形を施すことで，$E_2 = \begin{bmatrix} 1 & 0 \\ 0 & 1 \end{bmatrix}$ に変形せよ．

（2） 上の 1 回目，2 回目，3 回目の行基本変形はどのような基本行列を左から掛けることで得られるか．それぞれに対応する基本行列 A_1, A_2, A_3 を記せ．

（3） A を 3 つの基本行列の積として表せ．

2. 次で与えられた n 次正方行列 A に対して，$\widetilde{A} = \begin{bmatrix} A & E_n \end{bmatrix}$ の行簡約化を計算することによって，A の逆行列 A^{-1} を求めよ．

（1） $A = \begin{bmatrix} 2 & 5 \\ 1 & 3 \end{bmatrix}$

（2） $A = \begin{bmatrix} 1 & 3 & 2 \\ -1 & 0 & 1 \\ 2 & 1 & -2 \end{bmatrix}$

（3） $A = \begin{bmatrix} 0 & 3 & 1 & 1 \\ 1 & -1 & 1 & -1 \\ 0 & 2 & -7 & 4 \\ 1 & 1 & 3 & -1 \end{bmatrix}$

3. A を正方行列とするとき，A が正則であるための必要十分条件は A が零因子でないことである．このことを証明せよ．

3 行列式

行列式とは正方行列が正則行列かどうかを判定する式のことである．本章では，行列式を置換を用いて定義したあと，行列式についての様々な基本性質を証明する．以下では，体 K を 1 つ固定し，行列やベクトルの成分はすべて K の元であるとする[1]．

3.1 置換，行列式の定義

置換　有限個の元 (要素) からなる集合 X の間の写像 $\sigma : X \to X$ が 1 対 1 であるとき，σ を X の**置換**という．特に，整数 $n \geqq 1$ に対し

$$X = \{1, 2, \ldots, n\}$$

を考え，$\sigma(i) = k_i$ である置換を

$$\sigma = \begin{pmatrix} 1 & 2 & \ldots & n \\ k_1 & k_2 & \ldots & k_n \end{pmatrix}$$

と表す．以後，単に置換といえば，$X = \{1, 2, \ldots, n\}$ の置換のこととする．n を強調したいときは n 次置換ともいう．すべての n 次置換の集合を S_n と表し，これを n **次対称群**という．置換は，$k_1, k_2, \ldots, k_n$ の並びによって決まるから，S_n の元は全部で $n!$ 個ある．

2 つの置換 σ, τ に対して，写像の合成 $\sigma \circ \tau$ は再び置換を定める．これを $\sigma\tau$ と書いて，**置換の積**という．

$$(\sigma\tau)(i) = \sigma(\tau(i))$$

---

1)　体については 2.1 節で少しふれているが，不慣れな読者は K を実数の集合または複素数の集合と思って読み進めてくれて構わない．

置換の積は結合律を満たす．

$$\sigma(\tau\rho) = (\sigma\tau)\rho$$

ただし，$\sigma\tau$ と $\tau\sigma$ は一般に一致しない．例えば，$(\sigma\tau)^m = \sigma^m\tau^m$ は一般には正しくないので注意しよう．

例 3.1.1

$$\begin{pmatrix} 1 & 2 & 3 & 4 \\ 4 & 2 & 1 & 3 \end{pmatrix} \begin{pmatrix} 1 & 2 & 3 & 4 \\ 1 & 4 & 2 & 3 \end{pmatrix} = \begin{pmatrix} 1 & 2 & 3 & 4 \\ 4 & 3 & 2 & 1 \end{pmatrix}$$

恒等写像が表す置換を ε と書いて，**恒等置換**または**単位置換**という．単位置換は入れ替えを起こさない置換である．よって，明らかに

$$\varepsilon\sigma = \sigma\varepsilon = \sigma$$

が成り立つ．写像 σ の逆写像が定める置換を σ^{-1} と書き，σ の**逆置換**という (置換は 1 対 1 の写像だから常に逆写像が定義できる)．置換を表す記号では，列の順番を入れ替えても同じ写像を表す．例えば，$\begin{pmatrix} 1 & 2 & 3 \\ 2 & 3 & 1 \end{pmatrix}$ と $\begin{pmatrix} 2 & 3 & 1 \\ 3 & 1 & 2 \end{pmatrix}$ は同じ置換を表す．このことに注意して，

$$\sigma = \begin{pmatrix} 1 & 2 & \ldots & n \\ k_1 & k_2 & \ldots & k_n \end{pmatrix} \quad \Longrightarrow \quad \sigma^{-1} = \begin{pmatrix} k_1 & k_2 & \ldots & k_n \\ 1 & 2 & \ldots & n \end{pmatrix}$$

と定義してもよい．逆置換と積の定義から，

$$\sigma\sigma^{-1} = \sigma^{-1}\sigma = \varepsilon$$

が成り立ち，また $(\sigma\tau)^{-1} = \tau^{-1}\sigma^{-1}$, $(\sigma^{-1})^{-1} = \sigma$ が成り立つ．$(\sigma\tau)^{-1} = \sigma^{-1}\tau^{-1}$ ではないので注意しよう．

例 3.1.2

$$\begin{pmatrix} 1 & 2 & 3 & 4 & 5 \\ 2 & 4 & 1 & 5 & 3 \end{pmatrix}^{-1} = \begin{pmatrix} 2 & 4 & 1 & 5 & 3 \\ 1 & 2 & 3 & 4 & 5 \end{pmatrix} = \begin{pmatrix} 1 & 2 & 3 & 4 & 5 \\ 3 & 1 & 5 & 2 & 4 \end{pmatrix}$$

整数 $1 \leqq i, j \leqq n$ が，

$$i < j \text{ かつ } \sigma(i) > \sigma(j)$$

を満たすとき，(i, j) は転倒しているといい，転倒する組 (i, j) の個数を σ の**転倒数**という．σ の転倒数を r とするとき

$$\mathrm{sgn}(\sigma) = (-1)^r = \begin{cases} 1 & \text{(転倒数が偶数のとき)} \\ -1 & \text{(転倒数が奇数のとき)} \end{cases}$$

とおいて，これを σ の**符号**という．sgn は符号の英語名 signature の略である．$\mathrm{sgn}(\sigma) = 1$ である置換を**偶置換**，$\mathrm{sgn}(\sigma) = -1$ である置換を**奇置換**という．

例題 3.1.3

次の 5 次置換の転倒数と符号を求めよ．

$$\begin{pmatrix} 1 & 2 & 3 & 4 & 5 \\ 3 & 4 & 1 & 5 & 2 \end{pmatrix}$$

[解答]　$\sigma(1) < \sigma(2)$ だから，$(1, 2)$ は転倒していない．同様に，すべての組 (i, j) $(i < j)$ についても転倒しているかどうかを求めると以下のようになる．

$(1, 2) \to$ 転倒せず，　$(1, 3) \to$ 転倒，　$(1, 4) \to$ 転倒せず，　$(1, 5) \to$ 転倒，

$(2, 3) \to$ 転倒，　$(2, 4) \to$ 転倒せず，　$(2, 5) \to$ 転倒，　$(3, 4) \to$ 転倒せず，

$(3, 5) \to$ 転倒せず，　$(4, 5) \to$ 転倒．

よって，転倒数は 5 であり，したがって，符号は -1 である．

注意 3.1.4　図を使って転倒数を求める方法がある．下図のように i と $\sigma(i)$ を直線で結ぶ (ただし，3 本以上の直線が 1 点で交わらないようにする)．
このとき，線分 $\overline{i\sigma(i)}$ と線分 $\overline{j\sigma(j)}$ が交わるのは (i, j) が転倒しているときに限る．よって，交点の個数が転倒数に等しい．

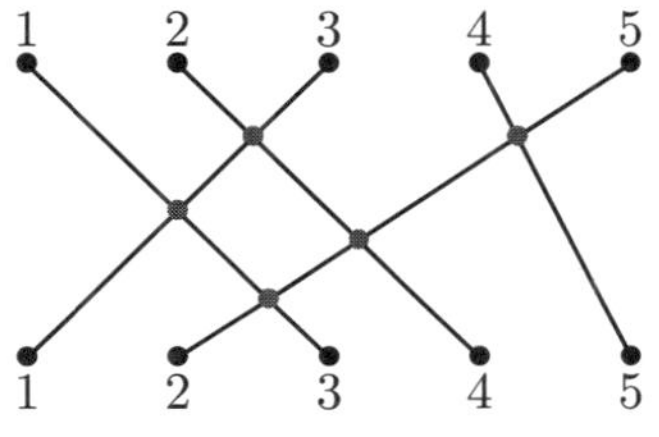

置換の符号は，差積を使って特徴付けることもできる．n 個の変数 $x_1, x_2, \ldots, x_n$ に対し，

$$D = D(x_1, \ldots, x_n) = \prod_{1 \leqq i < j \leqq n} (x_i - x_j)$$

とおいて，これを $x_1, x_2, \ldots, x_n$ の**差積**という．ここで，上の積の記号に出てくる "$1 \leqq i < j \leqq n$" は，$1 \leqq i < j \leqq n$ を満たすすべての整数の組 (i, j) について $x_i - x_j$ の積をとるということを表す．n 次置換 σ と $x_1, x_2, \ldots, x_n$ を変数とする多項式 $f = f(x_1, x_2, \ldots, x_n)$ に対し，σ によって変数 $x_1, x_2, \ldots, x_n$ を入れ替えてできる多項式を f^σ と書くことにする．

$$f^\sigma(x_1, \ldots, x_n) = f(x_{\sigma(1)}, x_{\sigma(2)}, \ldots, x_{\sigma(n)}).$$

差積 D の場合，

$$D^\sigma = \prod_{1 \leqq i < j \leqq n} (x_{\sigma(i)} - x_{\sigma(j)})$$

である．置換は 1 対 1 の写像だったから，D の定義に現れる項 $x_i - x_j$ の全体と D^σ の定義に現れる項 $x_{\sigma(i)} - x_{\sigma(j)}$ の全体は，$\pm$ の違いを無視すれば一致する．よって，$D^\sigma = \pm D$ である．転倒する組 (i, j) ごとに各項を -1 倍すれば，もとの D の項の全体に一致するから，$D^\sigma = D$ となるのは σ の転倒数が偶数のときであり，$D^\sigma = -D$ となるのは転倒数が奇数のときである．したがって，

$$D^\sigma = \mathrm{sgn}(\sigma) D$$

となる．この式をもって置換の符号の定義とする文献もある．

例 3.1.5 $n = 3$ のとき，3 次置換 $\sigma = \begin{pmatrix} 1 & 2 & 3 \\ 2 & 3 & 1 \end{pmatrix}$ とすると，

$$\begin{aligned} D^\sigma &= (x_{\sigma(1)} - x_{\sigma(2)})(x_{\sigma(1)} - x_{\sigma(3)})(x_{\sigma(2)} - x_{\sigma(3)}) \\ &= (x_2 - x_3)\overbrace{(x_2 - x_1)}^{-(x_1 - x_2)}\overbrace{(x_3 - x_1)}^{-(x_1 - x_3)} = D. \end{aligned}$$

よって，$\mathrm{sgn}(\sigma) = 1$ である．

定理 3.1.6

（1） $\mathrm{sgn}(\sigma\tau) = \mathrm{sgn}(\tau\sigma) = \mathrm{sgn}(\sigma)\mathrm{sgn}(\tau)$.

（2） $\mathrm{sgn}(\sigma^{-1}) = \mathrm{sgn}(\sigma)$.

［証明］ (1) $y_i = x_{\tau(i)}$ とおけば，

$$(f^\sigma)^\tau(x_1, \ldots, x_n) = f^\sigma(x_{\tau(1)}, \ldots, x_{\tau(n)}) = f^\sigma(y_1, \ldots, y_n)$$

$$= f(y_{\sigma(1)}, \ldots, y_{\sigma(n)}) = f(x_{\tau\sigma(1)}, \ldots, x_{\tau\sigma(n)})$$

だから，一般に $(f^\sigma)^\tau = f^{(\tau\sigma)}$ が成り立つ．$f = D$ の場合に適用すると，$(D^\sigma)^\tau = (\mathrm{sgn}(\sigma)D)^\tau = \mathrm{sgn}(\sigma) \cdot D^\tau = \mathrm{sgn}(\sigma)\mathrm{sgn}(\tau)D$ であり，一方 $D^{(\tau\sigma)} = \mathrm{sgn}(\tau\sigma)D$ だから，$\mathrm{sgn}(\tau\sigma) = \mathrm{sgn}(\sigma)\mathrm{sgn}(\tau)$ が従う．

(2) $\mathrm{sgn}(\varepsilon) = 1$ なので，(1) より $\mathrm{sgn}(\sigma^{-1})\mathrm{sgn}(\sigma) = \mathrm{sgn}(\sigma^{-1}\sigma) = \mathrm{sgn}(\varepsilon) = 1$ である．よって，$\mathrm{sgn}(\sigma^{-1})\mathrm{sgn}(\sigma) = 1$．したがって，$\mathrm{sgn}(\sigma^{-1}) = \mathrm{sgn}(\sigma)$ である（$\mathrm{sgn}(\sigma) = \pm 1$ に注意）．□

定理 3.1.6 (1) を繰り返し使うことで，

$$\mathrm{sgn}(\sigma_1\sigma_2\cdots\sigma_m) = \mathrm{sgn}(\sigma_1)\mathrm{sgn}(\sigma_2)\cdots\mathrm{sgn}(\sigma_m)$$

が成り立つことがわかる．

命題 3.1.7

$S_n = \{\sigma_1, \sigma_2, \ldots, \sigma_m\}$ とおく．ただし，$m = n!$ とする．

（1） $i \neq j$ ならば $\sigma_i^{-1} \neq \sigma_j^{-1}$ である．したがって，部分集合 $\{\sigma_1^{-1}, \sigma_2^{-1}, \ldots, \sigma_m^{-1}\}$ の元の個数がちょうど m であることから，$\{\sigma_1^{-1}, \sigma_2^{-1}, \ldots, \sigma_m^{-1}\} = S_n$ が成り立つ．

（2） $\sigma \in S_n$ を任意の元とする．このとき，$i \neq j$ ならば $\sigma\sigma_i \neq \sigma\sigma_j$ かつ $\sigma_i\sigma \neq \sigma_j\sigma$ である．したがって，$\{\sigma\sigma_1, \sigma\sigma_2, \ldots, \sigma\sigma_m\} = \{\sigma_1\sigma, \sigma_2\sigma, \ldots, \sigma_m\sigma\} = S_n$ が成り立つ．

［証明］ (1) 対偶を示す．$\sigma_i^{-1} = \sigma_j^{-1}$ ならば，両辺の逆置換をとると $\sigma_i = \sigma_j$ となる（σ^{-1} の逆置換は σ であることに注意）．よって，示された．

(2) 対偶を示す．$\sigma\sigma_i = \sigma\sigma_j$ ならば，左から σ^{-1} を掛けて

$$\sigma^{-1}(\sigma\sigma_i) = \sigma^{-1}(\sigma\sigma_j) \quad \Longleftrightarrow \quad \sigma_i = \sigma_j$$

となる．よって，示された．同様に，$\sigma_i\sigma = \sigma_j\sigma$ ならば，右から σ^{-1} を掛ければよい．□

命題 3.1.8

$n \geqq 2$ を整数とし，A_n を偶置換全体がなす S_n の部分集合，B_n を奇置換全体がなす S_n の部分集合とする．$\sigma \in S_n$ と部分集合 $X \subset S_n$ に対し，σX を σx $(x \in X)$ と表される元のなす部分集合とする．同様に，$X\sigma$ を $x\sigma$ $(x \in X)$ のなす部分集合とする．

（1） τ を偶置換とするとき，$A_n = \tau A_n = A_n\tau$, $B_n = \tau B_n = B_n\tau$ が成り立つ．

（2） τ を奇置換とするとき，$B_n = \tau A_n = A_n\tau$, $A_n = \tau B_n = B_n\tau$ が成り立つ．

［証明］ 定理 3.1.6 より，奇置換と偶置換の積は奇置換であり，奇置換と奇置換の積は偶置換である．したがって，τ を奇置換とするとき，$\tau B_n \subset A_n$ が成り立つ．τ^{-1} も奇置換なので，$\tau^{-1}A_n \subset B_n$，したがって，$A_n \subset \tau B_n$ である．よって，$A_n = \tau B_n$ が示された．その他についても同様である．□

異なる 2 つの整数 i, j のみを入れ替え他の k を替えない置換を**互換**といい，記号 (i, j) で表す．互換を 2 回繰り返せばもとに戻るから，$(i, j)^2 = \varepsilon$ である．したがって，$(i, j) = (i, j)^{-1}$ である．

定理 3.1.9

互換は奇置換である．

［証明］ $\sigma = (i, j)$ $(i < j)$ に対し，

$$k < l \text{ かつ } \sigma(k) > \sigma(l)$$

と転倒する組 (k, l) は

$$(i, i+1), (i, i+2), \ldots, (i, j) \text{ および } (i+1, j), (i+2, j), \ldots, (j-1, j)$$

である．よって，転倒数は $(j-i) + (j-i-1) = 2(j-i) - 1$ となって奇数であるから，符号は -1 である．□

定理 3.1.10

任意の置換は互換の積で表される．

［証明］　σ を任意の n 次置換とする．$\sigma(n) = k$ とする．

$$\sigma_1 = \begin{cases} (k, n)\sigma & (k < n \text{ のとき}) \\ \sigma & (k = n \text{ のとき}) \end{cases}$$

とおくと，σ_1 は n を動かさず，$1, 2, \ldots, n-1$ を入れ替える置換である．$\sigma_1(n-1) = l$ とすると，$l \leqq n-1$ であり，

$$\sigma_2 = \begin{cases} (l, n-1)\sigma_1 & (l < n-1 \text{ のとき}) \\ \sigma_1 & (l = n-1 \text{ のとき}) \end{cases}$$

とおくと，これは n, $n-1$ を動かさず，$1, 2, \ldots, n-2$ を入れ替える置換である．これを続ければ，いつかは σ_m が単位置換 ε になる．

$$\begin{aligned} \sigma_m =& (i_1, j_1)(i_2, j_2)\cdots(i_r, j_r)\sigma = \varepsilon \\ \Leftrightarrow & (i_2, j_2)\cdots(i_r, j_r)\sigma = (i_1, j_1) && (\text{左から } (i_1, j_1) \text{ を掛ける}) \\ \Leftrightarrow & (i_3, j_3)\cdots(i_r, j_r)\sigma = (i_2, j_2)(i_1, j_1) && (\text{左から } (i_2, j_2) \text{ を掛ける}) \\ & \vdots \\ \Leftrightarrow & \sigma = (i_r, j_r)\cdots(i_2, j_2)(i_1, j_1) \end{aligned}$$

となって σ が互換の積になることが示された．□

定理 3.1.11

置換 $\sigma \in S_n$ が r 個の互換の積で表せたとする．このとき，$\mathrm{sgn}(\sigma) = (-1)^r$ である．

［証明］　$\sigma = (i_1, j_1)(i_2, j_2)\cdots(i_r, j_r)$ とする．定理 3.1.6 (1) より

$$\mathrm{sgn}(\sigma) = \mathrm{sgn}(i_1, j_1)\mathrm{sgn}(i_2, j_2)\cdots\mathrm{sgn}(i_r, j_r).$$

定理 3.1.9 より，互換は奇置換なので，右辺は $(-1)^r$ である．□

定理 3.1.11 において，整数 r が σ から一意に決まるわけではない．しかし，偶数か奇数かは決まることがこの定理から従う．

行列式の定義　$n \geqq 1$ を正の整数とする．n 次正方行列 $A = \begin{bmatrix} a_{ij} \end{bmatrix}$ に対して

$$\sum_{\sigma \in S_n} \operatorname{sgn}(\sigma) a_{1\sigma(1)} a_{2\sigma(2)} \cdots a_{n\sigma(n)}$$

を A の**行列式**という．ここで，"$\sigma \in S_n$" とあるのは，σ がすべての n 次置換を走るという意味である (したがって $n!$ 個の和をとる)．行列式は

$$\det(A) \quad \text{または} \quad |A|$$

と書き表す．det は行列式の英語名 determinant の略である．記号 $|A|$ は実数や複素数の絶対値とは関係ない．混同しないようにしよう．

例 3.1.12（零行ベクトルまたは零列ベクトルを含む行列の行列式） A の第 i 行ベクトルが零ベクトルであるとしよう．このとき，$a_{i1} = a_{i2} = \cdots = a_{in} = 0$ であるから，行列式の定義式に現れる各項は

$$a_{1\sigma(1)} \cdots \overbrace{a_{i\sigma(i)}}^{0} \cdots a_{n\sigma(n)} = 0$$

となって，$\det(A) = 0$ である．また，第 j 列ベクトルが零ベクトルであるとすると，$a_{1j} = a_{2j} = \cdots = a_{nj} = 0$ であるが，各 σ に対して $\sigma(k) = j$ となる k が存在することから，上と同様にして $\det(A) = 0$ であることがわかる．

例 3.1.13（上三角行列と下三角行列の行列式） 上三角行列の行列式は対角成分の積に等しい．特に，単位行列の行列式は 1 である．

$$\begin{vmatrix} a_{11} & a_{12} & \cdots & a_{1n} \\ & a_{22} & & a_{2n} \\ & & \ddots & \vdots \\ \huge{O} & & & a_{nn} \end{vmatrix} = a_{11} a_{22} \cdots a_{nn}.$$

なぜなら，$i > j$ ならば $a_{ij} = 0$ であるから，σ がすべての i について $\sigma(i) \geqq i$ を満たすような置換でない限り，$a_{1\sigma(1)} a_{2\sigma(2)} \cdots a_{n\sigma(n)} = 0$ である．しかし，すべての i について $\sigma(i) \geqq i$ を満たす σ は単位置換しかない．したがって，行列式の定義式に現れる項は σ が単位置換のときしか残らない．同様にして，すべての i について $\sigma(i) \leqq i$ を満たす σ は単位置換しかないことから，下三角行列の行列式も対角成分の積に等しいことがわかる．

例 3.1.14（2 次行列式）　$n=2$ のとき，置換は恒等置換 ε と互換 $(1,2)$ しかない．定理 3.1.9 より，互換の符号は -1 なので，

$$\begin{vmatrix} a_{11} & a_{12} \\ a_{21} & a_{22} \end{vmatrix} = a_{11}a_{22} - a_{12}a_{21}$$

である．

例 3.1.15（3 次行列式）　$n=3$ のとき，置換は全部で $3!=6$ 個ある．

$$\begin{pmatrix} 1 & 2 & 3 \\ 1 & 2 & 3 \end{pmatrix}, \begin{pmatrix} 1 & 2 & 3 \\ 2 & 3 & 1 \end{pmatrix}, \begin{pmatrix} 1 & 2 & 3 \\ 3 & 1 & 2 \end{pmatrix},$$
$$\begin{pmatrix} 1 & 2 & 3 \\ 1 & 3 & 2 \end{pmatrix}, \begin{pmatrix} 1 & 2 & 3 \\ 2 & 1 & 3 \end{pmatrix}, \begin{pmatrix} 1 & 2 & 3 \\ 3 & 2 & 1 \end{pmatrix}.$$

それぞれの転倒数は，$0,2,2,1,1,3$ であるから，前の 3 つは偶置換，後の 3 つは奇置換である．よって

$$\begin{vmatrix} a_{11} & a_{12} & a_{13} \\ a_{21} & a_{22} & a_{23} \\ a_{31} & a_{32} & a_{33} \end{vmatrix} = \begin{aligned} & a_{11}a_{22}a_{33} + a_{12}a_{23}a_{31} + a_{13}a_{21}a_{32} \\ & -a_{11}a_{23}a_{32} - a_{12}a_{21}a_{33} - a_{13}a_{22}a_{31} \end{aligned}$$

となる．

$n=2,3$ のときは行列式を視覚的に覚えておく方法があり，**サラスの方法**という．

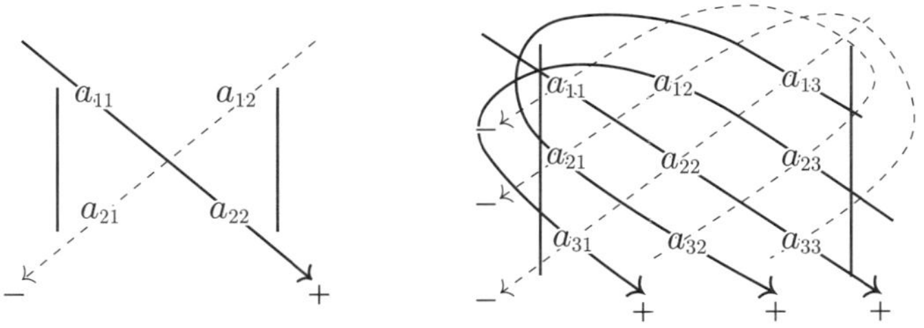

特に，2 次の行列式は，“エーディー マイナス ビーシー”とそのまま暗記しておくのもオススメである．なお，4 次以上の行列式については，サラスの方法に相当する暗記法は知られていない．

問題3.1

1. 次の置換の符号を求めよ.

（1） $\begin{pmatrix} 1 & 2 & 3 \\ 2 & 1 & 3 \end{pmatrix}$ （2） $\begin{pmatrix} 1 & 2 & 3 & 4 \\ 3 & 1 & 4 & 2 \end{pmatrix}$

（3） $\begin{pmatrix} 1 & 2 & 3 & 4 & 5 \\ 4 & 5 & 1 & 2 & 3 \end{pmatrix}$

2. 次の行列式を求めよ.

（1） $\begin{vmatrix} 1 & -1 \\ 6 & 5 \end{vmatrix}$ （2） $\begin{vmatrix} 2 & 5 \\ -1 & 7 \end{vmatrix}$ （3） $\begin{vmatrix} x+y & y-x \\ x & y \end{vmatrix}$

3. 次の行列式を求めよ.

（1） $\begin{vmatrix} 1 & 0 & 2 \\ 0 & 5 & 0 \\ -3 & 0 & 1 \end{vmatrix}$ （2） $\begin{vmatrix} 1 & 2 & 3 \\ 3 & 5 & -4 \\ 0 & 0 & 1 \end{vmatrix}$ （3） $\begin{vmatrix} 1 & 0 & 1 \\ 0 & a & b \\ a & c & a \end{vmatrix}$

4. $A = \begin{bmatrix} 1 & 3 \\ 0 & 2 \end{bmatrix}$, $B = \begin{bmatrix} 0 & -1 \\ 1 & 0 \end{bmatrix}$ とする. $\det(A + xB) = 0$ となるような x を求めよ.

5. $1 \leqq k_1, k_2, \ldots, k_m \leqq n$ について, $\sigma(k_i) = k_{i+1}$ $(i < m)$, $\sigma(k_m) = k_1$ であり, その他の k については $\sigma(k) = k$ である置換を, 長さ m の**巡回置換**といい, $(k_1, k_2, \ldots, k_m)$ と書く.

（1） 任意の置換 σ に対し, 交わらない部分集合による分割

$$\{1, 2, \ldots, n\} = \{a_1, a_2, \ldots, a_m\} \cup \{b_1, \ldots, b_l\} \cup \cdots \cup \{k_1, \ldots, k_s\}$$

が存在して, $\sigma = (a_1, \ldots, a_m)(b_1, \ldots, b_l) \cdots (k_1, \ldots, k_s)$ であることを示せ.

（2） 巡回置換を互換の積で表せ.

（3） 長さ m の巡回置換の符号は $(-1)^{m-1}$ であることを示せ.

6. n 次置換 σ, τ について, $(\sigma\tau\sigma^{-1})^k = \sigma\tau^k\sigma^{-1}$ であることを示せ.

3.2　基本変形と行列式

本節では，基本変形を使って行列式を計算する方法を学ぶ．4次以上になると，行列式の定義式は長大になるが，この計算法であれば，比較的少ない計算量で求めることができる．本節の内容は，行列式における最重要性質であるから，完全に理解し，そして使いこなせるようにしよう．

以下，正方行列を行ベクトル $\boldsymbol{a}_i, \boldsymbol{b}_j$ を用いて表す．

定理 3.2.1

s, t をスカラーとする．このとき，次が成り立つ．

$$\begin{vmatrix} \boldsymbol{a}_1 \\ \vdots \\ s\boldsymbol{a}_i + t\boldsymbol{b}_i \\ \vdots \\ \boldsymbol{a}_n \end{vmatrix} = s \begin{vmatrix} \boldsymbol{a}_1 \\ \vdots \\ \boldsymbol{a}_i \\ \vdots \\ \boldsymbol{a}_n \end{vmatrix} + t \begin{vmatrix} \boldsymbol{a}_1 \\ \vdots \\ \boldsymbol{b}_i \\ \vdots \\ \boldsymbol{a}_n \end{vmatrix}.$$

[証明]　
$$\begin{aligned}(\text{左辺}) &= \sum_{\sigma \in S_n} \mathrm{sgn}(\sigma) a_{1\sigma(1)} \cdots (s a_{i\sigma(i)} + t b_{i\sigma(i)}) \cdots a_{n\sigma(n)} \\ &= s \sum_{\sigma \in S_n} \mathrm{sgn}(\sigma) a_{1\sigma(1)} \cdots a_{i\sigma(i)} \cdots a_{n\sigma(n)} \\ &\quad + t \sum_{\sigma \in S_n} \mathrm{sgn}(\sigma) a_{1\sigma(1)} \cdots b_{i\sigma(i)} \cdots a_{n\sigma(n)} \\ &= (\text{右辺}). \qquad \square\end{aligned}$$

定理 3.2.2

正方行列 A において，2つの行が同じとき，$\det(A) = 0$ である．

[証明]　A の第 (k, l) 成分を a_{kl} とする．$i \neq j$ とし，A の第 i 行と第 j 行が一致したとする．このとき

$$a_{ik} = a_{jk} \qquad (1 \leqq k \leqq n) \tag{3.1}$$

である．n 次対称群 S_n における偶置換の部分集合を A_n, 奇置換の部分集合を B_n とおく．行列式の定義より

$$\det(A) = \overbrace{\sum_{\sigma \in A_n} a_{1\sigma(1)} \cdots a_{i\sigma(i)} \cdots a_{j\sigma(j)} \cdots a_{n\sigma(n)}}^{p}$$
$$- \overbrace{\sum_{\sigma \in B_n} a_{1\sigma(1)} \cdots a_{i\sigma(i)} \cdots a_{j\sigma(j)} \cdots a_{n\sigma(n)}}^{q}$$

である．このとき，$p = q$ を示したい．互換 $\tau = (i, j)$ は奇置換なので (定理 3.1.9)，命題3.1.8 より $B_n = A_n\tau$ が成り立つ．和 q に現れる σ を $\sigma = \sigma^*\tau$ と書き換えると

$$a_{k\sigma(k)} = a_{k(\sigma^*\tau)(k)} = \begin{cases} a_{i\sigma^*(j)} & (k = i \text{ のとき}) \\ a_{j\sigma^*(i)} & (k = j \text{ のとき}) \\ a_{k\sigma^*(k)} & (\text{それ以外}) \end{cases}$$

であるが，ここで，式 (3.1) を使うと，

$$a_{k\sigma(k)} = a_{k\sigma^*(k)} \quad (k \neq i, j), \quad a_{i\sigma(i)} = a_{j\sigma^*(j)}, \quad a_{j\sigma(j)} = a_{i\sigma^*(i)}$$

だから，

$$a_{1\sigma(1)} \cdots a_{i\sigma(i)} \cdots a_{j\sigma(j)} \cdots a_{n\sigma(n)} = a_{1\sigma^*(1)} \cdots a_{i\sigma^*(i)} \cdots a_{j\sigma^*(j)} \cdots a_{n\sigma^*(n)}$$

である．σ が $B_n = A_n\tau$ のすべての元を走るとき，σ^* が A_n の元すべてを走ることから

$$q = \sum_{\sigma^* \in A_n} a_{1\sigma^*(1)} a_{2\sigma^*(i)} \cdots a_{n\sigma^*(n)} = p$$

となって，$\det(A) = 0$ であることが示された．□

定理 3.2.3

$i \neq j$ について，$\boldsymbol{a}_i$ と $\boldsymbol{a}_j$ を入れ替えると，行列式は -1 倍になる．

$$\begin{vmatrix} \boldsymbol{a}_1 \\ \vdots \\ \boldsymbol{a}_j \\ \vdots \\ \boldsymbol{a}_i \\ \vdots \\ \boldsymbol{a}_n \end{vmatrix} = - \begin{vmatrix} \boldsymbol{a}_1 \\ \vdots \\ \boldsymbol{a}_i \\ \vdots \\ \boldsymbol{a}_j \\ \vdots \\ \boldsymbol{a}_n \end{vmatrix}$$

［証明］ 記述を簡単にするため，定理の行列で第 i 行を $\boldsymbol{x}$, 第 j 行を $\boldsymbol{y}$ に取り換えた行列の行列式を $D(\boldsymbol{x}, \boldsymbol{y})$ と書くことにする．このとき，$D(\boldsymbol{a}_i, \boldsymbol{a}_j) = -D(\boldsymbol{a}_j, \boldsymbol{a}_i)$ を示したい．そのために

$$D(\boldsymbol{a}_i + \boldsymbol{a}_j, \boldsymbol{a}_i + \boldsymbol{a}_j)$$

を考える．定理 3.2.2 より，これは 0 である．一方，定理 3.2.1 より，

$$\begin{aligned} D(\boldsymbol{a}_i + \boldsymbol{a}_j, \boldsymbol{a}_i + \boldsymbol{a}_j) &= D(\boldsymbol{a}_i, \boldsymbol{a}_i + \boldsymbol{a}_j) + D(\boldsymbol{a}_j, \boldsymbol{a}_i + \boldsymbol{a}_j) \\ &= \overbrace{D(\boldsymbol{a}_i, \boldsymbol{a}_i)}^{0} + D(\boldsymbol{a}_i, \boldsymbol{a}_j) + D(\boldsymbol{a}_j, \boldsymbol{a}_i) + \overbrace{D(\boldsymbol{a}_j, \boldsymbol{a}_j)}^{0} \\ &= D(\boldsymbol{a}_i, \boldsymbol{a}_j) + D(\boldsymbol{a}_j, \boldsymbol{a}_i) \end{aligned}$$

となるので，$D(\boldsymbol{a}_i, \boldsymbol{a}_j) + D(\boldsymbol{a}_j, \boldsymbol{a}_i) = 0$ を得る．□

定理 3.2.4

$i \neq j$ について，$\boldsymbol{a}_i$ を $\boldsymbol{a}_i + c\boldsymbol{a}_j$ に取り換えても，行列式は変わらない．

$$\begin{vmatrix} \boldsymbol{a}_1 \\ \vdots \\ \boldsymbol{a}_i \\ \vdots \\ \boldsymbol{a}_n \end{vmatrix} = \begin{vmatrix} \boldsymbol{a}_1 \\ \vdots \\ \boldsymbol{a}_i + c\boldsymbol{a}_j \\ \vdots \\ \boldsymbol{a}_n \end{vmatrix}$$

［証明］ 定理 3.2.1 より

$$\begin{vmatrix} \boldsymbol{a}_1 \\ \vdots \\ \boldsymbol{a}_i + c\boldsymbol{a}_j \\ \vdots \\ \boldsymbol{a}_j \\ \vdots \\ \boldsymbol{a}_n \end{vmatrix} = \begin{vmatrix} \boldsymbol{a}_1 \\ \vdots \\ \boldsymbol{a}_i \\ \vdots \\ \boldsymbol{a}_j \\ \vdots \\ \boldsymbol{a}_n \end{vmatrix} + c \begin{vmatrix} \boldsymbol{a}_1 \\ \vdots \\ \boldsymbol{a}_j \\ \vdots \\ \boldsymbol{a}_j \\ \vdots \\ \boldsymbol{a}_n \end{vmatrix}$$

であるが，右辺の第 2 項は，定理 3.2.2 より 0 である．□

以上をまとめて，次の基本定理が得られた．行列式についての最重要性質であるから，まずはこれを完璧に理解しよう．

定理 3.2.5 ——— **行基本変形と行列式の基本定理**

（1） 第 i 行を c 倍すると行列式は c 倍になる．

（2） $i \neq j$ について第 i 行と第 j 行を入れ替えると行列式は -1 倍になる．

（3） $i \neq j$ について第 i 行に第 j 行の c 倍を足しても行列式は変わらない．

注意 3.2.6 命題 2.2.6 で示されているように，行基本変形を行うことは基本行列を左から掛けることに等しい．基本行列の行列式は

$$|E_n(i;c)| = c, \quad |E_n(i,j)| = -1, \quad |E_n(i,j;c)| = 1$$

であるから，定理 3.2.5 は，“$P = P_1P_2 \cdots P_r$ を基本行列の積とするとき，$\det(PA) = \det(P_1) \cdots \det(P_r) \det(A)$ が成り立つ”と言い換えることができる．

定理 3.2.5 を使うことで，定義式を使わずに行列式を計算できるようになる．

例題 3.2.7

次の行列の行列式を求めよ．

(1) $\begin{bmatrix} 2 & 5 & 2 \\ 1 & 2 & 3 \\ 3 & 4 & 6 \end{bmatrix}$ (2) $\begin{bmatrix} 1 & 5 & 2 \\ 1 & -2 & 3 \\ 3 & 1 & 8 \end{bmatrix}$

［解答］ 与えられた行列を行基本変形によって簡約行列になるように変形していき，その都度定理 3.2.5 を適用するというのが基本的な方針である．以下，第 1 行を ① などと書く．簡約化を求めるための基本変形の仕方が 1 通りではなかったように，行列式の計算の仕方も 1 通りではない．

(1)

$$
\begin{aligned}
\begin{vmatrix} 2 & 5 & 2 \\ 1 & 2 & 3 \\ 3 & 4 & 6 \end{vmatrix} &= -\begin{vmatrix} 1 & 2 & 3 \\ 2 & 5 & 2 \\ 3 & 4 & 6 \end{vmatrix} && (\text{①} \leftrightarrow \text{②}) \\
&= -\begin{vmatrix} 1 & 2 & 3 \\ 0 & 1 & -4 \\ 0 & -2 & -3 \end{vmatrix} && \begin{pmatrix} \text{②} \to \text{②} - \text{①} \times 2 \\ \text{③} \to \text{③} - \text{①} \times 3 \end{pmatrix} \\
&= -\begin{vmatrix} 1 & 2 & 3 \\ 0 & 1 & -4 \\ 0 & 0 & -11 \end{vmatrix} && \left(\text{③} \to \text{③} + \text{②} \times 2\right) \\
&= -1 \times (-11) && (\text{上三角行列の行列式，例 } 3.1.13) \\
&= 11.
\end{aligned}
$$

行基本変形の途中で，上三角行列が現れたので，対角成分の積として行列式を計算した．このように，行列式の計算では，必ずしも最後まで簡約化を実行する必要はない．

(2)

$$
\begin{aligned}
\begin{vmatrix} 1 & 5 & 2 \\ 1 & -2 & 3 \\ 3 & 1 & 8 \end{vmatrix} &= \begin{vmatrix} 1 & 5 & 2 \\ 0 & -7 & 1 \\ 0 & -14 & 2 \end{vmatrix} && \begin{pmatrix} \text{②} \to \text{②} - \text{①} \\ \text{③} \to \text{③} - \text{①} \times 3 \end{pmatrix} \\
&= \begin{vmatrix} 1 & 5 & 2 \\ 0 & -7 & 1 \\ 0 & 0 & 0 \end{vmatrix} && \left(\text{③} \to \text{③} - \text{②} \times 2\right) \\
&= 0 && (\text{定理 } 3.2.1 \text{ または上三角行列の行列式}).
\end{aligned}
$$

転置行列と列基本変形についての基本定理　行基本変形と行列式に関する基本定理は，以下にみるように列基本変形についても成り立つ．したがって，行基本変形に限らず列基本変形を組み合わせた計算が可能となり，行列式の計算はますますしやすくなる．

定理 3.2.8

$\det(A) = \det({}^{\mathrm{t}}A)$

［証明］　$A = (a_{ij})$, ${}^{\mathrm{t}}A = (a'_{ij})$ とする．ただし

$$a'_{ij} = a_{ji} \qquad (1 \leqq i, j \leqq n).$$

このとき，${}^{\mathrm{t}}A$ の行列式は

$$\begin{aligned}\det({}^{\mathrm{t}}A) &= \sum_{\sigma \in S_n} \mathrm{sgn}(\sigma) a'_{1\sigma(1)} a'_{2\sigma(2)} \cdots a'_{n\sigma(n)} \\ &= \sum_{\sigma \in S_n} \mathrm{sgn}(\sigma) a_{\sigma(1)1} a_{\sigma(2)2} \cdots a_{\sigma(n)n}\end{aligned}$$

である．ここで，$\sigma(i) = k_i$, $\sigma^{-1}(j) = l_j$ とすれば

$$\begin{aligned}a_{\sigma(1)1} a_{\sigma(2)2} \cdots a_{\sigma(n)n} &= a_{k_1 1} a_{k_2 2} \cdots a_{k_n n} \\ &= a_{1l_1} a_{2l_2} \cdots a_{nl_n} \quad (\text{項の順番を入れ替える}) \\ &= a_{1\sigma^{-1}(1)} a_{2\sigma^{-1}(2)} \cdots a_{n\sigma^{-1}(n)}\end{aligned}$$

であるから，

$$\det({}^{\mathrm{t}}A) = \sum_{\sigma \in S_n} \mathrm{sgn}(\sigma) a_{1\sigma^{-1}(1)} a_{2\sigma^{-1}(2)} \cdots a_{n\sigma^{-1}(n)}$$

と書くことができる．命題 3.1.7 (1) より，σ がすべての置換を走るとき σ^{-1} もすべての置換を走ることから，σ^{-1} を σ^* と書いて，

$$\begin{aligned}\det({}^{\mathrm{t}}A) &= \sum_{\sigma^* \in S_n} \mathrm{sgn}((\sigma^*)^{-1}) a_{1\sigma^*(1)} a_{2\sigma^*(2)} \cdots a_{n\sigma^*(n)} \\ &= \sum_{\sigma^* \in S_n} \mathrm{sgn}(\sigma^*) a_{1\sigma^*(1)} a_{2\sigma^*(2)} \cdots a_{n\sigma^*(n)} \quad (\text{定理 } 3.1.6) \\ &= \det(A)\end{aligned}$$

が得られる．□

定理 3.2.8 によって，行基本変形に関する行列式の性質は，すべて列基本変形についても成り立つ．なぜなら，A における列基本変形は ${}^t\!A$ における行基本変形に対応するから，A を列基本変形したときの行列式は ${}^t\!A$ を行基本変形したときの行列式の計算に帰着できるからである．

定理 3.2.9　**列基本変形と行列式の基本定理**

（1）　第 i 列を r 倍すると行列式は r 倍になる．

（2）　$i \neq j$ について第 i 列と第 j 列を入れ替えると行列式は -1 倍になる．

（3）　$i \neq j$ について第 i 列に第 j 列の r 倍を足しても行列式は変わらない．

例題 3.2.10

次の行列の行列式を求めよ．

$$\begin{bmatrix} 111 & 11 & 171 \\ 331 & 33 & 180 \\ 551 & 55 & 193 \end{bmatrix}$$

［解答］　行基本変形と列基本変形を上手に組み合わせて計算処理しよう．以下，第 1 行を ①，第 1 列を $\boxed{1}$ などと書き表す．

$$\begin{vmatrix} 111 & 11 & 171 \\ 331 & 33 & 180 \\ 551 & 55 & 193 \end{vmatrix} = \begin{vmatrix} 1 & 11 & 171 \\ 1 & 33 & 180 \\ 1 & 55 & 193 \end{vmatrix} \qquad \left(\boxed{1} \to \boxed{1} - \boxed{2} \times 10\right)$$

$$= 11 \begin{vmatrix} 1 & 1 & 171 \\ 1 & 3 & 180 \\ 1 & 5 & 193 \end{vmatrix} \qquad \left(\boxed{2} \to \boxed{2} \times \tfrac{1}{11}\right)$$

$$= 11 \begin{vmatrix} 1 & 0 & 0 \\ 1 & 2 & 9 \\ 1 & 4 & 22 \end{vmatrix} \qquad \left(\begin{matrix} \boxed{2} \to \boxed{2} - \boxed{1} \\ \boxed{3} \to \boxed{3} - \boxed{1} \times 171 \end{matrix}\right)$$

$$= 22 \begin{vmatrix} 1 & 0 & 0 \\ 1 & 1 & 9 \\ 1 & 2 & 22 \end{vmatrix} \qquad \left(\boxed{2} \to \boxed{2} \times \tfrac{1}{2}\right)$$

$$= 22\begin{vmatrix} 1 & 0 & 0 \\ 1 & 1 & 0 \\ 1 & 2 & 4 \end{vmatrix} \qquad \left(\boxed{3} \to \boxed{3} - \boxed{2} \times 9\right)$$

$$= 88 \qquad \text{(下三角行列の行列式, 例 3.1.13).}$$

注意 3.2.11 例題 3.2.10 では，列基本変形を用いて計算したが，行基本変形のみを使って計算することもできる．3 次の行列式だからサラスの方法を使うこともできる．ためしにサラスの方法を使ってやってみると

$$\begin{vmatrix} 111 & 11 & 171 \\ 331 & 33 & 180 \\ 551 & 55 & 193 \end{vmatrix}$$

$$= 111 \cdot 33 \cdot 193 + 171 \cdot 331 \cdot 55 + 11 \cdot 180 \cdot 551$$

$$- 171 \cdot 33 \cdot 551 - 111 \cdot 180 \cdot 55 - 11 \cdot 331 \cdot 193$$

$$= 706959 + 3113055 + 1090980 - 3109293 - 1098900 - 702713$$

$$= 88$$

となり，計算量が多くなってしまう．行列式を効率よく計算するためには，いろいろな公式を状況に応じて使い分けることが大切である．

問題 3.2

1.　次の行列式を求めよ．

（1）$\begin{vmatrix} 101 & 102 \\ 102 & 103 \end{vmatrix}$　（2）$\begin{vmatrix} 1+x+x^2 & 1+y+y^2 \\ x+x^2 & y+y^2 \end{vmatrix}$　（3）$\begin{vmatrix} 1 & -1 & -1 \\ -1 & 2 & 1 \\ 2 & -3 & -2 \end{vmatrix}$

（4）$\begin{vmatrix} 11 & 11 & 33 \\ 5 & -10 & 0 \\ 1 & 0 & 4 \end{vmatrix}$　（5）$\begin{vmatrix} 0 & 0 & a \\ 0 & b & d \\ c & e & f \end{vmatrix}$　（6）$\begin{vmatrix} a & 2b & -c \\ a & 2b & 2c \\ a & -b & 0 \end{vmatrix}$

（7）$\begin{vmatrix} 1 & 1 & 1 & 1 \\ -1 & 1 & 1 & -1 \\ -1 & -1 & 1 & 1 \\ -1 & 1 & -1 & 1 \end{vmatrix}$　（8）$\begin{vmatrix} 1 & 0 & 0 & 0 & 0 \\ 3 & 7 & 0 & 0 & 0 \\ 1 & 4 & 1 & 1 & 1 \\ 2 & 3 & -4 & 5 & -4 \\ 8 & 6 & 2 & -7 & 0 \end{vmatrix}$

2.　3 次正方行列 A の第 i 行ベクトルを $\boldsymbol{a}_i$ とする．$d=\det(A)$ とおく．次の行列式を d を用いて表せ．

（1）$\begin{vmatrix} 2\boldsymbol{a}_1 \\ 3\boldsymbol{a}_2 \\ -\boldsymbol{a}_3 \end{vmatrix}$　（2）$\begin{vmatrix} \boldsymbol{a}_1 \\ \boldsymbol{a}_3 \\ \boldsymbol{a}_2 \end{vmatrix}$　（3）$\begin{vmatrix} \boldsymbol{a}_1 \\ 4\boldsymbol{a}_1+\boldsymbol{a}_2 \\ -\boldsymbol{a}_1+\boldsymbol{a}_3 \end{vmatrix}$　（4）$\begin{vmatrix} \boldsymbol{a}_1-\boldsymbol{a}_2 \\ 4\boldsymbol{a}_1+\boldsymbol{a}_2 \\ -\boldsymbol{a}_1+\boldsymbol{a}_2+3\boldsymbol{a}_3 \end{vmatrix}$

3.　写像 $D:\mathrm{M}_n(K)\to K$ は，次の 3 条件を満たすとする．

（1）　$A\in\mathrm{M}_n(K)$ の 1 つの行を c 倍したものを A' とすると，$D(A')=cD(A)$ が成り立つ．

（2）　$A\in\mathrm{M}_n(K)$ の 2 つの行を入れ替えたものを A' とすると，$D(A')=-D(A)$ が成り立つ．

（3）　$A\in\mathrm{M}_n(K)$ の 1 つの行に別の行の c 倍を足したものを A' とすると，$D(A')=D(A)$ が成り立つ．

このとき，$D(A)=\det(A)\,D(E)$ であることを示せ．特に，単位行列 E について $D(E)=1$ であれば，$D(A)=\det(A)$ である．このことから，行列式は，3 条件と $\det(E)=1$ によって特徴付けられることがわかる．

3.3 行列式に関するいくつかの定理

定理 3.3.1

A を n 次正方行列，B を m 次正方行列とする．

$$\begin{vmatrix} A & O \\ * & B \end{vmatrix} = \begin{vmatrix} A & * \\ O & B \end{vmatrix} = |A||B|.$$

ただし，$*$ は勝手な成分の行列を表す．

［証明］ 定理 3.2.8 より，行列式は転置をとっても変わらないから，$C = \begin{bmatrix} A & O \\ * & B \end{bmatrix}$ について $|C| = |A||B|$ を示せば十分である．

【A の階数が $n-1$ 以下のとき】 $A \to A'$ を行簡約化とする．A' の最下段の行ベクトルは零ベクトルだから，$|A| = 0$ である．同じ行基本変形を C に対して実行すれば零である行ベクトルが生じるから $|C| = 0$ である．よって，$|C| = |A||B| = 0$ となって成り立つ．

【B の階数が $m-1$ 以下のとき】 列基本変形について同様な議論をすることにより，$|C| = |A||B| = 0$ が従う．

【A の階数が n, B の階数が m のとき】 A の簡約化は n 次単位行列 E_n, B の簡約化は m 次単位行列 E_m である．行基本変形 $A \to E_n$ と同じ行基本変形を C に対して実行する．

$$C = \begin{bmatrix} A & O \\ * & B \end{bmatrix} \to C' = \begin{bmatrix} E_n & O \\ * & B \end{bmatrix}$$

このとき，同じ基本変形を実行したことから，定理 3.2.5 より $|C| = |A||C'|$ である．E_n を使って $*$ を消す行基本変形を実行することで，

$$|C'| = \begin{vmatrix} E_n & O \\ * & B \end{vmatrix} = \begin{vmatrix} E_n & O \\ O & B \end{vmatrix}$$

であるが，B について上と同じ議論を行うことにより

$$\begin{vmatrix} E_n & O \\ O & B \end{vmatrix} = |B| \begin{vmatrix} E_n & O \\ O & E_m \end{vmatrix} = |B|$$

を得る．よって，$|C'| = |B|$ となり $|C| = |A||C'| = |A||B|$ となる．□

次の定理は，定理 3.3.1 の特別な場合であるが，よく使う公式であるからここに書いておこう．

定理 3.3.2

A を $n-1$ 次正方行列とする．任意の $a \in K$ について次が成り立つ．

$$\begin{vmatrix} a & 0 \\ * & A \end{vmatrix} = \begin{vmatrix} a & * \\ 0 & A \end{vmatrix} = \begin{vmatrix} A & * \\ 0 & a \end{vmatrix} = \begin{vmatrix} A & 0 \\ * & a \end{vmatrix} = a|A|$$

定理 3.3.2 の有用性は，n 次の行列式の計算を $n-1$ 次の行列式の計算に帰着できる点にある．一般に，行列のサイズが小さいほど行列式の計算量は少なくてすむ．したがって，行列式の計算では，できるだけ小さいサイズの行列式の計算に帰着させることが，効率よく計算するためのコツである．

例題 3.3.3

次の行列の行列式を求めよ．

$$\begin{bmatrix} 14 & 0 & 0 & 0 \\ 11 & 1 & 11 & 13 \\ 1 & 1 & 6 & 0 \\ 3 & 0 & 2 & 4 \end{bmatrix}$$

[解答]　これまで出てきた定理を上手に使って計算していこう．

$$\begin{vmatrix} 14 & 0 & 0 & 0 \\ 11 & 1 & 11 & 13 \\ 1 & 1 & 6 & 0 \\ 3 & 0 & 2 & 4 \end{vmatrix} = 14 \begin{vmatrix} 1 & 11 & 13 \\ 1 & 6 & 0 \\ 0 & 2 & 4 \end{vmatrix} \qquad (\text{定理 } 3.3.2)$$

$$= 14 \begin{vmatrix} 1 & 11 & 13 \\ 0 & -5 & -13 \\ 0 & 2 & 4 \end{vmatrix} \qquad \left(② \to ② - ①\right)$$

$$= 14 \begin{vmatrix} -5 & -13 \\ 2 & 4 \end{vmatrix} \qquad (\text{定理 } 3.3.2)$$

$$= 14 \cdot (-5 \cdot 4 - (-13) \cdot 2) \qquad \text{(サラスの方法)}$$

$$= 84.$$

定理 3.3.4

n 次正方行列 A, B について，$\det(AB) = \det(A)\det(B)$ である．

［証明］ 注意 3.2.6 でみたように，一般に基本行列の積 $P = P_1 P_2 \cdots P_r$ については

$$\det(PA) = \det(P_1) \cdots \det(P_r)\det(A)$$

が成り立つ．各基本行列の行列式は 0 でないことに注意しよう．$A' = PA$ を A の行簡約化とし，$e = \det(P_1) \cdots \det(P_r)$ とおくと，$\det(A'B) = \det(PAB) = e\det(AB)$ および $\det(A') = e\det(A)$ であるから，$\det(A'B) = \det(A')\det(B)$ を示せばよいことがわかる．したがって，定理の証明は，A が行簡約である場合に帰着される．以下，A を行簡約な行列とする．

【A の階数が $n-1$ 以下のとき】このとき，A の最下段の行ベクトルは零であるから，AB の最下段の行ベクトルも零となる．このときは，$\det(A) = 0$ かつ $\det(AB) = 0$ (例 3.1.12) だから，明らかである．

【A の階数が n のとき】このとき，$A = E$ であるから，明らかである．（注意：A が正則行列であることと $\det(A) \neq 0$ であることの同値性は定理 2.5.4 と定理 3.3.5 からも従う．） □

定理 3.3.5

A を n 次正方行列とする．このとき，次は同値である．

（1） A の階数が n である．

（2） 連立 1 次方程式 $A\boldsymbol{x} = \boldsymbol{0}$ の解は $\boldsymbol{x} = \boldsymbol{0}$ のみである．

（3） $\det(A) \neq 0$.

定理 3.3.5 で (1) と (2) の同値性については，系 2.4.8 でも示されている．

［証明］ B を A の行簡約化とする．このとき，$A\boldsymbol{x} = \boldsymbol{0} \iff B\boldsymbol{x} = \boldsymbol{0}$ である．また，階数は基本変形によって不変であるから，$\mathrm{rank}(A) = \mathrm{rank}(B)$ であり，行基本変形と行列式の基本定理 (定理 3.2.5) より，$\det(A)$ は $\det(B)$ の零でない定数倍である．特に，$\det(A) \neq 0 \iff \det(B) \neq 0$ である．よって，B についての 3

条件がすべて同値であることを示せばよい．しかし，

$$B = \begin{cases} E & (A\ \text{の階数が}\ n\ \text{のとき}) \\ \text{最下段の行ベクトルが零} & (A\ \text{の階数が}\ n-1\ \text{以下のとき}) \end{cases}$$

だから，明らかである．□

問題 3.3

1. 次の行列式を求めよ.

(1) $\begin{vmatrix} 1 & 2 & 0 & 0 & 0 \\ 3 & 7 & 0 & 0 & 0 \\ 1 & 4 & 1 & -1 & 1 \\ 2 & 3 & -4 & 5 & 5 \\ 8 & 6 & 0 & 2 & 2 \end{vmatrix}$ (2) $\begin{vmatrix} 0 & 0 & 3 & 0 & 1 \\ 0 & 0 & 0 & 1 & 2 \\ 0 & 0 & 1 & -1 & 1 \\ 3 & -1 & 4 & -2 & 7 \\ -6 & 7 & 8 & 2 & 5 \end{vmatrix}$

2. 次の行列 A の行列式を求めよ.

$$A = \begin{bmatrix} 1 & 0 & 0 \\ 0 & \cos\alpha & \sin\alpha \\ 0 & -\sin\alpha & \cos\alpha \end{bmatrix} \begin{bmatrix} \cos\beta & 0 & \sin\beta \\ 0 & 1 & 0 \\ -\sin\beta & 0 & \cos\beta \end{bmatrix} \begin{bmatrix} \cos\gamma & \sin\gamma & 0 \\ -\sin\gamma & \cos\gamma & 0 \\ 0 & 0 & 1 \end{bmatrix}$$

3. n 次正方行列 A について, 次の問いに答えよ.

(1) k を正の整数とするとき, $\det(A^k) = (\det A)^k$ を示せ.

(2) A の階数が n であることと A^k の階数が n であることは, 同値であることを示せ.

4. n を正整数とし, 複素数を成分とする n 次正方行列 I で

$${}^{\mathrm{t}}I = -I, \quad I^2 = -E$$

を満たすものが存在するとする.

(1) n は偶数であることを示せ.

(2) $\det(xE + yI)$ を求めよ.

5. 次は正しいか. 正しいものには証明をつけ, 正しくない場合はその理由を答えよ.

(1) A を n 次正方行列とするとき, $\det(-A) = -\det(A)$ が成り立つ.

(2) A が零でない正方行列のとき, $\det(A) \neq 0$ である.

(3) A, B を n 次正方行列とするとき, $\det(A + B) = \det(A) + \det(B)$ が成り立つ.

3.4　余因子展開と余因子行列

小行列　$n \geqq 2$ を整数とする．n 次正方行列 $A = \begin{bmatrix} a_{ij} \end{bmatrix}$ に対し，$n-1$ 次正方行列 $A_{ij} = \begin{bmatrix} a'_{kl} \end{bmatrix}$ を

$$a'_{kl} = \begin{cases} a_{kl} & (k < i \text{ かつ } l < j) \\ a_{k+1,l} & (k \geqq i \text{ かつ } l < j) \\ a_{k,l+1} & (k < i \text{ かつ } l \geqq j) \\ a_{k+1,l+1} & (k \geqq i \text{ かつ } l \geqq j) \end{cases}$$

によって定める．A_{ij} を A の**小行列**という．式で書くとわかりづらいが，次のように A の第 i 行と第 j 列を取り除いた行列と思えばよい．

$$\begin{bmatrix} a_{11} & \cdots & a_{1j} & \cdots & a_{1n} \\ \vdots & & \vdots & & \vdots \\ a_{i1} & \cdots & a_{ij} & \cdots & a_{in} \\ \vdots & & \vdots & & \vdots \\ a_{m1} & \cdots & a_{mj} & \cdots & a_{mn} \end{bmatrix}$$

余因子展開　A の第 i 行ベクトル $\boldsymbol{a}_i$ を

$$\boldsymbol{a}_i = a_{i1}\boldsymbol{e}_1 + a_{i2}\boldsymbol{e}_2 + \cdots + a_{in}\boldsymbol{e}_n$$

と展開する．ただし，

$$\boldsymbol{e}_i = \begin{bmatrix} 0 & \cdots & 1 & \cdots & 0 \end{bmatrix}$$

は基本単位ベクトルである．このとき，定理 3.2.1 より

$$|A| = a_{i1}\begin{vmatrix} \boldsymbol{a}_1 \\ \vdots \\ \boldsymbol{e}_1 \\ \vdots \\ \boldsymbol{a}_n \end{vmatrix} + a_{i2}\begin{vmatrix} \boldsymbol{a}_1 \\ \vdots \\ \boldsymbol{e}_2 \\ \vdots \\ \boldsymbol{a}_n \end{vmatrix} + \cdots + a_{in}\begin{vmatrix} \boldsymbol{a}_1 \\ \vdots \\ \boldsymbol{e}_n \\ \vdots \\ \boldsymbol{a}_n \end{vmatrix}$$

である．右辺に出てくる j 番目の行列式について，第 i 行と第 $i-1$ 行を入れ替えて，次に第 $i-1$ 行と第 $i-2$ 行を入れ替えて，これを繰り返して

$$\begin{vmatrix} \boldsymbol{a}_1 \\ \vdots \\ \boldsymbol{e}_j \\ \vdots \\ \boldsymbol{a}_n \end{vmatrix} = (-1)^{i-1} \begin{vmatrix} \boldsymbol{e}_j \\ \boldsymbol{a}_1 \\ \vdots \\ \check{\boldsymbol{a}}_i \\ \vdots \\ \boldsymbol{a}_n \end{vmatrix}$$

を得る．ここで，$\check{\boldsymbol{a}}_i$ は $\boldsymbol{a}_i$ を除くという記号を表す．第 j 列と第 $j-1$ 列を入れ替えて，次に第 $j-1$ 列と第 $j-2$ 列を入れ替えて，これを繰り返して

$$(-1)^{i-1} \begin{vmatrix} \boldsymbol{e}_j \\ \boldsymbol{a}_1 \\ \vdots \\ \check{\boldsymbol{a}}_i \\ \vdots \\ \boldsymbol{a}_n \end{vmatrix} = (-1)^{i-1+j-1} \begin{vmatrix} 1 & 0 \\ * & A_{ij} \end{vmatrix}$$

を得る．定理 3.3.2 より，これは $(-1)^{i+j}|A_{ij}|$ に等しい．以上をまとめて

$$|A| = (-1)^{i+1} a_{i1}|A_{i1}| + (-1)^{i+2} a_{i2}|A_{i2}| + \cdots + (-1)^{i+n} a_{in}|A_{in}|$$

という展開式が得られた．これを**第 i 行についての余因子展開**という．同様な議論を第 j 列について行うことにより，**第 j 列についての余因子展開**

$$|A| = (-1)^{j+1} a_{1j}|A_{1j}| + (-1)^{j+2} a_{2j}|A_{2j}| + \cdots + (-1)^{j+n} a_{nj}|A_{nj}|$$

も得られる．

例題 3.4.1

行列 A の行列式を求めよ．

$$A=\begin{bmatrix} a & a & 0 & b \\ 0 & 1-a & b & 0 \\ b & 1 & 1 & 1 \\ b & 0 & 0 & a \end{bmatrix}$$

[解答]　この例題のように成分が文字式のときは，余因子展開を利用するのがよい (基本変形で求めようとすると，通常，途中式に分数式が現れる)．ここでは，第1列についての余因子展開

$$|A|=a|A_{11}|+b|A_{31}|-b|A_{41}|$$

を利用して求める．

$$|A_{11}|=\begin{vmatrix} 1-a & b & 0 \\ 1 & 1 & 1 \\ 0 & 0 & a \end{vmatrix}=a\begin{vmatrix} 1-a & b \\ 1 & 1 \end{vmatrix}=a(1-a-b) \quad \text{(定理 3.3.2 とサラス)},$$

$$|A_{31}|=\begin{vmatrix} a & 0 & b \\ 1-a & b & 0 \\ 0 & 0 & a \end{vmatrix}=a\begin{vmatrix} a & 0 \\ 1-a & b \end{vmatrix}=a^2b,$$

$$|A_{41}|=\begin{vmatrix} a & 0 & b \\ 1-a & b & 0 \\ 1 & 1 & 1 \end{vmatrix}=\begin{vmatrix} a-b & -b & b \\ 1-a & b & 0 \\ 0 & 0 & 1 \end{vmatrix}=\begin{vmatrix} a-b & -b \\ 1-a & b \end{vmatrix}=b-b^2$$

よって

$$\begin{aligned} |A| &= a|A_{11}|+b|A_{31}|-b|A_{41}| \\ &= a^2(1-a-b+b^2)-b^2(1-b). \end{aligned}$$

余因子行列 $\tilde{a}_{ij} = (-1)^{i+j}|A_{ji}|$ とおき，n 次正方行列 $\widetilde{A} = \left[\tilde{a}_{ij}\right]$ を A の余因子行列という．

$$\widetilde{A} = \begin{bmatrix} |A_{11}| & -|A_{21}| & |A_{31}| & \cdots \\ -|A_{12}| & |A_{22}| & -|A_{32}| & \cdots \\ |A_{13}| & -|A_{23}| & \ddots & \\ \vdots & \vdots & & \end{bmatrix}$$

$+$ と $-$ が交互に現れること, また第 (i,j) 成分は $(-1)^{i+j}|A_{ij}|$ ではなく $(-1)^{i+j}|A_{ji}|$ であることに注意しよう．なお，1 次正方行列の余因子行列は $\left[1\right]$ (=1 を成分とする 1 次正方行列) と定める．

例 3.4.2 $A = \begin{bmatrix} a & b \\ c & d \end{bmatrix}$ のとき，$\widetilde{A} = \begin{bmatrix} d & -b \\ -c & a \end{bmatrix}$ である．

定理 3.4.3

$$A\widetilde{A} = \widetilde{A}A = \det(A)E$$

［証明］ $A\widetilde{A} = (b_{ij})$ とする．

$$b_{ij} = \sum_{k=1}^{n} a_{ik}\tilde{a}_{kj} = \sum_{k=1}^{n}(-1)^{j+k}a_{ik}|A_{jk}|$$

$i = j$ のとき, これは第 i 行についての余因子展開に他ならない．よって, $b_{ii} = \det(A)$ である．$i \neq j$ のとき，A の第 j 行を第 i 行に取り換えた行列

$$A' = \begin{bmatrix} \boldsymbol{a}_1 \\ \vdots \\ \boldsymbol{a}_i \\ \vdots \\ \boldsymbol{a}_i \\ \vdots \\ \boldsymbol{a}_n \end{bmatrix}$$

を考える．このとき，b_{ij} は A' の第 j 行についての余因子展開とみなすことができる．A' の行列式は定理 3.2.2 より 0 であるから，$b_{ij} = 0$ である．よって，$A\widetilde{A} = \det(A)E$ が示された．$\widetilde{A}A = \det(A)E$ の証明では，行ではなく列についての余因子展開が現れる．証明の方法は全く同じであるから読者に任せる．□

定理 3.4.4

A が正則行列であるための必要十分条件は，$\det(A) \neq 0$ である．このとき逆行列は次で与えられる．

$$A^{-1} = \frac{1}{\det(A)}\widetilde{A}$$

［証明］ A が正則行列であれば，$AB = BA = E$ となる行列 B が存在する．よって，定理 3.3.4 より，$\det(AB) = \det(A)\det(B) = \det(E) = 1$ なので，$\det(A) \neq 0$ である．逆に，$\det(A) \neq 0$ のとき，定理 3.4.3 の両辺に $1/\det(A)$ を掛ければ，

$$A\left(\frac{1}{\det(A)}\widetilde{A}\right) = \left(\frac{1}{\det(A)}\widetilde{A}\right)A = E$$

となって，A が正則行列であること，また $A^{-1} = \frac{1}{\det(A)}\widetilde{A}$ であることがわかる．

□

例題 3.4.5

次の行列 A について，問いに答えよ．

$$A = \begin{bmatrix} a & 1 & 1 \\ 0 & b & 1 \\ 0 & 0 & c \end{bmatrix}$$

（1） 余因子行列 $\widetilde{A}$ を求めよ．

（2） $abc \neq 0$ のとき，逆行列 A^{-1} を求めよ．

［解答］ (1) 各小行列の行列式を求める．

$$|A_{11}| = \begin{vmatrix} b & 1 \\ 0 & c \end{vmatrix} = bc, \quad |A_{12}| = \begin{vmatrix} 0 & 1 \\ 0 & c \end{vmatrix} = 0, \quad |A_{13}| = \begin{vmatrix} 0 & b \\ 0 & 0 \end{vmatrix} = 0,$$

$$|A_{21}| = \begin{vmatrix} 1 & 1 \\ 0 & c \end{vmatrix} = c, \quad |A_{22}| = \begin{vmatrix} a & 1 \\ 0 & c \end{vmatrix} = ac, \quad |A_{23}| = \begin{vmatrix} 0 & b \\ 0 & 0 \end{vmatrix} = 0,$$

$$|A_{31}| = \begin{vmatrix} 1 & 1 \\ b & 1 \end{vmatrix} = 1 - b, \quad |A_{32}| = \begin{vmatrix} a & 1 \\ 0 & 1 \end{vmatrix} = a, \quad |A_{33}| = \begin{vmatrix} a & 1 \\ 0 & b \end{vmatrix} = ab.$$

符号に注意して，余因子行列は次式である．

$$\widetilde{A} = \begin{bmatrix} bc & -c & 1-b \\ 0 & ac & -a \\ 0 & 0 & ab \end{bmatrix}.$$

(2)　$\det(A) = abc \neq 0$ なので，A は逆行列をもつ．

$$A^{-1} = \frac{1}{abc}\widetilde{A} = \frac{1}{abc}\begin{bmatrix} bc & -c & 1-b \\ 0 & ac & -a \\ 0 & 0 & ab \end{bmatrix}.$$

問題 3.4

1.　次の行列のそれぞれ指示された行または列についての余因子展開を答えよ.

（1）$\begin{bmatrix} -1 & 5 & 4 \\ 2 & 1 & 0 \\ 0 & 3 & 1 \end{bmatrix}$ (第 1 行)　　（2）$\begin{bmatrix} 0 & 4 & 9 \\ 1 & 7 & 0 \\ 1 & 4 & -2 \end{bmatrix}$ (第 2 列)

2.　次の行列の余因子行列を求めよ.

（1）$\begin{bmatrix} 7 & 9 \\ -3 & 6 \end{bmatrix}$　　（2）$\begin{bmatrix} 1 & \sqrt{2} \\ \sqrt{3} & \sqrt{5} \end{bmatrix}$　　（3）$\begin{bmatrix} 3 & 0 & 0 \\ 1 & 0 & 3 \\ 1 & 2 & 5 \end{bmatrix}$

（4）$\begin{bmatrix} 7 & 1 & -2 \\ 1 & -1 & -3 \\ 0 & 0 & 0 \end{bmatrix}$　　（5）$\begin{bmatrix} 0 & 1 & 1 & 1 \\ 1 & 0 & 1 & 1 \\ 1 & 1 & 0 & 1 \\ 1 & 1 & 1 & 0 \end{bmatrix}$

3.　余因子行列を用いて，次の行列 A の逆行列を求めよ.

$$A = \begin{bmatrix} x & 0 & 1 \\ x+1 & x & x+1 \\ 1 & 0 & x \end{bmatrix}$$

4.　$n \geqq 2$ とする. n 次正方行列 A の余因子行列を $\widetilde{A}$ とする.

（1）$A\widetilde{A} = (\det A)E$ であることを利用して，$\det(\widetilde{A})$ を求めよ.

（2）$\widetilde{A}$ の余因子行列は，$(\det A)^{n-2}A$ であることを示せ.

5.　A を n 次正方行列，B を m 次正方行列とするとき，余因子展開を用いて次を示せ (定理 3.3.1 の別証明).

$$\begin{vmatrix} A & O \\ * & B \end{vmatrix} = \begin{vmatrix} A & * \\ O & B \end{vmatrix} = |A|\,|B|$$

3.5 行列式の応用

平行多面体の体積と行列式　A を n 次実正方行列とする．A の定める $\mathbb{R}^n$ の中の n 次元平行多面体を，A の列ベクトル $\boldsymbol{a}_i$ を使って

$$\Delta(A) = \{t_1\boldsymbol{a}_1 + t_2\boldsymbol{a}_2 + \cdots + t_n\boldsymbol{a}_n \mid 0 \leqq t_i \leqq 1\}$$

と定義する．この平行多面体の **(n 次元) 体積** $v(A)$ を定義しよう．私たちは，$n = 2, 3$ のときの，平行四辺形および平行六面体の面積，体積を知っている．

(i)　1 辺の長さが 1 の正方形 (立方体) の面積 (体積) は 1 である．

(ii)　1 つの辺を r 倍してできる平行四辺形 (平行六面体) の面積 (体積) は，もとの r 倍になる (図 (ii))．

(iii)　1 辺 (1 面) をその対辺 (対面) に対して平行に移動させてできる平行四辺形 (平行六面体) の面積 (体積) は，もとのものと変わらない (図 (iii))．

図 (ii)

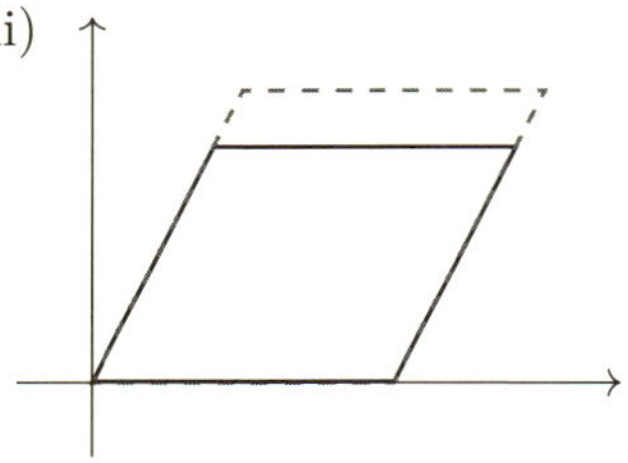

図 (iii)

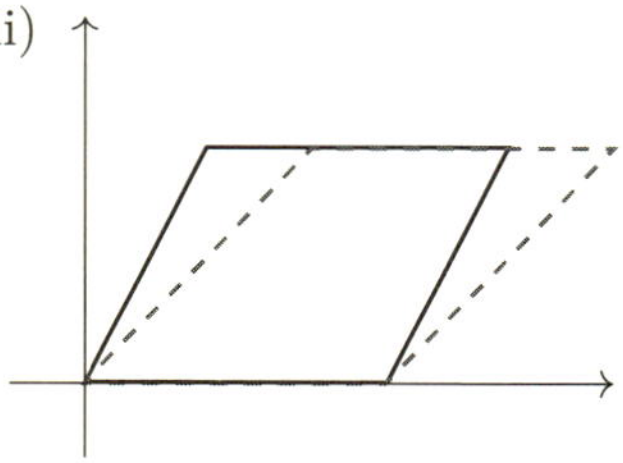

一般の $n \geqq 1$ のときの体積 $v(A)$ は，これらを一般化した次の 4 条件をもつものとして定義する．

(V1)　$A = E$ のとき，$v(E) = 1$ である．

(V2)　$\boldsymbol{a}_i$ を $r\boldsymbol{a}_i$ に取り換えた行列を A' とすると，$v(A') = |r|v(A)$ が成り立つ．

(V3)　$i \neq j$ とし，$\boldsymbol{a}_i$ を $\boldsymbol{a}_i' = \boldsymbol{a}_i + r\boldsymbol{a}_j$ $(r \in \mathbb{R})$ に取り換えた行列を A' とする．このとき，$v(A') = v(A)$ が成り立つ．

(V4)　$v(A)$ は列ベクトル $\boldsymbol{a}_1, \boldsymbol{a}_2, \ldots, \boldsymbol{a}_n$ の順序によらない．

最後の条件は，ベクトルの順序を入れ替えても $\Delta(A)$ は変わらないので当然の条件である．

定理 3.5.1

上の条件 **(V1)**, ..., **(V4)** を満たすような体積 $v(A)$ は，ただ1つ存在し，$v(A) = |\det(A)|$ である．

［証明］ $v(A) = |\det(A)|$ とおけば，**(V1)**, ..., **(V4)** の条件を満たす．逆に，**(V1)**, ..., **(V4)** の条件を満たすような $v(A)$ は，このようなものしかないことを示そう．$v(A)$ と $|\det(A)|$ は A の基本変形に対して，ともに次の条件をもつ．

（1） $\boldsymbol{a}_i$ を $r\boldsymbol{a}_i$ に取り換えると，$|r|$ 倍になる．

（2） $i \neq j$ について，$\boldsymbol{a}_i$ と $\boldsymbol{a}_j$ を入れ替えても変わらない．

（3） $i \neq j$ について，$\boldsymbol{a}_i$ を $\boldsymbol{a}_i + r\boldsymbol{a}_j$ に取り換えても変わらない．

したがって，任意の列基本変形 $A \to B$ に対して，共通の0でない実数 a があって

$$v(A) = |a|v(B), \quad |\det(A)| = |a|\,|\det(B)|$$

が成り立つ．よって，一般に B が列簡約行列のときに，$v(B) = |\det(B)|$ を証明すれば，任意の行列 A について $v(A) = |\det(A)|$ である．B の階数が n のとき $B = E$ であり，B の階数が n より小さいとき，B の第 n 列は零である．よって，**(V1)** と **(V2)** より

$$v(B) = \begin{cases} 1 & (B = E) \\ 0 & (\text{それ以外}) \end{cases}$$

であり，同じことが $|\det(B)|$ についても成り立つ．よって，$v(B) = |\det(B)|$ である．したがって，任意の A について $v(A) = |\det(A)|$ である．□

ヴァンデルモンドの行列式 行列式には，特殊な形をした有名なものがいくつかある．その中で最もよく知られているのが，ヴァンデルモンドの行列式である．

定理 3.5.2 ヴァンデルモンドの行列式

$$\begin{vmatrix} 1 & a_1 & a_1^2 & \cdots & a_1^{n-1} \\ 1 & a_2 & a_2^2 & \cdots & a_2^{n-1} \\ \vdots & \vdots & \vdots & & \vdots \\ 1 & a_n & a_n^2 & \cdots & a_n^{n-1} \end{vmatrix} = \prod_{i<j}(a_j - a_i)$$

[証明]
$$D(a_1,\ldots,a_i)=\begin{vmatrix}1 & a_1 & a_1^2 & \cdots & a_1^{i-1}\\ 1 & a_2 & a_2^2 & \cdots & a_2^{i-1}\\ \vdots & \vdots & \vdots & & \vdots\\ 1 & a_i & a_i^2 & \cdots & a_i^{i-1}\end{vmatrix}$$

とおく．任意の $n \geqq 3$ について

$$D(a_1,\ldots,a_n)=(a_n-a_1)\cdots(a_n-a_{n-1})D(a_1,\ldots,a_{n-1}) \tag{3.2}$$

を示そう．そうすれば，右辺の $D(a_1,\ldots,a_{n-1})$ について式 (3.2) を適用して

$$D(a_1,\ldots,a_n)=\prod_{i<n}(a_n-a_i)\cdot\prod_{i<n-1}(a_{n-1}-a_i)\cdot D(a_1,\ldots,a_{n-2})$$

を得ることができ，次に $D(a_1,\ldots,a_{n-2})$ について同様に式 (3.2) を適用する．これを続けていけば，最終的に

$$D(a_1,\ldots,a_n)=\prod_{i<n}(a_n-a_i)\cdot\prod_{i<n-1}(a_{n-1}-a_i)\cdots\prod_{i<2}(a_2-a_i)=\prod_{i<j}(a_j-a_i)$$

となって証明が終わる．式 (3.2) の証明にはいくつかの方法があるが，ここでは次の因数定理を用いて示す (この定理はよく知られていることだから，証明は省略する)．

因数定理　多項式 $f(x)$ が $f(a)=0$ を満たすならば，$f(x)$ は $(x-a)$ で割り切れる．

式 (3.2) の証明に戻ろう．a_n を x に取り換えて，

$$D(a_1,\ldots,a_{n-1},x)=(x-a_1)\cdots(x-a_{n-1})D(a_1,\ldots,a_{n-1})$$

を示す．ある $i \neq j \leqq n-1$ について $a_i=a_j$ のときは両辺が 0 になって明らかなので，$a_1,\ldots,a_{n-1}$ は相異なるとして示す．行列式 $D(a_1,\ldots,a_{n-1},x)$ の第 n 行についての余因子展開より，

$$D(a_1,\ldots,a_{n-1},x)=C_{n-1}x^{n-1}+\cdots+C_1x+C_0$$

と表される．これは x についての $n-1$ 次以下の多項式であり，また最高次の係数 C_{n-1} は小行列式 $D(a_1,\ldots,a_{n-1})$ である．任意の $i<n$ について，$x=a_i$ を代入すると $D(a_1,\ldots,a_i,\ldots,a_i)=0$ であるから，因数定理より $D(a_1,\ldots,a_{n-1},x)$ は $(x-a_i)$ で割り切れる．$a_1,\cdots,a_{n-1}$ は相異なるとしているから，積 $(x-a_1)\cdots(x-a_{n-1})$ で割り切れなくてはならない．$D(a_1,\ldots,a_{n-1},x)$ は $n-1$ 次以下の多項式

だから $D(a_1, \ldots, a_{n-1}, x) = (\text{定数}) \times (x - a_1) \cdots (x - a_{n-1})$ となるが，最高次の係数は $D(a_1, \ldots, a_{n-1})$ だったから

$$D(a_1, \ldots, a_{n-1}, x) = (x - a_1) \cdots (x - a_{n-1}) D(a_1, \ldots, a_{n-1})$$

である．これで式 (3.2) が証明できた．□

ヴァンデルモンドの行列式の応用は広く，様々な場面で現れるが，次の例題はその応用の 1 つである．

例題 3.5.3

$a_1, a_2, \ldots, a_n \in K$ を相異なる数，$b_1, b_2, \ldots, b_n \in K$ を任意の数 (同じものがあってもよい) とする．このとき，K 係数の $n-1$ 次以下の多項式 $f(x)$ であって

$$f(a_i) = b_i \qquad (i = 1, 2, \ldots, n)$$

を満たすものがただ 1 つ存在することを示せ．

[解答]　$f(x) = c_0 + c_1 x + \cdots + c_{n-1} x^{n-1}$ とする．このとき，$f(a_i) = b_i$ $(i = 1, 2, \ldots, n)$ であることは，行列を使って

$$\begin{bmatrix} 1 & a_1 & a_1^2 & \cdots & a_1^{n-1} \\ 1 & a_2 & a_2^2 & \cdots & a_2^{n-1} \\ \vdots & \vdots & & \vdots & \\ 1 & a_n & a_n^2 & \cdots & a_n^{n-1} \end{bmatrix} \begin{bmatrix} c_0 \\ c_1 \\ \vdots \\ c_{n-1} \end{bmatrix} = \begin{bmatrix} b_1 \\ b_2 \\ \vdots \\ b_n \end{bmatrix}$$

と書き換えられる．ヴァンデルモンドの行列式 (定理 3.5.2) より，左辺の正方行列は正則行列だから，これを満たす $c_0, c_1, \ldots, c_{n-1}$ はただ 1 つ存在する．

クラメールの公式　クラメールは，1750 年に出版された著作の付録において，連立 1 次方程式の一般解を発見したと主張した．例えば

$$\begin{cases} a_1 x_1 + b_1 x_2 + c_1 x_3 = k_1 \\ a_2 x_1 + b_2 x_2 + c_2 x_3 = k_2 \\ a_3 x_1 + b_3 x_2 + c_3 x_3 = k_3 \end{cases}$$

という連立 1 次方程式の解は

$$\begin{cases} x_1 = \dfrac{k_1b_2c_3 + k_2b_3c_1 + k_3b_1c_2 - k_1b_3c_2 - k_2b_1c_3 - k_3b_2c_1}{a_1b_2c_3 + a_2b_3c_1 + a_3b_1c_2 - a_1b_3c_2 - a_2b_1c_3 - a_3b_2c_1} \\ x_2 = \dfrac{a_1k_2c_3 + a_2k_3c_1 + a_3k_1c_2 - a_1k_3c_2 - a_2k_1c_3 - a_3k_2c_1}{a_1b_2c_3 + a_2b_3c_1 + a_3b_1c_2 - a_1b_3c_2 - a_2b_1c_3 - a_3b_2c_1} \\ x_3 = \dfrac{a_1b_2k_3 + a_2b_3k_1 + a_3b_1k_2 - a_1b_3k_2 - a_2b_1k_3 - a_3b_2k_1}{a_1b_2c_3 + a_2b_3c_1 + a_3b_1c_2 - a_1b_3c_2 - a_2b_1c_3 - a_3b_2c_1} \end{cases}$$

であり，それぞれの分母と分子の数式には一定の規則性がみてとれる．本章をここまで読み進めてきた読者であれば，それが 3 次の行列式であることに気づくだろう．クラメールが発見した一般解は次のように表すことができる．

定理 3.5.4 ―― **クラメールの公式**

A を n 次正則行列とする．$\boldsymbol{x}, \boldsymbol{b}$ を n 次列ベクトルとして，連立 1 次方程式

$$A\boldsymbol{x} = \boldsymbol{b}$$

の解は

$$x_i = \frac{|\boldsymbol{a}_1 \cdots \boldsymbol{a}_{i-1}\, \boldsymbol{b}\, \boldsymbol{a}_{i+1} \cdots \boldsymbol{a}_n|}{|A|} \qquad (i = 1, 2, \ldots, n)$$

である．ここで，$\boldsymbol{a}_i$ は A の第 i 列ベクトルであり，右辺の分子は，n 個の列ベクトルの定める行列の行列式を表す．

［証明］ $\boldsymbol{b}$ は A の列ベクトルを用いて

$$\boldsymbol{b} = x_1\boldsymbol{a}_1 + x_2\boldsymbol{a}_2 + \cdots + x_n\boldsymbol{a}_n$$

と表せる．したがって，

$$\begin{aligned} \left|\boldsymbol{a}_1 \cdots \boldsymbol{a}_{i-1}\, \boldsymbol{b}\, \boldsymbol{a}_{i+1} \cdots \boldsymbol{a}_n\right| &= \left|\boldsymbol{a}_1 \cdots \boldsymbol{a}_{i-1} \left(\sum_{k=1}^{n} x_k\boldsymbol{a}_k\right) \boldsymbol{a}_{i+1} \cdots \boldsymbol{a}_n\right| \\ &= \left|\boldsymbol{a}_1 \cdots \boldsymbol{a}_{i-1}\, x_i\boldsymbol{a}_i\, \boldsymbol{a}_{i+1} \cdots \boldsymbol{a}_n\right| \\ &= x_i|A|. \end{aligned}$$

仮定より $|A| \neq 0$ なので，両辺を $|A|$ で割って公式を得る．□

実際に連立 1 次方程式を解くときには，クラメールの公式を使うよりも，掃き出し法を用いる方が計算量が少なくてすむことが多い．

問題 3.5

1.　$A = \begin{bmatrix} 3 & 0 & 2 \\ 1 & 1 & 1 \\ 1 & 1 & -2 \end{bmatrix}$ とする．$\mathbb{R}^3$ の 1 次変換 f を $f(\boldsymbol{x}) = \boldsymbol{x}A\ (\boldsymbol{x} = (x_1, x_2, x_3))$ によって定める．

（1）　単位立方体 $\Delta(E)$ を f で写してできる平行六面体は $\Delta(A)$ であることを使って，その体積を求めよ．

（2）　単位立方体 $\Delta(E)$ を $f^n = \overbrace{f \circ f \circ \cdots \circ f}^{n}$ で写してできる平行六面体の体積を求めよ．

2.　3 次正方行列 $A = \begin{bmatrix} x_1 & x_2 & x_3 \\ y_1 & y_2 & y_3 \\ 0 & 0 & 0 \end{bmatrix}$ の余因子行列を $\widetilde{A}$ とする．

（1）　$\widetilde{A} = \begin{bmatrix} 0 & 0 & z_1 \\ 0 & 0 & z_2 \\ 0 & 0 & z_3 \end{bmatrix}$ と表されることを示せ．さらに，z_1, z_2, z_3 は 3 次元数ベクトル $\boldsymbol{x} = \begin{bmatrix} x_1 \\ x_2 \\ x_3 \end{bmatrix}, \boldsymbol{y} = \begin{bmatrix} y_1 \\ y_2 \\ y_3 \end{bmatrix}$ の外積 $\boldsymbol{x} \times \boldsymbol{y}$ の成分であることを示せ．

（2）　$A\widetilde{A} = O$ を利用して，$\boldsymbol{x} \times \boldsymbol{y}$ は $\boldsymbol{x}$ および $\boldsymbol{y}$ と直交することを導け．

3.　3 次正方行列 $X = \begin{bmatrix} \boldsymbol{x}_1 & \boldsymbol{x}_2 & \boldsymbol{x}_3 \end{bmatrix}$ について，行列の余因子展開を利用して次式を示せ．

$$\det(X) = (\boldsymbol{x}_1, \boldsymbol{x}_2 \times \boldsymbol{x}_3) = (\boldsymbol{x}_2, \boldsymbol{x}_3 \times \boldsymbol{x}_1) = (\boldsymbol{x}_3, \boldsymbol{x}_1 \times \boldsymbol{x}_2)$$

ただし，(　,　) は 3 次元数ベクトルの標準内積を表す．これを**外積ベクトルの 3 重積公式**という．

4 ベクトル空間

第4章ではベクトル空間についての基礎を学ぶ．ベクトル空間とは，「和」と「スカラー倍」が定義され，然るべき公理を満たす空間であり，数ベクトル空間 K^n がその典型例である．逆に，任意の有限次元ベクトル空間は基底（定義 4.3.1）を固定するごとに K^n と同一視できるので，K^n についての知識はすべて一般の有限次元ベクトル空間に応用可能である．ベクトル空間の理論は抽象的で，最初は取っ付き難いかもしれないが，抽象的な分，応用範囲が広い．スカラーの体 K が実数体 $\mathbb{R}$ のときのベクトル空間の例としては，よく馴染んだ平面 $\mathbb{R}^2$ や 3 次元空間 $\mathbb{R}^3$ のようなものがある．一方，K が有限体のときのベクトル空間は離散的な空間であり，情報理論などにも応用がある．

4.1 ベクトル空間とその部分空間

ベクトル空間とは，「和」と「スカラー倍」が定義され，然るべき公理を満たす空間である．そこでまず，「スカラーの集合」K を 1 つ固定してから話を始める．「スカラーの集合」は，例えば「実数全体」や「複素数全体」のように，数（や文字）の集合で，加減乗除が定義されているものであれば何でもよい．このような集合を**体**とよぶ (2.1 節の脚注 1) も参照)．第 4 章～第 6 章では体 K を 1 つ固定して話を進める．

定義 4.1.1 ――― **ベクトル空間**

体 K 上の**ベクトル空間**（または K ベクトル空間）とは，集合 V であって，

（1） 任意の $\boldsymbol{x}, \boldsymbol{y} \in V$ に対し和 $\boldsymbol{x}+\boldsymbol{y} \in V$ が定義されており，

（2） 任意の $\boldsymbol{x} \in V$ と $a \in K$ に対しスカラー倍 $a\boldsymbol{x} \in V$ が定義されており，

（3） これらが次の条件 (I)～(V) を満たす

もののことである.

(I) 任意の $\boldsymbol{x}, \boldsymbol{y}, \boldsymbol{z} \in V$ に対し，$(\boldsymbol{x}+\boldsymbol{y})+\boldsymbol{z}=\boldsymbol{x}+(\boldsymbol{y}+\boldsymbol{z})$ が成り立つ.

(II) **零ベクトル**とよばれる元 $\boldsymbol{0} \in V$ が存在して，任意の $\boldsymbol{x} \in V$ に対し，$\boldsymbol{x}+\boldsymbol{0}=\boldsymbol{0}+\boldsymbol{x}=\boldsymbol{x}$ が成り立つ.

(III) 任意の $\boldsymbol{x} \in V$ に対し，$\boldsymbol{x}+\boldsymbol{y}=\boldsymbol{0}$ となるある元 $\boldsymbol{y} \in V$ が存在する．この $\boldsymbol{y}$ を $-\boldsymbol{x}$ と記し，$\boldsymbol{x}$ の**逆ベクトル**とよぶ.

(IV) 任意の $\boldsymbol{x}, \boldsymbol{y} \in V$ に対し，$\boldsymbol{x}+\boldsymbol{y}=\boldsymbol{y}+\boldsymbol{x}$ が成り立つ.

(V) 任意の $\boldsymbol{x}, \boldsymbol{y} \in V$ と $a, b \in K$ に対し，以下が成り立つ.

(i) $1\boldsymbol{x}=\boldsymbol{x}$,

(ii) $a(\boldsymbol{x}+\boldsymbol{y})=a\boldsymbol{x}+a\boldsymbol{y}$,

(iii) $a(b\boldsymbol{x})=(ab)\boldsymbol{x}$,

(iv) $(a+b)\boldsymbol{x}=a\boldsymbol{x}+b\boldsymbol{x}$.

注意 4.1.2 これらの条件から，零ベクトル $\boldsymbol{0}$ はただ1つであること，および，各ベクトル $\boldsymbol{x} \in V$ に対し，その逆ベクトル $-\boldsymbol{x}$ はただ1つであることが従う．また，任意の $\boldsymbol{x} \in V$ に対し

$$0\boldsymbol{x}=\boldsymbol{0}, \qquad (-1)\boldsymbol{x}=-\boldsymbol{x}$$

が成り立つ（問題 4.1.1).

例 4.1.3 (1) K の元を成分とする n 次元列ベクトル $\begin{bmatrix} x_1 \\ \vdots \\ x_n \end{bmatrix}$ 全体の集合 $V=K^n$ は，通常の和とスカラー倍に関し K ベクトル空間をなす.

行ベクトルについても同様で，同じ記号 K^n により n 次元行ベクトル全体のなす K ベクトル空間を表すこともあるが，本書では K^n は常に n 次元列ベクトル空間を表すものとする.

列ベクトル空間と行ベクトル空間を総称して**数ベクトル空間**とよぶ．一般のベクトル空間を**抽象ベクトル空間**とよぶことがあるが，「数ベクトル空間」はそれに対置した用語である.

(2) K の元を成分とする (m,n) 型行列全体の集合 $\mathrm{M}_{m,n}(K)$ には，和とスカラー倍が定義されていたのであった（2.1 節)．これらの演算により $\mathrm{M}_{m,n}(K)$ は K ベクトル空間となる.

(3) K の数列 $(a_n)_{n=1,2,\ldots}$ 全体の集合 V には自然に和

$$(a_n) + (b_n) = (a_n + b_n)$$

とスカラー倍

$$c(a_n) = (ca_n)$$

が定義される．これらの演算により V は K ベクトル空間となる．

V として，K 係数の多項式 $f(x) = \sum_i a_i x^i$ $(a_i \in K)$ 全体の集合 $K[x]$ や K 係数の有理式 $\sum_i a_i x^i / \sum_j b_j x^j$ $(a_i, b_j \in K$; ただし，ある b_j は 0 ではない$)$ 全体の集合 $K(x)$ をとったときも同様である．

(4) 一定の条件を満たす関数全体はしばしばベクトル空間をなす．例えば，（ここでは $K = \mathbb{R}$ として）実数のある区間 I で定義された実数値関数全体の集合 V は $\mathbb{R}$ ベクトル空間をなす．ここで，2 つの関数 $f, g \in V$ の和 $f + g$ は

$$(f+g)(x) = f(x) + g(x) \qquad (x \in I)$$

により定義し，関数 f と実数 a に対し，f の a 倍 af は

$$(af)(x) = af(x) \qquad (x \in I)$$

により定義する．

考える関数に様々な条件（連続，微分可能，C^r 級，...）が課されていても（多くの場合）同様である．

(5) あるいは，もう少し抽象的に，X を任意の集合として，X から K への写像 $f : X \to K$ 全体の集合 K^X に和とスカラー倍を上と同様に定義すると，これも K ベクトル空間になる．

定義 4.1.4 ——— **部分空間**

K ベクトル空間 V の部分集合 W が**部分 K ベクトル空間**（または単に**部分空間**）であるとは，W が V の和とスカラー倍に関して K ベクトル空間になっていることである．これは次の条件と同値である．W は空集合でなく，V の和とスカラー倍に関して閉じている，すなわち

(i) $\boldsymbol{x}, \boldsymbol{y} \in W \implies \boldsymbol{x} + \boldsymbol{y} \in W$,

(ii) $a \in K,\ \boldsymbol{x} \in W \implies a\boldsymbol{x} \in W$

が成り立つ．

注意 4.1.5　上の定義で，「W は空集合でなく」の代わりに「W は $\mathbf{0}$ を含み」という条件を課している文献もあるが，結局は同値になる．

例 4.1.6　(1)　$\{\mathbf{0}\}$ および V 自身は V の部分空間である．これらを V の「自明な部分空間」とよぶことがある．

(2)　$V = K^n$ を n 次列ベクトル空間とし，A を (m, n) 型行列とする．このとき，斉次型の連立 1 次方程式 $A\boldsymbol{x} = \mathbf{0}$ の解全体の集合

$$W = \{\boldsymbol{x} \in V \mid A\boldsymbol{x} = \mathbf{0}\}$$

は V の部分空間になる．非斉次型の連立 1 次方程式 $A\boldsymbol{x} = \boldsymbol{b}$ の解全体の集合は ($\boldsymbol{b} = \mathbf{0}$ でなければ)，V の部分空間にならないことに注意せよ．

直観的に理解しやすい実数体 $\mathbb{R}$ 上の 3 次元数ベクトル空間 $\mathbb{R}^3$ の場合を考えてみると，斉次型連立 1 次方程式 $A\boldsymbol{x} = \mathbf{0}$ （A は実数係数の $(m, 3)$ 型行列）の解全体の集合は，3 次元空間全体または原点を通る平面または原点を通る直線または原点である．これらが $\mathbb{R}^3$ の部分空間であり，たとえ平面や直線であっても原点を通らないものは部分空間とはよばれない．

(3)　ここでは，$K = \mathbb{R}$ とし，$V = \mathbb{R}^2$ とする．W を「第 1 象限」，すなわち

$$W = \left\{ \begin{bmatrix} x \\ y \end{bmatrix} \middle| \ x, y > 0 \right\}$$

とすると，この W は部分空間の定義 4.1.4 の条件 (i) は満たすが (ii) は満たさないので，V の部分空間ではない．

W を「x 軸と y 軸の合併」，すなわち

$$W = \left\{ \begin{bmatrix} x \\ 0 \end{bmatrix} \middle| \ x \in K \right\} \cup \left\{ \begin{bmatrix} 0 \\ y \end{bmatrix} \middle| \ y \in K \right\}$$

とすると，この W は部分空間の定義 4.1.4 の条件 (ii) は満たすが (i) は満たさないので，V の部分空間ではない．

(4)　$V = K[x]$ を K 係数多項式全体のなす K ベクトル空間とする．このとき，整数 $n \geqq 0$ に対し，n 次以下の多項式全体からなる部分集合

$$K[x]_n = \left\{ \sum_{i=0}^{n} a_i x^i \ \middle| \ a_i \in K \right\}$$

は V の部分空間である．

(5) I を実数のある区間とする．V を I で定義された連続関数全体のなす $\mathbb{R}$ ベクトル空間とし，W を I で定義された微分可能な関数全体のなす $\mathbb{R}$ ベクトル空間とすると，W は V の部分空間である．

(6) X を集合とし，$V = K^X$ を X から K への写像全体のなす K ベクトル空間とする．Y を X の部分集合とすると，Y 上で 0 となる V の元全体の集合

$$W = \{f \in V \mid \text{すべての } x \in Y \text{ に対し } f(x) = 0\}$$

は V の部分空間である．一方，c が 0 でない K の元であるとき，

$$W_c = \{f \in V \mid \text{すべての } x \in Y \text{ に対し } f(x) = c\}$$

は V の部分空間ではない．

V の 2 つの部分空間 W_1, W_2 に対し，その共通部分 $W_1 \cap W_2$ は，$\mathbf{0}$ を含み，和とスカラー倍に関して閉じているから，V の部分空間である．

命題 4.1.7

V の 2 つの部分空間 W_1, W_2 の共通部分 $W_1 \cap W_2$ は，V の部分空間である．

線形結合 $\boldsymbol{x}_1, \ldots, \boldsymbol{x}_n$ をベクトル空間 V の元とし，$a_1, \ldots, a_n$ を K の元とする．V の元であって $a_1\boldsymbol{x}_1 + \cdots + a_n\boldsymbol{x}_n$ の形のものを $\boldsymbol{x}_1, \ldots, \boldsymbol{x}_n$ の**線形結合**（または**1 次結合**）という．

例題 4.1.8

$\boldsymbol{z}$ が $\boldsymbol{y}_1, \ldots, \boldsymbol{y}_m$ の線形結合であり，各 $\boldsymbol{y}_i$ が $\boldsymbol{x}_1, \ldots, \boldsymbol{x}_n$ の線形結合であるとき，$\boldsymbol{z}$ は $\boldsymbol{x}_1, \ldots, \boldsymbol{x}_n$ の線形結合でもあることを示せ．

[解答] $\boldsymbol{z} = a_1\boldsymbol{y}_1 + \cdots + a_m\boldsymbol{y}_m$, $\boldsymbol{y}_i = b_{i1}\boldsymbol{x}_1 + \cdots + b_{in}\boldsymbol{x}_n$ $(i = 1, \ldots, m)$ とすると，

$$\begin{aligned}
\boldsymbol{z} &= a_1\left(\sum_{j=1}^{n} b_{1j}\boldsymbol{x}_j\right) + \cdots + a_m\left(\sum_{j=1}^{n} b_{mj}\boldsymbol{x}_j\right) \\
&= \left(\sum_{i=1}^{m} a_i b_{i1}\right)\boldsymbol{x}_1 + \cdots + \left(\sum_{i=1}^{m} a_i b_{in}\right)\boldsymbol{x}_n.
\end{aligned}$$

部分空間の生成 $\boldsymbol{x}_1, \ldots, \boldsymbol{x}_n$ の線形結合全体の集合

$$\{a_1\boldsymbol{x}_1 + \cdots + a_n\boldsymbol{x}_n \mid a_i \in K\}$$

は，$\boldsymbol{0}$ を含み，和とスカラー倍に関して閉じているから，V の部分空間をなす．これを

$$\langle \boldsymbol{x}_1, \ldots, \boldsymbol{x}_n \rangle_K \qquad \text{または単に} \qquad \langle \boldsymbol{x}_1, \ldots, \boldsymbol{x}_n \rangle$$

なる記号で表し，$\boldsymbol{x}_1, \ldots, \boldsymbol{x}_n$ で**生成される** V の部分空間という．

より一般に，V の（有限とは限らない）部分集合 X に対し，

$$\langle X \rangle_K \qquad \text{または単に} \qquad \langle X \rangle$$

により，X の有限個の元の線形結合全体の集合を表す（X が空集合 $\emptyset$ のときは $\langle \emptyset \rangle = \{\boldsymbol{0}\}$ と約束する）．これも上と同様に V の部分空間となり，X で（K 上）**生成される** V の部分空間という．「V が X で生成される」ということは，言い換えると，「V の任意の元が X の有限個の元の線形結合で書ける」ということである．

$\langle X \rangle_K$ は，「X を含む最小の V の部分空間」であることが容易に確かめられる．

例 4.1.9 $K = \mathbb{R}, V = \mathbb{R}^3$ とする．$\boldsymbol{x} \in V$ が $\boldsymbol{0}$ でないとき，$\langle \boldsymbol{x} \rangle_K$ は原点を通る $\boldsymbol{x}$ 方向の直線と同一視できる．

2 つのベクトル $\boldsymbol{x}, \boldsymbol{y} \in V$ が，どちらも他方のスカラー倍になっていないとき，$\langle \boldsymbol{x}, \boldsymbol{y} \rangle_K$ はこれら 2 つのベクトルで張られる平面（すなわち，$\boldsymbol{x} = \overrightarrow{\mathrm{OX}}, \boldsymbol{y} = \overrightarrow{\mathrm{OY}}$ とするとき，3 点 O, X, Y を通る平面）と同一視できる．

例 4.1.10 ベクトル空間 V の元 $\boldsymbol{a}_1, \ldots, \boldsymbol{a}_n, \boldsymbol{b}$ が与えられたとき，$\boldsymbol{b}$ を $\boldsymbol{a}_1, \ldots, \boldsymbol{a}_n$ の線形結合で

$$\boldsymbol{b} = x_1\boldsymbol{a}_1 + \cdots + x_n\boldsymbol{a}_n \qquad (x_i \in K) \tag{4.1}$$

と表せるかどうかがしばしば問題になる．これは，部分集合が生成する部分空間の記号を用いると，

$$\boldsymbol{b} \in \langle \boldsymbol{a}_1, \ldots, \boldsymbol{a}_n \rangle_K \tag{4.2}$$

とも書ける．

今，V が m 次元数ベクトル空間 K^m である場合を考える．このとき，$\boldsymbol{a}_1, \ldots, \boldsymbol{a}_n$ を並べて得られる (m, n) 型行列を $A = \begin{bmatrix} \boldsymbol{a}_1 & \cdots & \boldsymbol{a}_n \end{bmatrix}$ とし，$\boldsymbol{x} = {}^{\mathrm{t}}\begin{bmatrix} x_1 & \cdots & x_n \end{bmatrix}$ とおくと，式 (4.1) は行列方程式（連立 1 次方程式）

$$\boldsymbol{b} = A\boldsymbol{x} \tag{4.3}$$

の形に書ける．したがって，条件 (4.1), (4.2), (4.3) は，見かけは異なるが，どれも同値なのである．

部分空間の和と直和 W_1, W_2 が V の部分空間であるとき，それらの共通部分 $W_1 \cap W_2$ は V の部分空間であった（命題 4.1.7）が，それらの合併集合 $W_1 \cup W_2$ は必ずしも部分空間にならない（問題 4.1.4）．そこで次の部分集合

$$W_1 + W_2 = \{\boldsymbol{w}_1 + \boldsymbol{w}_2 |\ \boldsymbol{w}_1 \in W_1, \boldsymbol{w}_2 \in W_2\}$$

を考える．これは空でなく，和とスカラー倍について閉じているから，V の部分空間であり，W_1 と W_2 の**和空間**（または単に**和**）とよばれる．実は，これは $W_1 \cup W_2$ が生成する部分空間に一致することが容易に確認できる．3 つ以上の部分空間 $W_1, \ldots, W_r$ の和 $W_1 + \cdots + W_r$ も同様に定義される．

ベクトル空間の和 $W_1 + W_2$ には，「無駄に重複している部分」がある可能性がある．例えば，もし $W_1 \subset W_2$ ならば $W_1 + W_2 = W_2$ であり，W_1 は「足した甲斐がない」．そのような無駄のない和が「直和」であり，以下のように定義される．

定義 4.1.11

V の部分空間 W_1 と W_2 の和 $W_1 + W_2$ が**直和**であるとは

$$W_1 \cap W_2 = \{\boldsymbol{0}\}$$

が成り立つことである．このとき，$W_1 + W_2$ を

$$W_1 \oplus W_2$$

と記す．

直和の概念は，例えば内積空間の直交分解をするときなどに重要になる（定理 7.2.7 参照）．

3 つ以上の部分空間の直和も，例えば，一般固有空間分解をする際に必要となる（定理 6.4.4 参照）．その定義は上の定義を拡張したものである．すなわち，部分空間 $W_1, \ldots, W_r$ の和 $W_1 + \cdots + W_r$ が**直和**であるとは，すべての $i = 1, \ldots, r$ に対し

$$W_i \cap (W_1 + \cdots + W_{i-1} + W_{i+1} + \cdots + W_r) = \{\boldsymbol{0}\}$$

が成り立つことである．このとき，$W_1 + \cdots + W_r$ を

$$W_1 \oplus \cdots \oplus W_r$$

と記す．この定義は一見わかりづらいかもしれないが，次の同値な言い換えがある．

命題 4.1.12

部分空間 $W_1, \ldots, W_r$ について，次の 3 条件は同値である．

（1） 和 $W_1 + \cdots + W_r$ は直和 $W_1 \oplus \cdots \oplus W_r$ である．

（2） 任意の $\boldsymbol{w}_i \in W_i$ に対し

$$\boldsymbol{w}_1 + \cdots + \boldsymbol{w}_r = \boldsymbol{0} \quad \text{ならば} \quad \boldsymbol{w}_1 = \cdots = \boldsymbol{w}_r = \boldsymbol{0}$$

が成り立つ．

（3） 任意の $\boldsymbol{w} \in W_1 + \cdots + W_r$ は

$$\boldsymbol{w} = \boldsymbol{w}_1 + \cdots + \boldsymbol{w}_r \qquad (\boldsymbol{w}_i \in W_i)$$

と一意的に書ける．

［証明］ (1) ⇒ (2)　$\boldsymbol{w}_1 + \cdots + \boldsymbol{w}_r = \boldsymbol{0}$ より

$$-\boldsymbol{w}_i = \boldsymbol{w}_1 + \cdots + \boldsymbol{w}_{i-1} + \boldsymbol{w}_{i+1} + \cdots + \boldsymbol{w}_r$$

だから，この両辺は部分空間

$$W_i \cap (W_1 + \cdots + W_{i-1} + W_{i+1} + \cdots + W_r)$$

に属する．仮定 (1) によりこれは $\{\boldsymbol{0}\}$ であるから，$\boldsymbol{w}_i = \boldsymbol{0}$ である．

(2) ⇒ (1)　もし $\boldsymbol{w} \in W_i \cap (W_1 + \cdots + W_{i-1} + W_{i+1} + \cdots + W_r)$ とすると，$\boldsymbol{w} \in W_i$ であり，$\boldsymbol{w}$ は

$$\boldsymbol{w} = \boldsymbol{w}_1 + \cdots + \boldsymbol{w}_{i-1} + \boldsymbol{w}_{i+1} + \cdots + \boldsymbol{w}_r \qquad (\boldsymbol{w}_j \in W_j)$$

と書ける．よって

$$\boldsymbol{w}_1 + \cdots + \boldsymbol{w}_{i-1} - \boldsymbol{w} + \boldsymbol{w}_{i+1} + \cdots + \boldsymbol{w}_r = \boldsymbol{0}$$

であるから，(2) を仮定すると $\boldsymbol{w} = \boldsymbol{0}$ となる．したがって，(1) が成り立つ．

(2) ⇒ (3)　任意の $\boldsymbol{w} \in W_1 + \cdots + W_r$ は（和空間の定義により）$\boldsymbol{w} = \boldsymbol{w}_1 + \cdots + \boldsymbol{w}_r$ $(\boldsymbol{w}_i \in W_i)$ と書ける．あとはこの書き方が一意的であることを示せばよい．2 通りに

$$\begin{aligned} \boldsymbol{w} &= \boldsymbol{w}_1 + \cdots + \boldsymbol{w}_r \\ &= \boldsymbol{w}'_1 + \cdots + \boldsymbol{w}'_r \end{aligned}$$

と書けたとすると，移項して

$$(\boldsymbol{w}_1 - \boldsymbol{w}'_1) + \cdots + (\boldsymbol{w}_r - \boldsymbol{w}'_r) = \mathbf{0}$$

となるが，$\boldsymbol{w}_i - \boldsymbol{w}'_i \in W_i$ だから，(2) を仮定するとこれは $\mathbf{0}$ となる．したがって，上のような書き方は一意的である．

(2) は (3) の特別の場合であるから，(3) $\Rightarrow$ (2) は自明である．□

問題 4.1

1. ベクトル空間の定義 4.1.1 において，条件 (II) の零ベクトル $\mathbf{0}$ はただ 1 つであること，および，各ベクトル $\boldsymbol{x} \in V$ に対しその逆ベクトル $-\boldsymbol{x}$ はただ 1 つであることを示せ．また，任意の $\boldsymbol{x} \in V$ に対し

$$0\boldsymbol{x} = \mathbf{0}, \qquad (-1)\boldsymbol{x} = -\boldsymbol{x}$$

が成り立つことを示せ．

2. スカラーの体 K は複素数体 $\mathbb{C}$ とする．以下の V と W_i に対し，それぞれ W_i が V の部分空間であるか否かを判定せよ．

（1） $V = \mathbb{C}^n$;
$W_1 = \{{}^{\mathrm{t}}[x_1 \ \cdots \ x_n] \in \mathbb{C}^n \mid x_i \in \mathbb{R}\}$,
$W_2 = \{{}^{\mathrm{t}}[x_1 \ \cdots \ x_n] \in \mathbb{C}^n \mid |x_1|^2 + \cdots + |x_n|^2 = 1\}$.

（2） $V = \mathrm{M}_n(\mathbb{C})$;
$W_1 = \{A \in V \mid {}^{\mathrm{t}}A = A\}$, $W_2 = \{A \in V \mid \mathrm{Tr}(A) = 0\}$,
$W_3 = \{A \in V \mid \mathrm{Tr}(A) \neq 0\}$, $W_4 = \{A \in V \mid \det(A) = 0\}$,
$W_5 = \{A \in V \mid \det(A) \neq 0\}$.

3. 4 個の 4 次元列ベクトル

$$\boldsymbol{a}_1 = \begin{bmatrix} 1 \\ 0 \\ 1 \\ 0 \end{bmatrix}, \quad \boldsymbol{a}_2 = \begin{bmatrix} 1 \\ 1 \\ 1 \\ 1 \end{bmatrix}, \quad \boldsymbol{a}_3 = \begin{bmatrix} a \\ 1 \\ 0 \\ 3 \end{bmatrix}, \quad \boldsymbol{a}_4 = \begin{bmatrix} 2 \\ 0 \\ 1 \\ b \end{bmatrix}$$

を考える．共通部分 $\langle \boldsymbol{a}_1, \boldsymbol{a}_2 \rangle_K \cap \langle \boldsymbol{a}_3, \boldsymbol{a}_4 \rangle_K$ に属するベクトルを具体的に求めよ．

4. V の 2 つの部分空間 W_1, W_2 に対し，それらの合併集合 $W_1 \cup W_2$ が V の部分空間になるためには，$W_1 \subset W_2$ または $W_2 \subset W_1$ であることが必要十分であることを示せ．

5. 2 つの (m, n) 型行列 $A = [\boldsymbol{a}_1 \ \cdots \ \boldsymbol{a}_n]$, $B = [\boldsymbol{b}_1 \ \cdots \ \boldsymbol{b}_n]$ に対し，

$$AP = B$$

を満たす n 次正則行列 P が存在すると仮定する．このとき，A の列が生成する K^m の部分空間 $\langle \boldsymbol{a}_1, \cdots, \boldsymbol{a}_n \rangle_K$ と B の列が生成する K^m の部分空間 $\langle \boldsymbol{b}_1, \cdots, \boldsymbol{b}_n \rangle_K$ は一致することを証明せよ．

4.2 ベクトルの線形独立と線形従属

線形独立，線形従属 ベクトル空間 V の元 $\boldsymbol{x}_1, \ldots, \boldsymbol{x}_n$ が**線形関係式**（または**1次関係式**）を満たすとは，

$$a_1\boldsymbol{x}_1 + \cdots + a_n\boldsymbol{x}_n = \boldsymbol{0} \qquad (a_i \in K)$$

の形の等式が成り立つことである.（より一般に，

$$a_1\boldsymbol{x}_1 + \cdots + a_n\boldsymbol{x}_n = b_1\boldsymbol{y}_1 + \cdots + b_m\boldsymbol{y}_m$$

の形の等式も線形関係式とよばれるが，移項すれば上の等式と同じことになる.）係数 $a_1, \ldots, a_n$ がすべて 0 である線形関係式を**自明な**線形関係式という．自明な線形関係式は常に満たされるし，また，$\boldsymbol{x}_i$ のうちのどれかが $\boldsymbol{0}$ ならば見かけ上は非自明な線形関係式がつくれるから，どれも $\boldsymbol{0}$ でない $\boldsymbol{x}_1, \ldots, \boldsymbol{x}_n$ が非自明な線形関係式を満たすか否かが問題である.

例 4.2.1 $\boldsymbol{e}_1 = \begin{bmatrix} 1 \\ 0 \end{bmatrix}$, $\boldsymbol{e}_2 = \begin{bmatrix} 0 \\ 1 \end{bmatrix}$ を $V = K^2$ の基本単位ベクトルとすると，$a_1\boldsymbol{e}_1 + a_2\boldsymbol{e}_2 = \begin{bmatrix} a_1 \\ a_2 \end{bmatrix}$ だから，$\boldsymbol{e}_1, \boldsymbol{e}_2$ は非自明な線形関係式を満たさない．一方，$\boldsymbol{x} = \begin{bmatrix} a_1 \\ a_2 \end{bmatrix}$ を K^2 の任意のベクトルとすると，

$$a_1\boldsymbol{e}_1 + a_2\boldsymbol{e}_2 + (-1)\boldsymbol{x} = \boldsymbol{0}$$

だから，3つのベクトル $\boldsymbol{e}_1, \boldsymbol{e}_2, \boldsymbol{x}$ は非自明な線形関係式を満たす.

ベクトル空間 V の 2 組の元 $\boldsymbol{x}_1, \ldots, \boldsymbol{x}_n$ と $\boldsymbol{y}_1, \ldots, \boldsymbol{y}_n$ とが**同じ線形関係式を満たす**とは，任意の K の元 $c_1, \ldots, c_n$ に対し，次の同値性が成り立つことである，

$$c_1\boldsymbol{x}_1 + \cdots + c_n\boldsymbol{x}_n = \boldsymbol{0} \iff c_1\boldsymbol{y}_1 + \cdots + c_n\boldsymbol{y}_n = \boldsymbol{0}.$$

例 4.2.2 $V = K^m$ とする．V の 2 組の元 $\boldsymbol{a}_1, \ldots, \boldsymbol{a}_n$ と $\boldsymbol{b}_1, \ldots, \boldsymbol{b}_n$ に対し，もしある m 次正則行列 P であって

$$P\boldsymbol{a}_j = \boldsymbol{b}_j \qquad (j = 1, \ldots, n) \tag{4.4}$$

なるものが存在するならば，$\boldsymbol{a}_1, \ldots, \boldsymbol{a}_n$ と $\boldsymbol{b}_1, \ldots, \boldsymbol{b}_n$ とは同じ線形関係式を満た

す．実際，もし

$$c_1\boldsymbol{a}_1 + \cdots + c_n\boldsymbol{a}_n = \boldsymbol{0}$$

ならば，この両辺に左から P を掛けることにより

$$c_1\boldsymbol{b}_1 + \cdots + c_n\boldsymbol{b}_n = \boldsymbol{0}$$

が得られ，逆に，この線形関係式の両辺に左から P^{-1} を掛ければ，$\boldsymbol{a}_1, \ldots, \boldsymbol{a}_n$ についての元の線形関係式が得られるからである．

因みに上の条件 (4.4) は，(m,n) 型行列 $A = \begin{bmatrix}\boldsymbol{a}_1 & \cdots & \boldsymbol{a}_n\end{bmatrix}$, $B = \begin{bmatrix}\boldsymbol{b}_1 & \cdots & \boldsymbol{b}_n\end{bmatrix}$ を導入すると，

$$PA = B$$

と書ける．

行ベクトルに関しても同様で，(m,n) 型行列 A, B に対し，ある n 次正則行列 Q であって

$$AQ = B$$

なるものが存在するならば，A の m 個の行と B の m 個の行とは同じ線形関係式を満たす．

定義 4.2.3

$\boldsymbol{x}_1, \ldots, \boldsymbol{x}_n$ が**線形独立**（または**1 次独立**）であるとは，それらが非自明な線形関係式を満たさないこと，すなわち，任意の K の元 $a_1, \ldots, a_n$ に対して

$$a_1\boldsymbol{x}_1 + \cdots + a_n\boldsymbol{x}_n = \boldsymbol{0} \qquad \text{ならば} \qquad a_1 = \cdots = a_n = 0$$

が成り立つことである．

$\boldsymbol{x}_1, \ldots, \boldsymbol{x}_n$ が線形独立であるとき，その任意の一部 $\boldsymbol{x}_{j_1}, \ldots, \boldsymbol{x}_{j_m}$ も線形独立であることは定義より直ちにわかる．

線形独立性の条件は次のように言い換えられる．

命題 4.2.4

V の元 $\boldsymbol{x}_1, \ldots, \boldsymbol{x}_n$ について，次の 2 条件は同値である．

（1）　$\boldsymbol{x}_1, \ldots, \boldsymbol{x}_n$ は線形独立である．

（2）　V の元 $\boldsymbol{v}$ が，もし $\boldsymbol{x}_1, \ldots, \boldsymbol{x}_n$ の線形結合で表せるならば，その表し方は一意的である．

[証明] (1) ⇒ (2) $\boldsymbol{x}_1, \ldots, \boldsymbol{x}_n$ は線形独立であると仮定する．$\boldsymbol{v} \in V$ が

$$\begin{aligned}\boldsymbol{v} &= a_1\boldsymbol{x}_1 + \cdots + a_n\boldsymbol{x}_n \qquad (a_i \in K)\\ &= b_1\boldsymbol{x}_1 + \cdots + b_n\boldsymbol{x}_n \qquad (b_i \in K)\end{aligned}$$

と 2 通りに表せたとすると，両辺の差をとって

$$(a_1 - b_1)\boldsymbol{x}_1 + \cdots + (a_n - b_n)\boldsymbol{x}_n = \boldsymbol{0}.$$

よって，$\boldsymbol{x}_1, \ldots, \boldsymbol{x}_n$ の線形独立性より，$a_i - b_i = 0$ $(i = 1, \ldots, n)$ である．

(2) ⇒ (1) $\boldsymbol{x}_1, \ldots, \boldsymbol{x}_n$ が線形関係式

$$a_1\boldsymbol{x}_1 + \cdots + a_n\boldsymbol{x}_n = \boldsymbol{0} \qquad (a_i \in K)$$

を満たすとすると，

$$a_1\boldsymbol{x}_1 + \cdots + a_n\boldsymbol{x}_n = 0\boldsymbol{x}_1 + \cdots + 0\boldsymbol{x}_n$$

であるから，仮定 (2) により $a_1 = \cdots = a_n = 0$ である．□

例 4.2.5 V が n 次元数ベクトル空間 K^n のとき，基本単位ベクトル $\boldsymbol{e}_1, \ldots, \boldsymbol{e}_n$ は線形独立である．実際，

$$a_1\boldsymbol{e}_1 + \cdots + a_n\boldsymbol{e}_n = \boldsymbol{0}$$

と仮定すると，左辺は $a_1, \ldots, a_n$ を成分とする列ベクトルだから，$a_1 = \cdots = a_n = 0$ である．

例 4.2.6 記号は例 4.1.10 の通りとする．このとき，条件 (4.1) と (4.3) の同値性より，次の 2 条件は同値である．

（1） $\boldsymbol{a}_1, \ldots, \boldsymbol{a}_n$ は線形独立である．

（2） 任意の $\boldsymbol{b} \in K^m$ に対し，行列方程式 $A\boldsymbol{x} = \boldsymbol{b}$ の解は高々 1 つである．

例 4.2.7 B を行簡約な (m, n) 型行列とし，その n 個の列を $\boldsymbol{b}_1, \ldots, \boldsymbol{b}_n$ とする．先頭項を含む列 $\boldsymbol{b}_{j_1}, \ldots, \boldsymbol{b}_{j_r}$ $(r = \mathrm{rank}(B))$ は基本単位ベクトル $\boldsymbol{e}_1, \ldots, \boldsymbol{e}_r$ に等しいから，先の例で見たように，これらは線形独立である．一方，$\boldsymbol{b}_j$ は上の r 個以外の成分は 0，すなわち

$$\boldsymbol{b}_j = \begin{bmatrix} b_{1j} \\ \vdots \\ b_{rj} \\ 0 \\ \vdots \\ 0 \end{bmatrix}$$

の形であるから，$\boldsymbol{b}_j$ は $\boldsymbol{e}_1, \ldots, \boldsymbol{e}_r$ の線形結合で

$$\boldsymbol{b}_j = b_{1j}\boldsymbol{e}_1 + \cdots + b_{rj}\boldsymbol{e}_r$$

と表せる．

一般に，(m, n) 型行列 A の行簡約化 B は，ある m 次正方行列 P を左から A に掛けることにより $PA = B$ として得られるのだった（定理 2.3.5 および命題 2.2.6）．したがって，例 4.2.2 により，A の n 個の列 $\boldsymbol{a}_1, \ldots, \boldsymbol{a}_n$ と B の n 個の列 $\boldsymbol{b}_1, \ldots, \boldsymbol{b}_n$ とは同じ線形関係式を満たす．後者については例 4.2.7 の通りであるから，次の定理が成り立つ．

定理 4.2.8

(m, n) 型行列 $A = [\boldsymbol{a}_1 \ \ldots \ \boldsymbol{a}_n]$ の行簡約化が $B = [\boldsymbol{b}_1 \ \ldots \ \boldsymbol{b}_n]$ であり，その階数は r であるとする．B の先頭項を含む列を $\boldsymbol{b}_{j_1}, \ldots, \boldsymbol{b}_{j_r}$ $(=\boldsymbol{e}_1, \ldots, \boldsymbol{e}_r)$ とし，それ以外の列を

$$\boldsymbol{b}_j = \begin{bmatrix} b_{1j} \\ \vdots \\ b_{rj} \\ 0 \\ \vdots \\ 0 \end{bmatrix} \qquad (j \neq j_1, \ldots, j_r)$$

とする．このとき，A の n 個の列 $\boldsymbol{a}_1, \ldots, \boldsymbol{a}_n$ について次が成り立つ．

（1） $\boldsymbol{a}_{j_1}, \ldots, \boldsymbol{a}_{j_r}$ は線形独立である．

（2） 各 $j = 1, \ldots, n$ に対し，次の同値性が成り立つ．

$$j \in \{j_1, \ldots, j_r\} \iff \boldsymbol{a}_j \text{ は } \boldsymbol{a}_1, \ldots, \boldsymbol{a}_{j-1} \text{ の線形結合で表せない．}$$

（$j = 1$ のときは，この右側の条件は「$\boldsymbol{a}_j \neq \boldsymbol{0}$」と解釈する．）特に，番

号 $j_1, \ldots, j_r$ は A により一意的に定まる.

（3） $j \neq j_1, \ldots, j_r$ に対し

$$\boldsymbol{a}_j = b_{1j}\boldsymbol{a}_{j_1} + \cdots + b_{rj}\boldsymbol{a}_{j_r}$$

が成り立つ.

ここでは行簡約化についてのみ述べたが，同様の議論により，列簡約化についても同じことが成り立つ.

命題 4.2.4 により，定理 4.2.8 (3) で $\boldsymbol{a}_j$ を $\boldsymbol{a}_{j_1}, \ldots, \boldsymbol{a}_{j_r}$ の線形結合で表す表し方は一意的であるから，その係数である $b_{1j}, \ldots, b_{rj}$ は $\boldsymbol{a}_j$ および $\boldsymbol{a}_{j_1}, \ldots, \boldsymbol{a}_{j_r}$ により一意的に定まる．よって，行簡約化の一意性が成り立つ．かくして，定理 2.3.6 の (1), (2) が再び証明された.

系 4.2.9

行列の行簡約化および列簡約化は一意的である.

ここでの証明は 2.3 節で与えたものと本質的には同じであるが，列（行）ベクトルの満たす線形関係式に着目することで多少見通しがよくなったであろう.

さて，線形従属であることは次のようにも言い換えられる.

命題 4.2.10

V の元 $\boldsymbol{x}_1, \ldots, \boldsymbol{x}_n$ について，次の 2 条件は同値である.

（1） $\boldsymbol{x}_1, \ldots, \boldsymbol{x}_n$ は線形従属である.

（2） $\boldsymbol{x}_1, \ldots, \boldsymbol{x}_n$ のうち，少なくとも 1 つの $\boldsymbol{x}_j$ は他の $\boldsymbol{x}_i$ たちの線形結合で表せる.

［証明］ (1) ⇒ (2) (1) を仮定すると，非自明な線形関係式

$$a_1\boldsymbol{x}_1 + \cdots + a_n\boldsymbol{x}_n = \boldsymbol{0} \qquad (a_i \in K)$$

がある．係数のうち少なくとも 1 つの a_j は $\neq 0$ だから，両辺を a_j で割って移項すれば，$\boldsymbol{x}_j$ が他の $\boldsymbol{x}_i$ たちの線形結合で表せる.

(2) ⇒ (1) 逆に $\boldsymbol{x}_j$ が他の $\boldsymbol{x}_i$ たちの線形結合で表せるならば，$\boldsymbol{x}_j$ を移項して $\boldsymbol{x}_1, \ldots, \boldsymbol{x}_n$ の非自明な線形関係式を得る. □

$\boldsymbol{x}_1, \dots, \boldsymbol{x}_n$ が線形独立であるとき, これにもう1つベクトルを加えた $\boldsymbol{x}, \boldsymbol{x}_1, \dots, \boldsymbol{x}_n$ が線形従属になる条件を考えよう.

命題 4.2.11

V の元 $\boldsymbol{x}_1, \dots, \boldsymbol{x}_n$ は線形独立であると仮定する. V の元 $\boldsymbol{x}$ について, 次の 2 条件は同値である.

（1） $\boldsymbol{x}, \boldsymbol{x}_1, \dots, \boldsymbol{x}_n$ は線形従属である.

（2） $\boldsymbol{x}$ は $\boldsymbol{x}_1, \dots, \boldsymbol{x}_n$ の線形結合で表せる. すなわち $\boldsymbol{x} \in \langle \boldsymbol{x}_1, \dots, \boldsymbol{x}_n \rangle_K$.

［証明］ (1) ⇒ (2)　(1) を仮定すると, 非自明な線形関係式

$$a_0\boldsymbol{x} + a_1\boldsymbol{x}_1 + \cdots + a_n\boldsymbol{x}_n \;=\; \mathbf{0} \qquad (a_i \in K)$$

があるが, もし $a_0 = 0$ ならば, $\boldsymbol{x}_1, \dots, \boldsymbol{x}_n$ が線形独立であることに矛盾するから $a_0 \neq 0$ である. そこで, 両辺を a_0 で割って移項すると

$$\boldsymbol{x} \;=\; -\frac{1}{a_0}(a_1\boldsymbol{x}_1 + \cdots + a_n\boldsymbol{x}_n)$$

と表せる.

(2) ⇒ (1)　逆に, (2) を仮定して

$$\boldsymbol{x} \;=\; a_1\boldsymbol{x}_1 + \cdots + a_n\boldsymbol{x}_n \qquad (a_i \in K)$$

とすると, 移項して非自明な線形関係式

$$\boldsymbol{x} - a_1\boldsymbol{x}_1 - \cdots - a_n\boldsymbol{x}_n \;=\; \mathbf{0}$$

を得る. □

次に, 線形関係式を複数扱うのに便利な記号法を紹介しよう. ベクトル空間 V における線形関係式

$$a_1\boldsymbol{x}_1 + \cdots + a_m\boldsymbol{x}_m \;=\; \boldsymbol{y} \tag{4.5}$$

を, 行列の積と似た記号を用いて

$$(\boldsymbol{x}_1, \dots, \boldsymbol{x}_m)\begin{bmatrix} a_1 \\ \vdots \\ a_m \end{bmatrix} = \boldsymbol{y}$$

と記す. ここで, $(\boldsymbol{x}_1, \dots, \boldsymbol{x}_m)$ は m 個のベクトルを形式的に並べたもの（ベクト

ルの m 個組）であり，$\begin{bmatrix} a_1 \\ \vdots \\ a_m \end{bmatrix}$ は m 次元列ベクトルである．さらに，これを拡張して，n 個の線形関係式

$$\begin{cases} a_{11}\boldsymbol{x}_1 + \cdots + a_{m1}\boldsymbol{x}_m &= \boldsymbol{y}_1 \\ \qquad\qquad \vdots \\ a_{1n}\boldsymbol{x}_1 + \cdots + a_{mn}\boldsymbol{x}_m &= \boldsymbol{y}_n \end{cases}$$

は，(m,n) 型行列 $A = \begin{bmatrix} a_{ij} \end{bmatrix}$ を用いることにより，まとめて

$$(\boldsymbol{x}_1, \ldots, \boldsymbol{x}_m)A = (\boldsymbol{y}_1, \ldots, \boldsymbol{y}_n) \tag{4.6}$$

と書ける．この両辺は V のベクトルの n 個組であり，2 つの n 個組が等しいとは，対応する位置にあるベクトル同士がすべて等しいという意味である．

V のベクトルの m 個組 $(\boldsymbol{x}_1, \ldots, \boldsymbol{x}_m)$ の集合 V^m には，自然に加法とスカラー倍が定義でき，次の等式が成り立つ．

（1） $(\boldsymbol{x}_1, \ldots, \boldsymbol{x}_m)(A+B) = (\boldsymbol{x}_1, \ldots, \boldsymbol{x}_m)A + (\boldsymbol{x}_1, \ldots, \boldsymbol{x}_m)B$
（A, B は (m,n) 型），

（2） $(\boldsymbol{x}_1, \ldots, \boldsymbol{x}_m)(cA) = (c\boldsymbol{x}_1, \ldots, c\boldsymbol{x}_m)A = c(\boldsymbol{x}_1, \ldots, \boldsymbol{x}_m)A$ （$c \in K$），

（3） $(\boldsymbol{x}_1 + \boldsymbol{y}_1, \ldots, \boldsymbol{x}_m + \boldsymbol{y}_m)A = (\boldsymbol{x}_1, \ldots, \boldsymbol{x}_m)A + (\boldsymbol{y}_1, \ldots, \boldsymbol{y}_m)A$,

（4） $(\boldsymbol{x}_1, \ldots, \boldsymbol{x}_m)A = (\boldsymbol{y}_1, \ldots, \boldsymbol{y}_n)$ かつ $(\boldsymbol{y}_1, \ldots, \boldsymbol{y}_n)B = (\boldsymbol{z}_1, \ldots, \boldsymbol{z}_p)$
（B は (n,p) 型）のとき，$(\boldsymbol{x}_1, \ldots, \boldsymbol{x}_m)(AB) = (\boldsymbol{z}_1, \ldots, \boldsymbol{z}_p)$.

(4) は

$$((\boldsymbol{x}_1, \ldots, \boldsymbol{x}_n)A)B = (\boldsymbol{x}_1, \ldots, \boldsymbol{x}_n)(AB)$$

とも書けるから，一種の結合律である．

さて，もし $\boldsymbol{x}_1, \ldots, \boldsymbol{x}_m$ が線形独立ならば，与えられた $\boldsymbol{y} \in V$ を式 (4.5) のように表す方法は（存在すれば）一意的なのであった（命題 4.2.4）．関係式 (4.6) は，式 (4.5) と同じ形の関係式を n 個まとめて書いただけであるから，同じことが式 (4.6) についても成り立つ．すなわち

定理 4.2.12

2つのベクトルの組 $(\boldsymbol{x}_1, \ldots, \boldsymbol{x}_m)$ と $(\boldsymbol{y}_1, \ldots, \boldsymbol{y}_n)$ に対し，もし $\boldsymbol{x}_1, \ldots, \boldsymbol{x}_m$ が線形独立ならば，

$$(\boldsymbol{x}_1, \ldots, \boldsymbol{x}_m)A = (\boldsymbol{y}_1, \ldots, \boldsymbol{y}_n) \qquad (A \in \mathrm{M}_{m,n}(K))$$

の形の関係式は（存在すれば）一意的である（すなわち，この等式を満たす行列 A は存在したとしてもただ1つである）．特に，$(\boldsymbol{x}_1, \ldots, \boldsymbol{x}_m)A = (\boldsymbol{0}, \ldots, \boldsymbol{0})$ ならば $A = O$ である．

この定理の $(\boldsymbol{y}_1, \ldots, \boldsymbol{y}_n)$ として，特に $(\boldsymbol{x}_1, \ldots, \boldsymbol{x}_m)B$ の形のものを考えることにより，次の系を得る．

系 4.2.13

$\boldsymbol{x}_1, \ldots, \boldsymbol{x}_m$ は線形独立と仮定し，$A, B \in \mathrm{M}_{m,n}(K)$ とする．このとき，もし $(\boldsymbol{x}_1, \ldots, \boldsymbol{x}_m)A = (\boldsymbol{x}_1, \ldots, \boldsymbol{x}_m)B$ ならば $A = B$ である．

線形独立なベクトルの最大個数　ベクトル空間やその部分集合が与えられたとき，その中に線形独立な元はどれくらい存在するであろうか? 以下この4.2節では，この問題を考察する．X はベクトル空間 V の部分集合とする（必ずしも部分空間でなくてよい）．X の中に r 個の線形独立な元 $\boldsymbol{x}_1, \ldots, \boldsymbol{x}_n$ は存在するが，X のどの $(r+1)$ 個の元も線形従属であるとき，X の**線形独立なベクトルの最大個数**は r であるといい，

$$r_{\max}(X) = r$$

なる記号で表す．$X = \{\boldsymbol{x}_1, \ldots, \boldsymbol{x}_n\}$ のときは，これを $r_{\max}(\boldsymbol{x}_1, \ldots, \boldsymbol{x}_n)$ とも記す．もし X が無限集合で，任意の整数 $r \geqq 1$ に対して r 個の線形独立な元が X の中に存在するならば，$r_{\max}(X) = \infty$ と定義する．

定義より，$X \subset Y$ ならば $r_{\max}(X) \leqq r_{\max}(Y)$ であることは明らかである．

X の線形独立な元の最大個数が r であり，$\boldsymbol{x}_1, \ldots, \boldsymbol{x}_r$ が X の線形独立な元であるとする（このとき，$\{\boldsymbol{x}_1, \ldots, \boldsymbol{x}_r\}$ は X の**線形独立な極大部分集合**であるという）．このとき，X の任意の元 $\boldsymbol{x}$ は，$\boldsymbol{x}_1, \ldots, \boldsymbol{x}_r$ の線形結合で表せる．実際，もし表せない元 $\boldsymbol{x}$ があるとすると，それは $\boldsymbol{x}_1, \ldots, \boldsymbol{x}_r$ とは異なり，しかも命題4.2.11により $\boldsymbol{x}, \boldsymbol{x}_1, \ldots, \boldsymbol{x}_r$ が線形独立となるので，線形独立な最大個数は $\geqq r+1$ となるからである．

X に，X の元の線形結合で表せる元を追加しても，線形独立な元の最大個数は増えない．実際，次が成り立つ．

命題 4.2.14

V の任意の部分集合 X に対し，

$$r_{\max}(X) \ = \ r_{\max}(\langle X\rangle_K)$$

が成り立つ．

[証明] $r_{\max}(X)=\infty$ ならば右辺も $r_{\max}(\langle X\rangle_K)=\infty$ だから，$r=r_{\max}(X)$ は有限であると仮定してよい．$r_{\max}(\langle X\rangle_K)\geqq r$ は明らかだから $r_{\max}(\langle X\rangle_K)\leqq r$ を示せばよい．そのためには，$s>r$ ならば $\langle X\rangle_K$ の任意の s 個の元は線形従属であることを示せばよい．X の r 個の元 $\boldsymbol{x}_1,\ldots,\boldsymbol{x}_r$ が線形独立であるとする．X の任意の元はこれらの線形結合で表され，したがって，$\langle X\rangle_K$ の任意の元 $\boldsymbol{y}_1,\ldots,\boldsymbol{y}_s$ もこれらの線形結合で表される．言い換えると，ある (r,s) 型行列 A を用いて

$$(\boldsymbol{y}_1,\ldots,\boldsymbol{y}_s)=(\boldsymbol{x}_1,\ldots,\boldsymbol{x}_r)A$$

と表される．$s>r$ より，連立 1 次方程式 $A\boldsymbol{c}=\boldsymbol{0}$ は非自明な解 $\boldsymbol{c}= {}^{\mathrm{t}}[c_1\cdots c_s]$ をもつ（系 2.4.8）．上の関係式の両辺に $\boldsymbol{c}$ を右から掛けて

$$c_1\boldsymbol{y}_1+\cdots+c_s\boldsymbol{y}_s=\boldsymbol{0}$$

を得る．よって，$\boldsymbol{y}_1,\ldots,\boldsymbol{y}_s$ は線形従属である．□

与えられた有限個のベクトルの中から，線形独立な極大部分集合を取り出す方法を考えよう．まず，次の定理により，V が列ベクトルの空間 K^n の場合に帰着する（$V=K^n$ の場合は後ほど考察する）．

定理 4.2.15

V の元 $\boldsymbol{x}_1,\ldots,\boldsymbol{x}_m$ は線形独立と仮定する．V の元 $\boldsymbol{y}_1,\ldots,\boldsymbol{y}_n$ と (m,n) 型行列 $A=[\boldsymbol{a}_1\ \cdots\ \boldsymbol{a}_n]$ は関係式

$$(\boldsymbol{y}_1,\ldots,\boldsymbol{y}_n) \ = \ (\boldsymbol{x}_1,\ldots,\boldsymbol{x}_m)A$$

を満たすとする．このとき，$\boldsymbol{y}_1,\ldots,\boldsymbol{y}_n$ と $\boldsymbol{a}_1,\ldots,\boldsymbol{a}_n$ とは同じ線形関係式を満たす．

注意 4.2.16　次節でベクトル空間の基底（定義 4.3.1）について説明するが，$\boldsymbol{x}_1, \ldots, \boldsymbol{x}_m$ が V の基底であるとき，$\boldsymbol{a}_j$ は $\boldsymbol{y}_j$ の（この基底に関する）座標または成分とよばれる（命題 4.3.4 参照）．

［証明］　$\boldsymbol{y}_1, \ldots, \boldsymbol{y}_n$ が線形関係式

$$c_1\boldsymbol{y}_1 + \cdots + c_n\boldsymbol{y}_n \;=\; \boldsymbol{0} \qquad (c_i \in K)$$

を満たすとする．$\boldsymbol{c} = {}^{\mathrm{t}}[c_1 \ \cdots \ c_n]$ とおくと

$$(\boldsymbol{y}_1, \ldots, \boldsymbol{y}_n)\boldsymbol{c} \;=\; \boldsymbol{0}.$$

これに関係式 $(\boldsymbol{y}_1, \ldots, \boldsymbol{y}_n) = (\boldsymbol{x}_1, \ldots, \boldsymbol{x}_m)A$ を代入して

$$(\boldsymbol{x}_1, \ldots, \boldsymbol{x}_n)A\boldsymbol{c} \;=\; \boldsymbol{0}.$$

すると定理 4.2.12 より $A\boldsymbol{c} = \boldsymbol{0}$，すなわち，

$$c_1\boldsymbol{a}_1 + \cdots + c_n\boldsymbol{a}_n \;=\; \boldsymbol{0}$$

が従う．これは $\boldsymbol{a}_1, \ldots, \boldsymbol{a}_n$ が $\boldsymbol{y}_1, \ldots, \boldsymbol{y}_n$ と同じ線形関係式を満たすことを示している．

以上の議論は逆にたどれて，関係式 $c_1\boldsymbol{a}_1 + \cdots + c_n\boldsymbol{a}_n = \boldsymbol{0}$ から関係式 $c_1\boldsymbol{y}_1 + \cdots + c_n\boldsymbol{y}_n = \boldsymbol{0}$ が従う．よって，$\boldsymbol{y}_1, \ldots, \boldsymbol{y}_n$ と $\boldsymbol{a}_1, \ldots, \boldsymbol{a}_n$ とは同じ線形関係式を満たす．□

例 4.2.17　$V = K[x]_3$ とし，$\boldsymbol{x}_1, \ldots, \boldsymbol{x}_4$ として，$1, x, x^2, x^3$ をとる．これらは線形独立である．また，$\boldsymbol{y}_1, \ldots, \boldsymbol{y}_4$ として

$$\boldsymbol{y}_1 = 1 + x + x^2,\ \boldsymbol{y}_2 = x + x^2 + x^3,\ \boldsymbol{y}_3 = 2 + 5x + 5x^2 + 3x^3,\ \boldsymbol{y}_4 = 2 - x - x^2 - 3x^3$$

をとる．このとき，関係式

$$(\boldsymbol{y}_1, \boldsymbol{y}_2, \boldsymbol{y}_3, \boldsymbol{y}_4) \;=\; (1, x, x^2, x^3)\begin{bmatrix} 1 & 0 & 2 & 2 \\ 1 & 1 & 5 & -1 \\ 1 & 1 & 5 & -1 \\ 0 & 1 & 3 & -3 \end{bmatrix}$$

が成り立つ．右辺の行列の列を $\boldsymbol{a}_1, \ldots, \boldsymbol{a}_4$ とすると，例えば

$$2\boldsymbol{y}_1 + 3\boldsymbol{y}_2 - \boldsymbol{y}_3 = \boldsymbol{0} \quad と \quad 2\boldsymbol{a}_1 + 3\boldsymbol{a}_2 - \boldsymbol{a}_3 = \boldsymbol{0},$$

$$2\boldsymbol{y}_1 - 3\boldsymbol{y}_2 - \boldsymbol{y}_4 = \boldsymbol{0} \quad と \quad 2\boldsymbol{a}_1 - 3\boldsymbol{a}_2 - \boldsymbol{a}_4 = \boldsymbol{0}$$

のように，「同じ線形関係式」が成り立っている．

次に，いくつかの m 次元列ベクトル $\boldsymbol{a}_1, \ldots, \boldsymbol{a}_n$ が与えられたとき，これらの中から線形独立な極大部分集合を取り出し，残りのベクトルをそれらの線形結合で表すことを考える．実は，この問題は定理 4.2.8 により解決済みである．すなわち，$\boldsymbol{a}_1, \ldots, \boldsymbol{a}_n$ を列ベクトルとする (m, n) 型行列 A に対して，定理4.2.8を適用すると，同定理の (1) により，$\boldsymbol{a}_1, \ldots, \boldsymbol{a}_n$ の線形独立な最大個数は $r = \mathrm{rank}(A)$ 個であり，A の簡約化 B の先頭項を含む列が第 $j_1, \ldots, j_r$ 列であるとすると，$\boldsymbol{a}_{j_1}, \ldots, \boldsymbol{a}_{j_r}$ が線形独立であることがわかる．また，同定理の (3) により，他のベクトル $\boldsymbol{a}_j$（$j \neq j_1, \ldots, j_r$）は B の成分 b_{ij} を用いて

$$\boldsymbol{a}_j = b_{1j}\boldsymbol{a}_{j_1} + \cdots + b_{rj}\boldsymbol{a}_{j_r}$$

と表される．以上ではいくつかの列ベクトルの場合について議論したが，同様の結果は行ベクトルについても成り立つ．線形独立な最大個数についての命題だけ特に系として掲げておく．

系 4.2.18

(m, n) 型行列 $A = [\boldsymbol{a}_1 \ \cdots \ \boldsymbol{a}_n]$ について，等式 $r_{\max}(\boldsymbol{a}_1, \ldots, \boldsymbol{a}_n) = \mathrm{rank}(A)$ が成り立つ．A を m 個の n 次元行ベクトルに分割した場合も同様である．

n 次正方行列について，正則であることと階数が n であることとは同値（定理 2.5.4）であったから，次の系が従う．

系 4.2.19

n 次正方行列 A について，次の 3 条件は同値である．

（1） A は正則である．

（2） A の n 個の列ベクトルは線形独立である．

（3） A の n 個の行ベクトルは線形独立である．

上に説明した方法を実際に応用してみよう．

例題 4.2.20

4 個の 3 次元列ベクトル

$$\boldsymbol{a}_1 = \begin{bmatrix} 0 \\ 1 \\ -2 \end{bmatrix}, \quad \boldsymbol{a}_2 = \begin{bmatrix} 2 \\ 2 \\ -1 \end{bmatrix}, \quad \boldsymbol{a}_3 = \begin{bmatrix} 4 \\ 3 \\ 0 \end{bmatrix}, \quad \boldsymbol{a}_4 = \begin{bmatrix} 2 \\ 1 \\ 1 \end{bmatrix}$$

の中から線形独立な最大個数のベクトルを選び，他のベクトルをそれらの線形結合で表せ．

[解答]　これらの列ベクトルを並べた行列 $\begin{bmatrix} 0 & 2 & 4 & 2 \\ 1 & 2 & 3 & 1 \\ -2 & -1 & 0 & 1 \end{bmatrix}$ を行簡約化すると，$\begin{bmatrix} 1 & 0 & -1 & -1 \\ 0 & 1 & 2 & 1 \\ 0 & 0 & 0 & 0 \end{bmatrix}$ となるから，$\boldsymbol{a}_1, \ldots, \boldsymbol{a}_4$ のうち線形独立な最大個数のベクトルとして $\boldsymbol{a}_1, \boldsymbol{a}_2$ の 2 つがとれ，残りの 2 つは

$$\boldsymbol{a}_3 = -\boldsymbol{a}_1 + 2\boldsymbol{a}_2, \quad \boldsymbol{a}_4 = -\boldsymbol{a}_1 + \boldsymbol{a}_2$$

と表せる．

線形独立な最大個数のベクトルを，与えられた数ベクトル $\boldsymbol{a}_1, \ldots, \boldsymbol{a}_n$ の中から選ぶのではなく，それらの生成する部分空間 $\langle \boldsymbol{a}_1, \ldots, \boldsymbol{a}_n \rangle_K$ の中から選ぶのであれば，列簡約化を用いた別の方法もある．与えられた列ベクトルを並べて得られる行列 $A = \begin{bmatrix} \boldsymbol{a}_1 & \cdots & \boldsymbol{a}_n \end{bmatrix}$ の列簡約化を $B = \begin{bmatrix} \boldsymbol{b}_1 & \cdots & \boldsymbol{b}_n \end{bmatrix}$ とすると，ある n 次正則行列 P に対し $AP = B$ となっている．問題 4.1.5 により

$$\langle \boldsymbol{a}_1, \ldots, \boldsymbol{a}_n \rangle_K = \langle \boldsymbol{b}_1, \ldots, \boldsymbol{b}_n \rangle_K$$

であるから，$\boldsymbol{b}_1, \ldots, \boldsymbol{b}_n$ の中から線形独立な最大個数のベクトルを選べばよい．列簡約化の定義より，B の先頭項を含む，最初の $\mathrm{rank}(B)$ 個の列ベクトルが丁度そのようなものになっていることがわかる．以上をまとめると，次の命題が成り立つ．

命題 4.2.21

n 個の m 次元列ベクトル $\boldsymbol{a}_1, \ldots, \boldsymbol{a}_n$ に対し，それらが生成する K^m の部分空間を $V = \langle \boldsymbol{a}_1, \ldots, \boldsymbol{a}_n \rangle_K$ とする．このとき，(m, n) 型行列 $A = \begin{bmatrix} \boldsymbol{a}_1 & \cdots & \boldsymbol{a}_n \end{bmatrix}$ の列簡約化を

$$B = \begin{bmatrix} \boldsymbol{b}_1 & \cdots & \boldsymbol{b}_r & \mathbf{0} & \cdots & \mathbf{0} \end{bmatrix} \qquad (\text{ただし } r = \operatorname{rank}(A))$$

とするとき，$\boldsymbol{b}_j \in V$ であり，$\boldsymbol{b}_1, \ldots, \boldsymbol{b}_r$ は V の線形独立な最大個数のベクトルである．

例題 4.2.22

次の 3 次元列ベクトル

$$\boldsymbol{a}_1 = \begin{bmatrix} 0 \\ 1 \\ -2 \end{bmatrix}, \quad \boldsymbol{a}_2 = \begin{bmatrix} 2 \\ 2 \\ -1 \end{bmatrix}, \quad \boldsymbol{a}_3 = \begin{bmatrix} 4 \\ 3 \\ 0 \end{bmatrix}, \quad \boldsymbol{a}_4 = \begin{bmatrix} 2 \\ 1 \\ 1 \end{bmatrix}$$

が生成する K^3 の部分空間 $\langle \boldsymbol{a}_1, \boldsymbol{a}_2, \boldsymbol{a}_3, \boldsymbol{a}_4 \rangle_K$ の中から，線形独立な最大個数のベクトル $\boldsymbol{b}_1, \ldots, \boldsymbol{b}_r$ であって，行列 $[\boldsymbol{b}_1 \ \cdots \ \boldsymbol{b}_r]$ が列簡約であるものを求めよ．

［解答］ これらの列ベクトルを並べて得られる行列 $A = [\boldsymbol{a}_1 \ \boldsymbol{a}_2 \ \boldsymbol{a}_3 \ \boldsymbol{a}_4]$ を列簡約化すると

$$B = \begin{bmatrix} 1 & 0 & 0 & 0 \\ 0 & 1 & 0 & 0 \\ 3/2 & -2 & 0 & 0 \end{bmatrix}$$

であるから，求めるベクトルは

$$\boldsymbol{b}_1 = \begin{bmatrix} 1 \\ 0 \\ 3/2 \end{bmatrix}, \quad \boldsymbol{b}_2 = \begin{bmatrix} 0 \\ 1 \\ -2 \end{bmatrix}.$$

問題 4.2

1.　5 個の 4 次元列ベクトル

$$\boldsymbol{a}_1 = \begin{bmatrix} 2 \\ 1 \\ 2 \\ 3 \end{bmatrix}, \quad \boldsymbol{a}_2 = \begin{bmatrix} 4 \\ 2 \\ 4 \\ 6 \end{bmatrix}, \quad \boldsymbol{a}_3 = \begin{bmatrix} 0 \\ 1 \\ 1 \\ 0 \end{bmatrix}, \quad \boldsymbol{a}_4 = \begin{bmatrix} 6 \\ 7 \\ 10 \\ 9 \end{bmatrix}, \quad \boldsymbol{a}_5 = \begin{bmatrix} 1 \\ 1 \\ 2 \\ 1 \end{bmatrix}$$

の中から線形独立な最大個数のベクトルを選び，他のベクトルをそれらの線形結合で表せ．

2.　K ベクトル空間 V の元 $\boldsymbol{x}_1, \ldots, \boldsymbol{x}_4$ が線形独立であるとき，次のベクトル $\boldsymbol{y}_1, \ldots, \boldsymbol{y}_4$ の各組が線形独立であるか否かを判定せよ．線形独立である場合，各 $\boldsymbol{x}_i$ を $\boldsymbol{y}_1, \ldots, \boldsymbol{y}_4$ の線形結合で表せ．

（1）$\begin{cases} \boldsymbol{y}_1 = \boldsymbol{x}_1 \\ \boldsymbol{y}_2 = \boldsymbol{x}_1 + \boldsymbol{x}_2 \\ \boldsymbol{y}_3 = \boldsymbol{x}_1 + \boldsymbol{x}_2 + \boldsymbol{x}_3 \\ \boldsymbol{y}_4 = \boldsymbol{x}_1 + \boldsymbol{x}_2 + \boldsymbol{x}_3 + \boldsymbol{x}_4 \end{cases}$　　（2）$\begin{cases} \boldsymbol{y}_1 = \boldsymbol{x}_2 + \boldsymbol{x}_3 + \boldsymbol{x}_4 \\ \boldsymbol{y}_2 = \boldsymbol{x}_1 + \boldsymbol{x}_3 + \boldsymbol{x}_4 \\ \boldsymbol{y}_3 = \boldsymbol{x}_1 + \boldsymbol{x}_2 + \boldsymbol{x}_4 \\ \boldsymbol{y}_4 = \boldsymbol{x}_1 + \boldsymbol{x}_2 + \boldsymbol{x}_3 \end{cases}$

3.　3 次元空間 $V = \mathbb{R}^3$ 内に三角錐 ABCD がある．4 つの頂点 A, B, C, D の位置ベクトルをそれぞれ $\boldsymbol{a}, \boldsymbol{b}, \boldsymbol{c}, \boldsymbol{d}$ とする．原点 O が ABCD の内部に含まれるとき，$\boldsymbol{a}, \boldsymbol{b}, \boldsymbol{c}, \boldsymbol{d}$ のうちのどの 3 つも線形独立であることを示し，残りの 1 つをそれらの線形結合で表す方法を図を用いて説明せよ．

4.　n 個の m 次元列ベクトル $\boldsymbol{a}_1, \ldots, \boldsymbol{a}_n$ を考える．$1, \ldots, m$ の部分列 $i_1, \ldots, i_r$ に対し，各 $\boldsymbol{a}_j$ の第 i_1 成分，…，第 i_r 成分だけを取り出してつくった r 次元列ベクトルを $\boldsymbol{a}'_1, \ldots, \boldsymbol{a}'_n$ とする．

（1）$\boldsymbol{a}_1, \ldots, \boldsymbol{a}_n$ がある線形関係式を満たすならば，$\boldsymbol{a}'_1, \ldots, \boldsymbol{a}'_n$ も同じ線形関係式を満たすことを示せ．（特に，$\boldsymbol{a}'_1, \ldots, \boldsymbol{a}'_n$ が線形独立ならば $\boldsymbol{a}_1, \ldots, \boldsymbol{a}_n$ も線形独立である．）

（2）逆は必ずしも成り立たないことを，例をあげて示せ．

4.3 ベクトル空間の基底と次元

抽象的にみえる一般のベクトル空間においても，基底の概念を導入することで，各ベクトルを数ベクトルと同一視して具体的に取り扱うことができるようになる．また，基底をなすベクトルの個数として，ベクトル空間の次元が定義される．

ベクトル空間の基底とベクトルの座標 以下，V を K 上のベクトル空間とする．

定義 4.3.1

次の 2 条件を満たす V のベクトルの組 $\boldsymbol{v}_1, \ldots, \boldsymbol{v}_n$ を V の**基底**という．

（1） $\boldsymbol{v}_1, \ldots, \boldsymbol{v}_n$ は線形独立である．

（2） $\boldsymbol{v}_1, \ldots, \boldsymbol{v}_n$ は V を生成する．すなわち，$V = \langle \boldsymbol{v}_1, \ldots, \boldsymbol{v}_n \rangle$．

注意 4.3.2 基底はベクトルの順序も込めて考える．例えば，$n \geqq 2$ のとき，組 $\boldsymbol{v}_1, \ldots, \boldsymbol{v}_n$ が V の基底であるならば，ベクトルの順序を反転した組 $\boldsymbol{v}_n, \ldots, \boldsymbol{v}_1$ も V の基底であるが，これらは別の基底として区別する．

注意 4.3.3 $V = \{\boldsymbol{0}\}$ のとき，V は 0 個のベクトルからなる基底をもつものと理解する．

命題 4.2.4 より，ベクトルの組が基底であるための条件は次のように言い換えられる．

命題 4.3.4

V のベクトル $\boldsymbol{v}_1, \ldots, \boldsymbol{v}_n$ について，次の 2 条件は同値である．

（1） 組 $\boldsymbol{v}_1, \ldots, \boldsymbol{v}_n$ は V の基底である．

（2） V の任意のベクトル $\boldsymbol{a}$ は $\boldsymbol{v}_1, \ldots, \boldsymbol{v}_n$ の線形結合で一意的に表せる．すなわち，

$$\boldsymbol{a} = (\boldsymbol{v}_1, \ldots, \boldsymbol{v}_n)\boldsymbol{p}$$

となる K^n のベクトル $\boldsymbol{p}$ が一意的に存在する．

V の基底 $\boldsymbol{v}_1, \ldots, \boldsymbol{v}_n$ と V のベクトル $\boldsymbol{a}$ について，命題 4.3.4 (2) にあるような一意的に存在する K^n のベクトル $\boldsymbol{p}$ を，基底 $\boldsymbol{v}_1, \ldots, \boldsymbol{v}_n$ に関する $\boldsymbol{a}$ の**座標**または**成分**という．

例 4.3.5 K^n の基本単位ベクトルの組 $\boldsymbol{e}_1, \ldots, \boldsymbol{e}_n$ は K^n の基底である．これを K^n の**標準基底**という．実際，次のように，K^n の任意のベクトルは $\boldsymbol{e}_1, \ldots, \boldsymbol{e}_n$ の線形結合で一意的に表される．

$$\begin{bmatrix} a_1 \\ \vdots \\ a_n \end{bmatrix} = a_1\boldsymbol{e}_1 + \cdots + a_n\boldsymbol{e}_n$$

K^n の標準基底に関する K^n のベクトルの座標はそのベクトル自身である．

例 4.3.6 組 $1, x, \ldots, x^n$ は $K[x]_n$ の基底である．より一般に，任意の K の数 a について，組 $1, x-a, \ldots, (x-a)^n$ は $K[x]_n$ の基底である．

$K[x]_2$ の多項式 $f(x) = 1 + 2x + 3x^2 \left(= 6 + 8(x-1) + 3(x-1)^2\right)$ について，$K[x]_2$ の基底 $1, x, x^2$ および $1, x-1, (x-1)^2$ に関する $f(x)$ の座標は，それぞれ $\begin{bmatrix} 1 \\ 2 \\ 3 \end{bmatrix}$ および $\begin{bmatrix} 6 \\ 8 \\ 3 \end{bmatrix}$ である．

例 4.3.7 $\mathbb{C}$ は $\mathbb{R}$ 上のベクトル空間として，基底 $1, i$（虚数単位）をもつ．より一般に，実数でない任意の複素数 z について，組 $1, z$ は $\mathbb{C}$ の（$\mathbb{R}$ 上の）基底である．

次の命題が示すように，K^n の基底として様々なものを考えることができる．

命題 4.3.8

K^n のベクトルの組 $\boldsymbol{a}_1, \ldots, \boldsymbol{a}_n$ が K^n の基底であるためには，行列 $\begin{bmatrix} \boldsymbol{a}_1 & \cdots & \boldsymbol{a}_n \end{bmatrix}$ が正則であることが必要十分である．

［証明］ $A = \begin{bmatrix} \boldsymbol{a}_1 & \cdots & \boldsymbol{a}_n \end{bmatrix}$ とおく．例 4.1.10 と例 4.2.6 より，$\boldsymbol{a}_1, \ldots, \boldsymbol{a}_n$ が K^n の基底であることは，任意のベクトル $\boldsymbol{b} \in K^n$ に対し，行列方程式 $A\boldsymbol{x} = \boldsymbol{b}$ がただ 1 つの解をもつことと同値である．定理 2.4.6 と定理 2.5.4 より，これは $\mathrm{rank}(A) = n$，すなわち，A が正則であることと同値である．□

ベクトル空間の次元　以下に示すように，ベクトル空間が有限個のベクトルからなる基底をもつとき，そのベクトルの個数は基底によらずに一定である．

命題 4.3.9

V が m 個のベクトルで生成されるならば，n 個（$n > m$）のベクトルの組は線形従属である．

［証明］　V が $\boldsymbol{a}_1, \ldots, \boldsymbol{a}_m$ で生成されているとし，$\boldsymbol{b}_1, \ldots, \boldsymbol{b}_n$（$n > m$）を V の任意のベクトルとする．このとき，ある (m, n) 型行列 P を用いて，

$$(\boldsymbol{b}_1, \ldots, \boldsymbol{b}_n) = (\boldsymbol{a}_1, \ldots, \boldsymbol{a}_m)P$$

と表される．$\mathrm{rank}(P) \leqq m < n$ となるので，系 2.4.8 より，連立 1 次方程式 $P\boldsymbol{x} = \boldsymbol{0}$ は零でない解 $\boldsymbol{x} = \boldsymbol{c}$ をもつ．

$$(\boldsymbol{b}_1, \ldots, \boldsymbol{b}_n)\boldsymbol{c} = (\boldsymbol{a}_1, \ldots, \boldsymbol{a}_m)P\boldsymbol{c} = (\boldsymbol{a}_1, \ldots, \boldsymbol{a}_m)\boldsymbol{0} = \boldsymbol{0}$$

となるので，$\boldsymbol{b}_1, \ldots, \boldsymbol{b}_n$ は線形従属である．□

定理 4.3.10

V が n 個のベクトルからなる基底をもつとき，V の任意の基底も n 個のベクトルからなる．

［証明］　V が異なる個数のベクトルからなる 2 つの基底をもったと仮定すると，命題 4.3.9 より，数の多い方の基底は線形従属になってしまうので，これは矛盾である．□

定義 4.3.11

V が有限個のベクトルからなる基底をもつとき，そのベクトルの個数を V の（K 上の）**次元**といい，$\dim(V)$ または $\dim_K(V)$ で表す．このとき，V は**有限次元**であるといい，そうでないとき，V は**無限次元**であるという．

例 4.3.12　$V = \{\boldsymbol{0}\}$ のとき，注意 4.3.3 より，$\dim(V) = 0$ である．

例 4.3.13　例 4.3.5 より，$\dim(K^n) = n$ である．

例 4.3.14　例 4.3.6 より，$\dim(K[x]_n) = n + 1$ である．$K[x]$ は有限個の多項式で生成されることはないので，$K[x]$ は無限次元である．

斉次型連立 1 次方程式の解空間の次元

例題 4.3.15

次の斉次型連立 1 次方程式の解全体のなす $\mathbb{R}^4$ の部分空間 W について，その次元 $\dim(W)$ を求めよ．また，W の基底を 1 つあげよ．

$$\begin{cases} 3x - 3y - 2z - w = 0 \\ x - y + z + 3w = 0 \\ 2x - 2y + z + 4w = 0 \end{cases}$$

［解答］　係数行列 $A = \begin{bmatrix} 3 & -3 & -2 & -1 \\ 1 & -1 & 1 & 3 \\ 2 & -2 & 1 & 4 \end{bmatrix}$ を行簡約化することによって，

$A' = \begin{bmatrix} 1 & -1 & 0 & 1 \\ 0 & 0 & 1 & 2 \\ 0 & 0 & 0 & 0 \end{bmatrix}$ を得る．A' において先頭項を含まない第 2 列，第 4 列に対応する変数 y, w を $y = c_1$, $w = c_2$ とおいて，A' に対応する連立 1 次方程式を解くことで，解は

$$\begin{bmatrix} x \\ y \\ z \\ w \end{bmatrix} = c_1 \begin{bmatrix} 1 \\ 1 \\ 0 \\ 0 \end{bmatrix} + c_2 \begin{bmatrix} -1 \\ 0 \\ -2 \\ 1 \end{bmatrix}$$

とパラメータ表示される．これより，$\boldsymbol{v}_1 = \begin{bmatrix} 1 \\ 1 \\ 0 \\ 0 \end{bmatrix}$, $\boldsymbol{v}_2 = \begin{bmatrix} -1 \\ 0 \\ -2 \\ 1 \end{bmatrix}$ は W を生成する．

さらに，第 2 行と第 4 行のみに着目すると，$\boldsymbol{v}_1, \boldsymbol{v}_2$ は $\mathbb{R}^2$ の基本単位ベクトル $\boldsymbol{e}_1$, $\boldsymbol{e}_2$ と同じ形をしているので線形独立でもある．よって，組 $\boldsymbol{v}_1, \boldsymbol{v}_2$ は W の基底の 1 つであり，$\dim(W) = 2$ である．

一般の場合を考えてみよう．A を K に成分をもつ (m, n) 型行列とし，W を斉次型連立 1 次方程式 $A\boldsymbol{x} = \boldsymbol{0}$ の解全体のなす K^n の部分空間とする．W を方程式 $A\boldsymbol{x} = \boldsymbol{0}$ の**解空間**という．$r = \mathrm{rank}(A)$ とおくと，定理 2.4.6 より，$n - r$ 個

の零でない K^n のベクトル $\boldsymbol{v}_1, \ldots, \boldsymbol{v}_{n-r}$ が存在して，方程式 $A\boldsymbol{x} = \boldsymbol{0}$ の解は $\boldsymbol{x} = c_1\boldsymbol{v}_1 + \cdots + c_{n-r}\boldsymbol{v}_{n-r}$ とパラメータ表示される．すなわち，$\boldsymbol{v}_1, \ldots, \boldsymbol{v}_{n-r}$ は W を生成する．A の行簡約化 A' において先頭項を含まない列を第 k_1 列，…，第 k_{n-r} 列とする．定理 2.4.6 の証明および例題 4.3.15 の解答でみたように，特に $\boldsymbol{v}_1, \ldots, \boldsymbol{v}_{n-r}$ として，第 k_1 行，…，第 k_{n-r} 行のみに着目すると，K^{n-r} の基本単位ベクトル $\boldsymbol{e}_1, \ldots, \boldsymbol{e}_{n-r}$ と同じ形をしているものを選ぶことができる．そのような $\boldsymbol{v}_1, \ldots, \boldsymbol{v}_{n-r}$ は線形独立であり，W の 1 つの基底をなす．結局，W は $n-r$ 個のベクトルからなる基底をもつ．以上をまとめると，次の定理が得られる．

定理 4.3.16

A を K に成分をもつ (m, n) 型行列とし，W を斉次型連立 1 次方程式 $A\boldsymbol{x} = \boldsymbol{0}$ の解空間とする．このとき，次が成り立つ．

$$\dim(W) = n - \operatorname{rank}(A)$$

次元の特徴付け　ベクトル空間の次元は次のように特徴付けられる．

定理 4.3.17

有限次元ベクトル空間 V について，次が成り立つ．

（1） $\dim(V)$ は V の線形独立なベクトルの最大個数に等しい．すなわち，$\dim(V) = r_{\max}(V)$ が成り立つ．

（2） $\dim(V)$ は V を生成するベクトルの最小個数に等しい．

この定理は次の 2 つの命題より直ちに得られる．

命題 4.3.18

有限次元ベクトル空間 V の線形独立なベクトルの組について，必要であれば，その組にいくつかのベクトルを追加することで V の基底が得られる．

[証明]　$\dim(V) = n$ とし，$\boldsymbol{v}_1, \ldots, \boldsymbol{v}_k$ を V の線形独立な任意のベクトルとする．命題 4.3.9 より，$k \leqq n$ である．まず，$k < n$ のとき，$n-k$ 個のベクトルを追加することで，線形独立なベクトル $\boldsymbol{v}_1, \ldots, \boldsymbol{v}_k, \boldsymbol{v}_{k+1}, \ldots, \boldsymbol{v}_n$ が得られることを示す．定理 4.3.10 より，$\boldsymbol{v}_1, \ldots, \boldsymbol{v}_k$ は基底にはなり得ないので，V を生成しない．命題 4.2.11 より，$\boldsymbol{v}_1, \ldots, \boldsymbol{v}_k$ にこれらの線形結合としては表されない V のベクトル $\boldsymbol{v}_{k+1}$ を追加したものは再び線形独立である．この操作を $n-k$ 回繰り返す

ことで，追加するベクトル $\boldsymbol{v}_{k+1}, \ldots, \boldsymbol{v}_n$ が得られる．次に，$k = n$ のとき，$\boldsymbol{v}_1, \ldots, \boldsymbol{v}_n$ が V を生成することを背理法によって示す．これらの線形結合としては表されない V のベクトル $\boldsymbol{w}$ が存在したと仮定すると，$\boldsymbol{v}_1, \ldots, \boldsymbol{v}_n, \boldsymbol{w}$ は再び線形独立となるが，これは命題 4.3.9 に矛盾する．□

命題 4.3.19

有限個のベクトルの組が V を生成するとき，必要であれば，その組からいくつかのベクトルを取り除くことで V の基底が得られる．

［証明］　V を生成する有限個のベクトルの組は，他のベクトルの線形結合として表されるベクトルを取り除いたとしても，再び V を生成する．この操作をそのようなベクトルが存在しなくなるまで繰り返し行う．このとき，最終的に得られたベクトルの組は線形独立であるので，V の基底である．□

さらに，これらを用いて次の定理が示される．

定理 4.3.20

$\dim(V) = n$ のとき，V のベクトル $\boldsymbol{v}_1, \ldots, \boldsymbol{v}_n$ について，次の 3 条件は同値である．

（1）　組 $\boldsymbol{v}_1, \ldots, \boldsymbol{v}_n$ は V の基底である．

（2）　$\boldsymbol{v}_1, \ldots, \boldsymbol{v}_n$ は線形独立である．

（3）　$\boldsymbol{v}_1, \ldots, \boldsymbol{v}_n$ は V を生成する．

［証明］　まず，基底の定義（定義 4.3.1）より，明らかに (1) ならば，(2) および (3) が成り立つ．(2) を仮定すると，命題 4.3.18 より，$\boldsymbol{v}_1, \ldots, \boldsymbol{v}_n$ はある基底をなすベクトルの一部であるが，$\dim(V) = n$ より，そのようなベクトルの全体に一致せざるを得ない．よって，(2) は (1) と同値である．(3) を仮定すると，命題 4.3.19 より，$\boldsymbol{v}_1, \ldots, \boldsymbol{v}_n$ はある基底をなすベクトルを一部として含むが，$\dim(V) = n$ より，やはり，そのようなベクトルの全体に一致せざるを得ない．よって，(3) も (1) と同値である．□

部分空間の次元 ベクトル空間とその部分空間の次元について，次の命題と定理は基本的である．

命題 4.3.21

有限次元ベクトル空間 V の部分空間 W について，次が成り立つ．

（1） W は有限次元であり，$\dim(W) \leqq \dim(V)$.

（2） $\dim(W) = \dim(V)$ ならば $W = V$.

［証明］ (1) 定理 4.3.17 (1) より，$r_{\max}(W) \leqq r_{\max}(V) = \dim(V)$ である．$r = r_{\max}(W)$ とおき，W の線形独立なベクトル $\boldsymbol{v}_1, \ldots, \boldsymbol{v}_r$ をとると，これらは W を生成する．そうでなければ，これらの線形結合としては表されない W のベクトルを追加したものも線形独立となり矛盾である．よって，組 $\boldsymbol{v}_1, \ldots, \boldsymbol{v}_r$ は W の基底であり，$\dim(W) = r \leqq \dim(V)$ が成り立つ．

(2) W が $\dim(V)$ 個のベクトルからなる基底をもつならば，定理 4.3.20 より，それは V の基底でもあるので，$W = V$ が成り立つ． □

V の 2 つの部分空間 W_1，W_2 について，その共通部分 $W_1 \cap W_2$ および和空間 $W_1 + W_2$ はまた V の部分空間である（4.1 節）．これらの部分空間の次元の間には次の関係式が成り立つ．

定理 4.3.22

V の有限次元部分空間 W_1 と W_2 について，次が成り立つ．

$$\dim(W_1 + W_2) = \dim(W_1) + \dim(W_2) - \dim(W_1 \cap W_2)$$

［証明］ $W_1 \cap W_2$ は有限次元ベクトル空間 W_1 と W_2 の部分空間であるので，命題 4.3.21 より，$W_1 \cap W_2$ も有限次元であることに注意する．組 $\boldsymbol{u}_1, \ldots, \boldsymbol{u}_p$ を $W_1 \cap W_2$ の基底とする．ここで，$\dim(W_1 \cap W_2) = p$ である．命題 4.3.18 より，これにいくつかのベクトルを追加することで，W_1 の基底 $\boldsymbol{u}_1, \ldots, \boldsymbol{u}_p, \boldsymbol{v}_1, \ldots, \boldsymbol{v}_q$ と W_2 の基底 $\boldsymbol{u}_1, \ldots, \boldsymbol{u}_p, \boldsymbol{w}_1, \ldots, \boldsymbol{w}_r$ を得る．これらをそれぞれ E_1, E_2 で表す．ここで，$\dim(W_1) = p + q$，$\dim(W_2) = p + r$ である．組 $\boldsymbol{u}_1, \ldots, \boldsymbol{u}_p, \boldsymbol{v}_1, \ldots, \boldsymbol{v}_q, \boldsymbol{w}_1, \ldots, \boldsymbol{w}_r$ を E_3 で表す．E_3 が $W_1 + W_2$ の基底であることを確かめられれば，$\dim(W_1 + W_2) = p + q + r$ となり，求める等式が示される．

まず，E_1 と E_2 はそれぞれ W_1 と W_2 を生成するので，E_1 と E_2 の両方のベクトルからなる E_3 は $W_1 + W_2$ を生成する．

次に，E_3 が線形独立であることを示す．K の数 $a_1, \ldots, a_p, b_1, \ldots, b_q, c_1, \ldots, c_r$ について，線形関係式

$$a_1\boldsymbol{u}_1 + \cdots + a_p\boldsymbol{u}_p + b_1\boldsymbol{v}_1 + \cdots + b_q\boldsymbol{v}_q + c_1\boldsymbol{w}_1 + \cdots + c_r\boldsymbol{w}_r = \boldsymbol{0}$$

が成り立つとする．これを変形した等式

$$a_1\boldsymbol{u}_1 + \cdots + a_p\boldsymbol{u}_p + b_1\boldsymbol{v}_1 + \cdots + b_q\boldsymbol{v}_q = -(c_1\boldsymbol{w}_1 + \cdots + c_r\boldsymbol{w}_r)$$

において，左辺は W_1 のベクトルであり，右辺は W_2 のベクトルであるので，これらはともに $W_1 \cap W_2$ のベクトルである．特に，右辺は $\boldsymbol{u}_1, \ldots, \boldsymbol{u}_p$ の線形結合で表される．すなわち，ある K の数 $a'_1, \ldots, a'_p$ について，線形関係式

$$c_1\boldsymbol{w}_1 + \cdots + c_r\boldsymbol{w}_r + a'_1\boldsymbol{u}_1 + \cdots + a'_p\boldsymbol{u}_p = \boldsymbol{0}$$

が成り立つ．E_2 は線形独立なので，$c_1 = \cdots = c_r = a'_1 = \cdots = a'_p = 0$ が得られる．したがって，線形関係式

$$a_1\boldsymbol{u}_1 + \cdots + a_p\boldsymbol{u}_p + b_1\boldsymbol{v}_1 + \cdots + b_q\boldsymbol{v}_q = \boldsymbol{0}$$

が成り立つ．E_1 は線形独立なので，$a_1 = \cdots = a_p = b_1 = \cdots = b_q = 0$ も得られる．□

系 4.3.23

V の有限次元部分空間 $W_1, \ldots, W_r$ の直和について，次が成り立つ．

$$\dim(W_1 \oplus \cdots \oplus W_r) = \dim(W_1) + \cdots + \dim(W_r)$$

［証明］　すべての $i=1,\ldots,r-1$ に対し，$W_i \cap (W_{i+1} + \cdots + W_r) = \{\boldsymbol{0}\}$ であるので，定理 4.3.22 を繰り返し用いると，次のように求める式が得られる．

$$\begin{aligned}\dim(W_1 \oplus \cdots \oplus W_r) &= \dim(W_1) + \dim(W_2 + \cdots + W_r)\\ &= \dim(W_1) + \dim(W_2) + \dim(W_3 + \cdots + W_r)\\ &= \cdots = \dim(W_1) + \cdots + \dim(W_r) \qquad \square\end{aligned}$$

問題 4.3

1. 多項式の組 $1,\ x,\ x(x-1),\ x(x-1)(x-2)$ は $\mathbb{R}[x]_3$ の基底であることを示し，この基底に関する x^3 の座標を求めよ．

2. 次の実ベクトル空間 V の基底を 1 つあげ，V の次元 $\dim(V)$ を求めよ．

（1） 実 2 次正方行列全体

（2） $f(2) = f(-1) = 0$ を満たす $\mathbb{R}[x]_3$ の多項式 $f(x)$ 全体

（3） 漸化式 $a_{n+2} = 4a_n\ (n \geqq 1)$ を満たす実数列 (a_n) 全体

3. 次の連立 1 次方程式の実数解全体のなす実ベクトル空間 W について，その次元 $\dim(W)$ を求めよ．また，W の基底を 1 つあげよ．

（1） $\begin{cases} x + y + 2z = 0 \\ 2x + y + 5z = 0 \end{cases}$ （2） $\begin{cases} 3x - 2y - 5z = 0 \\ 2x - y - 3z + w = 0 \\ x - y - 2z - w = 0 \end{cases}$

4. 次の $\mathbb{R}^3$ のベクトル $\boldsymbol{a}_1,\ \boldsymbol{a}_2,\ \boldsymbol{a}_3$ が生成する部分空間を W_1 とし，$\boldsymbol{b}_1,\ \boldsymbol{b}_2$ が生成する部分空間を W_2 とする．このとき，共通部分 $W_1 \cap W_2$ と和空間 $W_1 + W_2$ の次元を求め，それぞれの基底を 1 つずつあげよ．

$$\boldsymbol{a}_1 = \begin{bmatrix} 1 \\ -1 \\ 0 \end{bmatrix}, \quad \boldsymbol{a}_2 = \begin{bmatrix} 0 \\ 1 \\ -2 \end{bmatrix}, \quad \boldsymbol{a}_3 = \begin{bmatrix} -4 \\ 1 \\ 6 \end{bmatrix}, \quad \boldsymbol{b}_1 = \begin{bmatrix} 1 \\ 1 \\ 0 \end{bmatrix}, \quad \boldsymbol{b}_2 = \begin{bmatrix} 0 \\ 1 \\ 2 \end{bmatrix}$$

5. V を K 上の n 次元ベクトル空間とし，W を V の m 次元部分空間とする．組 $\boldsymbol{v}_1, \ldots, \boldsymbol{v}_m$ を W の基底とし，これに V のベクトル $\boldsymbol{v}_{m+1}, \ldots, \boldsymbol{v}_n$ を追加した組 $\boldsymbol{v}_1, \ldots, \boldsymbol{v}_m, \boldsymbol{v}_{m+1}, \ldots, \boldsymbol{v}_n$ は V の基底であるとする．このとき，任意の W のベクトル $\boldsymbol{w}_{m+1}, \ldots, \boldsymbol{w}_n$ に対して，組 $\boldsymbol{v}_1, \ldots, \boldsymbol{v}_m, \boldsymbol{v}_{m+1} + \boldsymbol{w}_{m+1}, \ldots, \boldsymbol{v}_n + \boldsymbol{w}_n$ は V の基底であることを示せ．

6. K 上のベクトル空間 V の有限次元部分空間 $W_1,\ \ldots,\ W_r$ について，和空間 $W_1 + \cdots + W_r$ が直和であるためには，

$$\dim(W_1 + \cdots + W_r) = \dim(W_1) + \cdots + \dim(W_r)$$

が成り立つことが必要十分であることを示せ．

5 線形写像

線形写像とは，ベクトル空間の間の写像であって，線形性の条件を満たすもののことである．基底をとることにより，線形写像の具体的な表現が得られ，それが行列である．この意味で，行列と線形写像は等価な概念であるといえる．線形写像というより抽象的な概念に移行することで，理論の本質がより見えやすくなり，より明解になる．

5.1 線形写像

前章に引き続き体 K を1つ固定しておく．特に断らない限り，ベクトル空間といえば K 上のベクトル空間のこととする．

定義 5.1.1

U, V をベクトル空間とする．写像 $f: U \to V$ が次の2条件を満たすとき，f を U から V への**線形写像**という．

(L1)　任意の $\boldsymbol{x}, \boldsymbol{y} \in U$ について，$f(\boldsymbol{x}+\boldsymbol{y}) = f(\boldsymbol{x}) + f(\boldsymbol{y})$.

(L2)　任意の $a \in K$, $\boldsymbol{x} \in U$ について，$f(a\boldsymbol{x}) = af(\boldsymbol{x})$.

$U = V$ のときは，f を U 上の**線形変換**ともいう．

条件 **(L1)**，**(L2)** をまとめて

(L)　任意の $a, b \in K$, $\boldsymbol{x}, \boldsymbol{y} \in U$ について，$f(a\boldsymbol{x}+b\boldsymbol{y}) = af(\boldsymbol{x}) + bf(\boldsymbol{y})$

とすることもできる (例題 5.1.6).

例 5.1.2　恒等写像 $\mathrm{id}_V : V \to V$ は線形写像である．

例 5.1.3　写像 $f: U \to V$ が，すべての $\boldsymbol{x} \in U$ について $f(\boldsymbol{x}) = \boldsymbol{0}$ を満たすとき，零写像であるという．零写像は線形写像である．

例 5.1.4 写像 $f : K^2 \to K$ を $f(\boldsymbol{x}) = x_1 - 2x_2$ で定める．ただし，$\boldsymbol{x} = \begin{bmatrix} x_1 \\ x_2 \end{bmatrix}$ とおく．$\boldsymbol{y} = \begin{bmatrix} y_1 \\ y_2 \end{bmatrix}$ を任意のベクトルとして，

$$f(\boldsymbol{x} + \boldsymbol{y}) = (x_1 + y_1) - 2(x_2 + y_2) = f(\boldsymbol{x}) + f(\boldsymbol{y})$$

だから条件 **(L1)** が成り立つ．また

$$f(a\boldsymbol{x}) = f(ax_1, ax_2) = ax_1 - 2ay_2 = af(\boldsymbol{x})$$

だから条件 **(L2)** も成り立つ．よって，f は線形写像である．

例 5.1.5 任意の線形写像 f について，$f(\mathbf{0}) = \mathbf{0}$ が成り立つ (例題 5.1.6)．逆にいうと，$f(\mathbf{0}) \neq \mathbf{0}$ ならば f は線形写像でない．例えば，$f : K^2 \to K$, $f(\boldsymbol{x}) = x_1 - x_2 + 1$ は線形写像でない．

例題 5.1.6

線形写像 $f : U \to V$ について，次を示せ．

（1） $f(\mathbf{0}) = \mathbf{0}$.

（2） 任意の $a_i \in K$, $\boldsymbol{x}_j \in U$ について

$$f(a_1\boldsymbol{x}_1 + a_2\boldsymbol{x}_2 + \cdots + a_m\boldsymbol{x}_m) = a_1f(\boldsymbol{x}_1) + a_2f(\boldsymbol{x}_2) + \cdots + a_mf(\boldsymbol{x}_m).$$

[解答] (1) 条件 **(L1)** で $\boldsymbol{x}_1 = \boldsymbol{x}_2 = \mathbf{0}$ とおくと，$f(\mathbf{0} + \mathbf{0}) = f(\mathbf{0}) + f(\mathbf{0})$. したがって，$f(\mathbf{0}) = f(\mathbf{0}) + f(\mathbf{0})$ である．両辺から $f(\mathbf{0})$ を引いて $f(\mathbf{0}) = \mathbf{0}$ を得る．(別解：条件 **(L2)** で $a = 0$ とおけば，$f(\mathbf{0}) = 0f(\boldsymbol{x}) = \mathbf{0}$ である．)

(2) 条件 **(L1)** を繰り返し使うことにより

$$\begin{aligned} f(\boldsymbol{x}_1 + \boldsymbol{x}_2 + \cdots + \boldsymbol{x}_m) &= f(\boldsymbol{x}_1) + f(\boldsymbol{x}_2 + \cdots + \boldsymbol{x}_m) \\ &= f(\boldsymbol{x}_1) + f(\boldsymbol{x}_2) + f(\boldsymbol{x}_3 + \cdots + \boldsymbol{x}_m) \\ &\vdots \\ &= f(\boldsymbol{x}_1) + f(\boldsymbol{x}_2) + \cdots + f(\boldsymbol{x}_m) \end{aligned}$$

である．$\boldsymbol{x}_i$ を $a_i\boldsymbol{x}_i$ に置き換えて，条件 **(L2)** を使えば

$$f(a_1\boldsymbol{x}_1+a_2\boldsymbol{x}_2+\cdots+a_m\boldsymbol{x}_m)=a_1f(\boldsymbol{x}_1)+a_2f(\boldsymbol{x}_2)+\cdots+a_mf(\boldsymbol{x}_m)$$

が得られる．

例題 5.1.7

次の写像は線形写像かどうか判定せよ．

（1） $f:\mathbb{R}^2\to\mathbb{R}^2,\ f(\boldsymbol{x})=\begin{bmatrix} x_1-x_2 \\ x_1+2x_2+1 \end{bmatrix}.$

（2） $f:\mathbb{R}^3\to\mathbb{R},\ f(\boldsymbol{x})=3x_1+x_2+x_3^2.$

（3） $f:\mathbb{R}^2\to\mathbb{R},\ f(\boldsymbol{x})=|x_1|+x_2.$

[解答] (1) $f(\mathbf{0})=\mathbf{0}$ を満たさないので，線形写像でない．

(2) $f(a\boldsymbol{x})=af(\boldsymbol{x})$ が成り立つかどうかをみる．

$$\begin{aligned} f(a\boldsymbol{x})-af(\boldsymbol{x}) &= 3ax_1+ax_2+(ax_3)^2-a(3x_1+x_2+x_3^2) \\ &= (a^2-a)x_3^2 \end{aligned}$$

なので，例えば $\boldsymbol{x}=(0,0,1),\ a=2$ とすれば，$f(a\boldsymbol{x})\neq af(\boldsymbol{x})$ である．よって，線形写像でない．

(3) $f(a\boldsymbol{x})=af(\boldsymbol{x})$ が成り立つかどうかをみる．

$$\begin{aligned} f(a\boldsymbol{x})-af(\boldsymbol{x}) &= |ax_1|+ax_2-a(|x_1|+x_2) \\ &= (|a|-a)x_1 \end{aligned}$$

なので，例えば $\boldsymbol{x}=(1,0),\ a=-1$ とすれば，$f(a\boldsymbol{x})\neq af(\boldsymbol{x})$ である．よって，線形写像でない．

例題 5.1.7 のように，写像 f を定義する式の中に 1 次式でないものが含まれると線形写像ではなくなってしまう．この意味で，線形写像を 1 次写像とよぶ文献もある．

線形写像の和，スカラー倍，合成 $f,g:U\to V$ を 2 つの線形写像とする．このとき，写像 $f+g$ を $(f+g)(\boldsymbol{x})=f(\boldsymbol{x})+g(\boldsymbol{x})$ によって定め，**線形写像の和**という．また，$a\in K$ に対し，写像 af を $(af)(\boldsymbol{x})=af(\boldsymbol{x})$ によって定め，**線形写像のスカラー倍**という．2 つの線形写像 $f:U\to V,\ g:V\to W$ の合成写像 $g\circ f:U\to W$ を**線形写像の合成**という．これらはすべて線形写像である (問題 5.1.4).

同型写像，逆線形写像，逆線形変換　集合 X から集合 Y への写像 f が**単射**であるとは，$f(x_1) = f(x_2)$ ならば $x_1 = x_2$ が成り立つことをいう．任意の $y \in Y$ について，$f(x) = y$ となる $x \in X$ が存在するとき，f は**全射**であるという．線形写像 $f : U \to V$ が全射かつ単射であるとき，f は**同型写像**であるという．このとき，逆写像 $f^{-1} : V \to U$ が定まり，再び同型写像になる．これを**逆線形写像**という．$U = V$ のときは，**逆線形変換**ともいう．恒等写像は同型写像である．同型写像と同型写像の合成写像は再び同型写像である．ベクトル空間 U と V の間に同型写像が存在するとき，U と V は (ベクトル空間として) **同型**であるという．

行列の定める線形写像　(m, n) 型行列 A に対して，写像 $T_A : K^n \to K^m$ を $T_A(\boldsymbol{x}) = A\boldsymbol{x}$ によって定める．このとき，T_A は線形写像である．実際，線形写像になるための条件 **(L1)**, **(L2)** を満たしていることは容易にわかる (読者の演習問題とする).

例題 5.1.8

次の写像は線形写像かどうか判定せよ．

$$f : K^3 \to K^2, \quad f(\boldsymbol{x}) = \begin{bmatrix} x_1 + 3x_2 - x_3 \\ -2x_2 + 5x_3 \end{bmatrix}$$

[解答]　$A = \begin{bmatrix} 1 & 3 & -1 \\ 0 & -2 & 5 \end{bmatrix}$ とおくと，$f(\boldsymbol{x}) = A\boldsymbol{x}$ と書けるから，$f = T_A$ となって線形写像である．

定理 5.1.9

A を (m, n) 型行列，B を (l, m) 型行列とし，$T_A : K^n \to K^m$, $T_B : K^m \to K^l$ をそれらの定める線形写像とする．このとき

$$T_B \circ T_A = T_{BA}$$

が成り立つ．したがって，線形写像の合成と行列の積は整合的である．

[証明]　$\boldsymbol{x} \in K^n$ について

$$\begin{aligned}(T_B \circ T_A)(\boldsymbol{x}) &= T_B(T_A(\boldsymbol{x})) = T_B(A\boldsymbol{x}) = B(A\boldsymbol{x}) = (BA)\boldsymbol{x} \\ &= T_{BA}(\boldsymbol{x})\end{aligned}$$

となるから，$T_B \circ T_A = T_{BA}$ である．□

定理 5.1.10

A を n 次正方行列とし，$T_A : K^n \to K^n$ を A の定める線形写像とする．このとき，A が正則行列であることと T_A が全単射であることは同値である．また，A が正則であるとき，T_A の逆線形変換は $T_{A^{-1}}$ である．

［証明］ A が正則行列ならば，定理 5.1.9 より，$T_A \circ T_{A^{-1}} = T_{A^{-1}} \circ T_A = T_E$ は恒等写像なので，T_A は全単射である．逆に，T_A が全単射とする．A が正則でないと仮定すると，定理 2.5.4 より $\mathrm{rank}(A) < n$ であり，このとき，系 2.4.8 より，あるベクトル $\boldsymbol{x} \neq \boldsymbol{0}$ があって，$A\boldsymbol{x} = \boldsymbol{0}$ である．よって，$T_A(\boldsymbol{x}) = \boldsymbol{0}$ となるが，これは T_A が単射であることに反する．よって，A は正則行列である．$T_A \circ T_{A^{-1}} = T_{A^{-1}} \circ T_A = T_E$ は恒等写像なので，T_A の逆写像は $T_{A^{-1}}$ であることがわかる．□

数ベクトル空間以外の線形写像　ここまで専ら，数ベクトル空間の間の線形写像の例ばかりみてきたが，数ベクトル空間でないベクトル空間の間の線形写像の例もみてみよう．

例題 5.1.11

$\mathbb{R}[x]_n$ を実数を係数とする n 次以下の多項式の集合を表す．これは $\mathbb{R}$ ベクトル空間である (4.1 節)．次の写像は線形写像かどうか判定せよ．

（1） $T : \mathbb{R}[x]_n \to \mathbb{R}[x]_{n+1}$, $T(f(x)) = xf(x)$.

（2） $T : \mathbb{R}[x]_n \to \mathbb{R}[x]_{2n}$, $T(f(x)) = f(x)^2 + f(x)$.

（3） $T : \mathbb{R}[x]_n \to \mathbb{R}[x]_{n-1}$, $T(f(x)) = f'(x)$.

［解答］ (1)　$T(f+g) = x(f+g) = xf + xg = T(f) + T(g)$ なので，条件 **(L1)** が成り立つ．また，$a \in K$ について，$T(af) = x \cdot af = a(xf) = aT(f)$ なので，条件 **(L2)** も成り立つ．よって，T は線形写像である．

(2)　$T(f+g) = (f+g)^2 + (f+g) = f^2 + 2fg + g^2 + f + g$ であるから，$fg \neq 0$ のとき，$T(f+g) \neq T(f) + T(g)$ である．条件 **(L1)** を満たさないので，T は線形写像でない．(別解：$T(af) = a^2 f^2 + af$ なので，$a \neq 0, 1$, $f \neq 0$ のとき，$T(af) \neq aT(f)$ である．条件 **(L2)** を満たさないので，T は線形写像でない．)

(3)　$T(f+g) = (f+g)' = f' + g' = T(f) + T(g)$ なので，条件 **(L1)** が成り立つ．また，$T(af) = (af)' = af' = aT(f)$ なので，条件 **(L2)** も成り立つ．よって，T は線形写像である．

例題 5.1.11 (3) でみたように，関数の微分は線形写像である．より一般に，

$$f \longmapsto a_n(x)\frac{d^n f}{dx^n} + a_{n-1}(x)\frac{d^{n-1} f}{dx^{n-1}} + \cdots + a_0(x)f$$

という写像は，(開区間 I 上の) C^{n+r} 級関数のなすベクトル空間から C^r 級関数のなすベクトル空間への線形写像を定める．これを線形常微分作用素とよび，

$$a_n(x)\frac{d^n f}{dx^n} + a_{n-1}(x)\frac{d^{n-1} f}{dx^{n-1}} + \cdots + a_0(x)f = 0$$

という形をした微分方程式を，**線形常微分方程式**という．“線形” とつくのは，対応する微分作用素が線形写像であることに由来している (なお，“常” とは変数の個数が 1 個であることを意味する).

例題 5.1.12

K に成分をもつ n 次正方行列の集合を $\mathrm{M}_n(K)$ とおく．これは K ベクトル空間である (4.1 節). 次の写像は線形写像かどうか判定せよ．

（1） $T : \mathrm{M}_n(K) \to \mathrm{M}_n(K)$, $T(X) = AX - XB$.

（2） $T : \mathrm{M}_n(K) \to \mathrm{M}_n(K)$, $T(X) = {}^{\mathrm{t}}X$.

（3） $K = \mathbb{C}$ のとき，$T : \mathrm{M}_n(\mathbb{C}) \to \mathrm{M}_n(\mathbb{C})$, $T(X) = \overline{X}$. ただし，$\overline{X}$ は行列 X の各成分の複素共役をとった行列を表す．

[解答] (1) $T(X+Y) = A(X+Y) - (X+Y)B = (AX - XB) + (AY - YB) = T(X) + T(Y)$ なので，条件 **(L1)** が成り立つ．また，$a \in K$ について，$T(aX) = A(aX) - (aX)B = a(AX - XB) = aT(X)$ なので，条件 **(L2)** も成り立つ．よって，T は線形写像である．

(2) $T(X+Y) = {}^{\mathrm{t}}(X+Y) = {}^{\mathrm{t}}X + {}^{\mathrm{t}}Y = T(X) + T(Y)$ なので，条件 **(L1)** が成り立つ．また，$a \in K$ について，$T(aX) = {}^{\mathrm{t}}(aX) = a\,{}^{\mathrm{t}}X = aT(X)$ なので，条件 **(L2)** も成り立つ．よって，T は線形写像である．

(3) $T(X+Y) = \overline{X+Y} = \overline{X} + \overline{Y} = T(X) + T(Y)$ なので，条件 **(L1)** が成り立つ．しかし，$a \in \mathbb{C}$ について，$T(aX) = \overline{aX} = \bar{a}\overline{X}$ であるから，$a \neq \bar{a}$ のとき，$T(aX) \neq aT(X)$ である．よって，条件 **(L2)** を満たさないので，T は線形写像でない．

問題 5.1

1. 次の写像は線形写像であるかどうかを判定せよ．

（1） $f:\mathbb{R}^3 \to \mathbb{R}^2,\ f(\boldsymbol{x}) = \begin{bmatrix} x_1+1 \\ x_2-4x_3 \end{bmatrix}$

（2） $f:\mathbb{R}^4 \to \mathbb{R}^3,\ f(\boldsymbol{x}) = \begin{bmatrix} x_1+x_2-x_4 \\ x_1-2x_2-x_4 \\ 5x_3-x_4 \end{bmatrix}$

（3） $f:\mathbb{R}^2 \to \mathbb{R}^3,\ f(\boldsymbol{x}) = \begin{bmatrix} -2x_1+x_2 \\ -3x_2 \\ x_1-4x_2 \end{bmatrix}$

（4） $f:\mathbb{R}^3 \to \mathbb{R},\ f(\boldsymbol{x}) = x_1+x_2+x_3+x_1x_2x_3$

2. 次の写像は線形写像であるかどうかを判定せよ．

（1） $f:\mathbb{R}[x]_3 \to \mathbb{R},\ f(a_0+a_1x+a_2x^2+a_3x^3) = a_0+2a_1-a_2$

（2） $f:\mathbb{R}[x]_2 \to \mathbb{R}[x]_1,\ f(a_0+a_1x+a_2x^2) = 3a_1-a_2x$

（3） $f:\mathrm{M}_n(\mathbb{R}) \to \mathrm{M}_r(\mathbb{R}),\ f\left(\begin{bmatrix} a_{11} & \cdots & a_{1n} \\ \vdots & & \vdots \\ a_{n1} & \cdots & a_{nn} \end{bmatrix}\right) = \begin{bmatrix} a_{11} & \cdots & a_{1r} \\ \vdots & & \vdots \\ a_{r1} & \cdots & a_{rr} \end{bmatrix}$

（4） $f:\mathrm{M}_n(\mathbb{R}) \to \mathbb{R},\ f(A) = \det A$. ただし，$n$ は 2 以上の整数である．

3. ベクトル空間の間の写像 $f:U \to V$ で次の性質を満たすものを構成せよ．

（1） 定義 5.1.1 における条件 **(L1)** を満たすが，条件 **(L2)** を満たさない．

（2） 定義 5.1.1 における条件 **(L2)** を満たすが，条件 **(L1)** を満たさない．

4. 線形写像の和，スカラー倍，合成はすべて線形写像であることを示せ．

5. $f:U \to V$ をベクトル空間の間の線形写像とする．ベクトル $\boldsymbol{v} \in V$ について

$$W = \{\boldsymbol{x} \in U \mid f(\boldsymbol{x}) = \boldsymbol{v}\}$$

が U の部分空間になるための条件を求めよ．

5.2 線形写像の像と核

線形写像 $f: U \to V$ に対し,

$$\mathrm{Im}(f) = \{f(\boldsymbol{u}) \mid \boldsymbol{u} \in U\}$$

とおいて,これを f の**像**という.Im は image の略である.

$$\mathrm{Ker}(f) = \{\boldsymbol{u} \in U \mid f(\boldsymbol{u}) = \boldsymbol{0}\}$$

とおいて,これを f の**核**という.Ker は kernel の略である.

定理 5.2.1

Ker(f) は U の部分空間であり,Im(f) は V の部分空間である.

[証明] Im(f) についてのみ示す (Ker(f) については読者の演習問題とする).$f(\boldsymbol{0}) = \boldsymbol{0}$ (例題 5.1.6 (1)) だから,$\boldsymbol{0} \in \mathrm{Im}(f)$ である.$\boldsymbol{x}, \boldsymbol{y} \in \mathrm{Im}(f)$ とすると,あるベクトル $\boldsymbol{u}, \boldsymbol{v} \in U$ があって,$\boldsymbol{x} = f(\boldsymbol{u})$, $\boldsymbol{y} = f(\boldsymbol{v})$ と表される.

$$a\boldsymbol{x} + b\boldsymbol{y} = af(\boldsymbol{u}) + bf(\boldsymbol{v}) = f(a\boldsymbol{u} + b\boldsymbol{v})$$

なので,$a\boldsymbol{x} + b\boldsymbol{y} \in \mathrm{Im}(f)$ である.以上で,部分空間の条件が確かめられたので,Im(f) は V の部分空間である.□

例 5.2.2 (m, n) 型行列 $A = \begin{bmatrix} \boldsymbol{a}_1 & \ldots & \boldsymbol{a}_n \end{bmatrix}$ の定める線形写像 $T_A : K^n \to K^m$ の像は,$T_A(\boldsymbol{e}_1), \ldots, T_A(\boldsymbol{e}_n)$ の生成する部分空間である ($\boldsymbol{e}_1, \ldots, \boldsymbol{e}_n$ は K^n の標準基底).したがって,$\mathrm{Im}(T_A) = \langle \boldsymbol{a}_1, \ldots, \boldsymbol{a}_n \rangle$ である.また,核は $\mathrm{Ker}(T_A) = \{\boldsymbol{x} \in K^n \mid A\boldsymbol{x} = \boldsymbol{0}\}$ と表されるから,連立 1 次方程式 $A\boldsymbol{x} = \boldsymbol{0}$ の解空間である.

例題 5.2.3

行列

$$A = \begin{bmatrix} 0 & 2 & 4 & 2 \\ 1 & 2 & 3 & 1 \\ -2 & -1 & 0 & 1 \end{bmatrix}$$

の定める線形写像 $T_A : \mathbb{R}^4 \to \mathbb{R}^3$ について,次の問いに答えよ.

(1) T_A の核の基底を 1 つ求めよ.

(2) T_A の像の基底を 1 つ求めよ.

[解答]　(1)　T_A の核 $\mathrm{Ker}(T_A) = \{\boldsymbol{x} \in \mathbb{R}^4 \mid A\boldsymbol{x} = \boldsymbol{0}\}$ は，連立 1 次方程式 $A\boldsymbol{x} = \boldsymbol{0}$ の解空間である．その基底は例題 4.3.15 の解答と同じ方法で求めることができる．A の行簡約化を求めると

$$B = \begin{bmatrix} 1 & 0 & -1 & -1 \\ 0 & 1 & 2 & 1 \\ 0 & 0 & 0 & 0 \end{bmatrix}$$

であるから，$A\boldsymbol{x} = \boldsymbol{0}$ の一般解は

$$\boldsymbol{x} = \begin{bmatrix} c_1 + c_2 \\ -2c_1 - c_2 \\ c_1 \\ c_2 \end{bmatrix} = c_1 \begin{bmatrix} 1 \\ -2 \\ 1 \\ 0 \end{bmatrix} + c_2 \begin{bmatrix} 1 \\ -1 \\ 0 \\ 1 \end{bmatrix} \quad (c_1, c_2 \text{ は任意定数})$$

と表される．右辺の 2 つのベクトルが線形独立であることは，第 3,4 成分に注目すればすぐにわかるので，これらが $\mathrm{Ker}(T_A)$ の基底を与える．

(2)　T_A の像 $\mathrm{Im}(T_A)$ は 4 つのベクトル

$$\boldsymbol{a}_1 = \begin{bmatrix} 0 \\ 1 \\ -2 \end{bmatrix}, \quad \boldsymbol{a}_2 = \begin{bmatrix} 2 \\ 2 \\ -1 \end{bmatrix}, \quad \boldsymbol{a}_3 = \begin{bmatrix} 4 \\ 3 \\ 0 \end{bmatrix}, \quad \boldsymbol{a}_4 = \begin{bmatrix} 2 \\ 1 \\ 1 \end{bmatrix}$$

で生成される部分空間である．したがって，ベクトルの集合 $\{\boldsymbol{a}_1, \boldsymbol{a}_2, \boldsymbol{a}_3, \boldsymbol{a}_4\}$ における線形独立なベクトルの最大個数が $\mathrm{Im}(T_A)$ の次元であり，最大個数を与えるベクトルの組がその基底である．それらは例題 4.2.20 の解答と同じ方法で求めることができる．(1) で求めた行簡約化 B から，$\boldsymbol{a}_1, \boldsymbol{a}_2$ が線形独立であり，$\boldsymbol{a}_3, \boldsymbol{a}_4$ はこの 2 つのベクトルの線形結合で表されることがわかる．したがって，$\boldsymbol{a}_1, \boldsymbol{a}_2$ が $\mathrm{Im}(T_A)$ の基底を与える．

定理 5.2.4

線形写像 $f : U \to V$ について，f が単射になることと，$\mathrm{Ker}(f) = \{\boldsymbol{0}\}$ が成り立つことは同値である．

[証明]　f は線形写像なので $f(\boldsymbol{0}) = \boldsymbol{0}$ である (例題 5.1.6 (1))．よって，f が単射であれば $f(\boldsymbol{x}) = \boldsymbol{0}$ となる $\boldsymbol{x}$ は $\boldsymbol{0}$ しかない．したがって，$\mathrm{Ker}(f) = \{\boldsymbol{0}\}$ である．逆を示す．$f(\boldsymbol{x}) = f(\boldsymbol{y})$ ならば $f(\boldsymbol{x} - \boldsymbol{y}) = f(\boldsymbol{x}) - f(\boldsymbol{y}) = \boldsymbol{0}$ なので $\boldsymbol{x} - \boldsymbol{y} \in \mathrm{Ker}(f)$

である．よって，$\mathrm{Ker}(f) = \{\mathbf{0}\}$ であるとすると，$f(\boldsymbol{x}) = f(\boldsymbol{y})$ ならば $\boldsymbol{x} = \boldsymbol{y}$ が成り立つ．したがって，f は単射である．□

定理 5.2.5　**次元公式**

$f : U \to V$ を線形写像とし，U は有限次元であるとする．このとき

$$\dim \mathrm{Ker}(f) + \dim \mathrm{Im}(f) = \dim U$$

特に，f が全射 (つまり $\mathrm{Im}(f) = V$) ならば $\dim U \geqq \dim V$ であり，f が単射ならば $\dim U \leqq \dim V$ である．

［証明］　$\mathrm{Ker}(f), \mathrm{Im}(f)$ の基底をそれぞれ $\boldsymbol{u}_1, \ldots, \boldsymbol{u}_r$ および $\boldsymbol{v}_1, \ldots, \boldsymbol{v}_s$ とする．$\boldsymbol{v}_i = f(\boldsymbol{u}_{r+i})$ となる U のベクトル $\boldsymbol{u}_{r+i}$ を 1 つとる．このとき，$r+s$ 個のベクトル $\boldsymbol{u}_1, \ldots, \boldsymbol{u}_r, \boldsymbol{u}_{r+1}, \ldots, \boldsymbol{u}_{r+s}$ が U の基底であることを示せばよい．

【線形独立であること】

$$a_1\boldsymbol{u}_1 + \cdots + a_r\boldsymbol{u}_r + a_{r+1}\boldsymbol{u}_{r+1} + \cdots + a_{r+s}\boldsymbol{u}_{r+s} = \mathbf{0}$$

とする．両辺を f で写すと，左辺の前半のベクトルは $\mathrm{Ker}(f)$ に属することから

$$\begin{aligned} f(a_{r+1}\boldsymbol{u}_{r+1} + \cdots + a_{r+s}\boldsymbol{u}_{r+s}) &= a_{r+1}f(\boldsymbol{u}_{r+1}) + \cdots + a_{r+s}f(\boldsymbol{u}_{r+s}) \\ &= a_{r+1}\boldsymbol{v}_1 + \cdots + a_{r+s}\boldsymbol{v}_s \\ &= \mathbf{0} \end{aligned}$$

であるが，$\boldsymbol{v}_1, \ldots, \boldsymbol{v}_s$ は線形独立なので，$a_{r+1} = \cdots = a_{r+s} = 0$ を得る．よって

$$a_1\boldsymbol{u}_1 + \cdots + a_r\boldsymbol{u}_r = \mathbf{0}$$

であるが，$\boldsymbol{u}_1, \ldots, \boldsymbol{u}_r$ も線形独立なので，$a_1 = \cdots = a_r = 0$ である．したがって，すべての a_i が 0 であることが示されたから，$\boldsymbol{u}_1, \ldots, \boldsymbol{u}_r, \boldsymbol{u}_{r+1}, \ldots, \boldsymbol{u}_{r+s}$ は線形独立である．

【生成すること】　$\boldsymbol{u}$ を U の任意のベクトルとする．$f(\boldsymbol{u})$ は $\mathrm{Im}(f)$ に属するから，

$$f(\boldsymbol{u}) = b_1\boldsymbol{v}_1 + \cdots + b_s\boldsymbol{v}_s$$

という線形結合で書ける．$\boldsymbol{u}' = \boldsymbol{u} - (b_1\boldsymbol{u}_{r+1} + \cdots + b_s\boldsymbol{u}_{r+s})$ とおくと，

$$\begin{aligned} f(\boldsymbol{u}') &= f(\boldsymbol{u}) - (b_1f(\boldsymbol{u}_{r+1}) + \cdots + b_sf(\boldsymbol{u}_{r+s})) \\ &= f(\boldsymbol{u}) - (b_1\boldsymbol{v}_1 + \cdots + b_s\boldsymbol{v}_s) \\ &= \mathbf{0} \end{aligned}$$

であるから，$\boldsymbol{u}' \in \mathrm{Ker}(f)$ である．したがって

$$\boldsymbol{u}' = a_1\boldsymbol{u}_1 + \cdots + a_r\boldsymbol{u}_r$$

という線形結合で書ける．したがって，

$$\boldsymbol{u} = a_1\boldsymbol{u}_1 + \cdots + a_r\boldsymbol{u}_r + b_1\boldsymbol{u}_{r+1} + \cdots + b_s\boldsymbol{u}_{r+s}$$

となって，すべてのベクトルが $\boldsymbol{u}_1, \ldots, \boldsymbol{u}_r, \boldsymbol{u}_{r+1}, \ldots, \boldsymbol{u}_{r+s}$ で生成されることが示される．□

線形代数学において，ベクトル空間の線形写像が，単射かどうか，または全射かどうかを調べることが，しばしばある．しかし，次の定理のように，ベクトル空間の次元がわかっている場合，どちらか一方だけで済むことがある．次元公式 (定理 5.2.5) の応用例の 1 つである．

定理 5.2.6

U, V を有限次元ベクトル空間，$f : U \to V$ を線形写像とする．

（1） f が全射で，$\dim U \leqq \dim V$ ならば，f は単射である．

（2） f が単射で，$\dim U \geqq \dim V$ ならば，f は全射である．

[証明] (1) f が全射かつ $\dim U \leqq \dim V$ ならば，定理 5.2.5 より，$\dim U = \dim V$ であり，

$$\dim U = \dim \mathrm{Ker}(f) + \dim \mathrm{Im}(f) = \dim \mathrm{Ker}(f) + \dim V$$

より，$\dim \mathrm{Ker}(f) = 0$ である．よって，$\mathrm{Ker}(f) = \{\boldsymbol{0}\}$ であるから，定理 5.2.4 より，f は単射である．

(2) f が単射かつ $\dim U \geqq \dim V$ ならば，定理 5.2.5 より，$\dim U = \dim V$ であり，

$$\dim U = \dim \mathrm{Ker}(f) + \dim \mathrm{Im}(f) = \dim \mathrm{Im}(f)$$

であるから, $\dim V = \dim \mathrm{Im}(f)$ となる．よって, 命題 4.3.21 (2) より, $V = \mathrm{Im}(f)$ となって f は全射である．□

線形写像の階数　ベクトル空間の間の線形写像 $f : U \to V$ の**階数**を，f の像の次元として定義する．

$$\mathrm{rank}(f) = \dim \mathrm{Im}(f)$$

第 2 章では，行列 A の標準形

$$PAQ = \begin{bmatrix} E_r & O \\ O & O \end{bmatrix} \quad (P, Q \text{ は正則行列，} E_r \text{ は } r \text{ 次単位行列})$$

を用いて，r を A の階数と定義した．行列 A に対して，$T_A(\boldsymbol{x}) = A\boldsymbol{x}$ で与えられる線形写像が定まるが，このとき線形写像 T_A の階数と行列 A の階数が一致することをみよう．

定理 5.2.7 ─── **行列の階数と像の次元**

A を (m, n) 型行列とし，$T_A : K^n \to K^m$ を $T_A(\boldsymbol{x}) = A\boldsymbol{x}$ で与えられる線形写像とする．このとき，

$$\operatorname{rank}(T_A) = \operatorname{rank}(A)$$

が成り立つ．

[証明] A の列ベクトルを $\boldsymbol{a}_1, \ldots, \boldsymbol{a}_n$ とすると，系 4.2.18 より，$\operatorname{rank}(A) = r_{\max}(\boldsymbol{a}_1, \ldots, \boldsymbol{a}_n)$ である．一方，$\operatorname{Im}(T_A) = \langle \boldsymbol{a}_1, \ldots, \boldsymbol{a}_n \rangle$ なので，定理 4.3.17 (1) より，$\dim \operatorname{Im}(T_A) = r_{\max}(\boldsymbol{a}_1, \ldots, \boldsymbol{a}_n)$ であり，これが定義より $\operatorname{rank}(T_A)$ である．よって，$\operatorname{rank}(T_A) = \operatorname{rank}(A)$ である．□

行列の階数と小行列式　A を (m, n) 型行列とする．r を n, m を超えない正整数とする．A から r 個の行ベクトルを取り出して $r \times n$ 行列とし，そこからさらに r 個の列を取り出して $r \times r$ 行列をつくる．言い換えると，$1 \leqq i_1 < i_2 < \cdots < i_r \leqq m$ および $1 \leqq j_1 < j_2 < \cdots < j_r \leqq n$ を選んで，r 次正方行列

$$A_{I,J} = \begin{bmatrix} a_{i_1 j_1} & a_{i_1 j_2} & \ldots & a_{i_1 j_r} \\ a_{i_2 j_1} & a_{i_2 j_2} & \ldots & a_{i_2 j_r} \\ \vdots & & & \vdots \\ a_{i_r j_1} & a_{i_r j_2} & \ldots & a_{i_r j_r} \end{bmatrix}$$

をつくる．ただし，$I = (i_1, i_2, \ldots, i_r)$, $J = (j_1, j_2, \ldots, j_r)$ とおいた．このとき，行列式 $|A_{I,J}|$ を r **次小行列式**という．r 次小行列式は，全部で ${}_m\mathrm{C}_r \times {}_n\mathrm{C}_r$ 個ある．便宜上，0 次小行列式は 1 とし，$r > n$ または $r > m$ のとき r 次小行列式は 0 と定義する．

補題 5.2.8

$\boldsymbol{a}_1, \boldsymbol{a}_2, \ldots, \boldsymbol{a}_r$ を n 次元列ベクトルとし，このとき，$\boldsymbol{a}_1, \boldsymbol{a}_2, \ldots, \boldsymbol{a}_r$ が線形独立であるための必要十分条件は，$A = \begin{bmatrix} \boldsymbol{a}_1 & \boldsymbol{a}_2 & \cdots & \boldsymbol{a}_r \end{bmatrix}$ が0でない r 次小行列式をもつことである．

［証明］ A が0でない r 次小行列式をもつとする．よって，A からある $n-r$ 個の行ベクトルを除いた行列を A' とすれば $\det(A') \neq 0$ である．このとき，A' の列ベクトルは線形独立である．したがって，A の列ベクトルも線形独立である (問題4.2.4 (1))．逆を示すには，A のすべての r 次小行列式が0であるとき，$\boldsymbol{a}_1, \boldsymbol{a}_2, \ldots, \boldsymbol{a}_r$ が線形従属であることをいえばよい．A の行ベクトルを $\boldsymbol{b}_1, \boldsymbol{b}_2, \ldots, \boldsymbol{b}_n$ とし，それらのうち線形独立なものの最大個数を s とする．仮定より，$s < r$ である．$\boldsymbol{b}_{i_1}, \boldsymbol{b}_{i_2}, \ldots, \boldsymbol{b}_{i_s}$ が線形独立であるとすれば，任意の $\boldsymbol{b}_k$ は $\boldsymbol{b}_{i_1}, \boldsymbol{b}_{i_2}, \ldots, \boldsymbol{b}_{i_s}$ の線形結合で表される．よって，A の行簡約化を B とすると，B の零でない行ベクトルは s 個しかないので連立1次方程式 $A\boldsymbol{x} = \boldsymbol{0}$ は零でない解をもつ．これは A の列ベクトル $\boldsymbol{a}_1, \boldsymbol{a}_2, \ldots, \boldsymbol{a}_r$ が線形従属であることを意味する．□

定理 5.2.9

行列 A の階数は，$|A_{I,J}| \neq 0$ となるような I, J の長さの最大数と一致する．

［証明］ A の階数を r とする．A の列ベクトルを $\boldsymbol{a}_1, \boldsymbol{a}_2, \ldots, \boldsymbol{a}_m$ とすると，系 4.2.18 より，ある r 個の $\boldsymbol{a}_{j_1}, \boldsymbol{a}_{j_2}, \ldots, \boldsymbol{a}_{j_r}$ は線形独立である．補題 5.2.8 より，行列 $A' = \begin{bmatrix} \boldsymbol{a}_{j_1} & \boldsymbol{a}_{j_2} & \ldots & \boldsymbol{a}_{j_r} \end{bmatrix}$ は0でない r 次小行列式をもつ．よって，A も零でない r 次小行列式をもつ．あとは，A の任意の $r+1$ 次以上の小行列式が0であることを示せばよい．A の階数は r なので，系 4.2.18 より，任意の $r+1$ 個以上の列ベクトル $\boldsymbol{a}_{j_1}, \boldsymbol{a}_{j_2}, \ldots, \boldsymbol{a}_{j_s}$ は線形従属である．補題 5.2.8 より，行列 $A'' = \begin{bmatrix} \boldsymbol{a}_{j_1} & \boldsymbol{a}_{j_2} & \ldots & \boldsymbol{a}_{j_s} \end{bmatrix}$ の任意の s 次小行列式は0である．よって，A の任意の $r+1$ 次以上の小行列式は0である．□

行列の階数の性質まとめ

[1] A の行簡約化を B とするとき，B の零でない行ベクトルの個数は A の階数である．

[2] A の列簡約化を C とするとき，C の零でない列ベクトルの個数は A の階数である．

[3] A の標準形を $PAQ = \begin{bmatrix} E_r & O \\ O & O \end{bmatrix}$ とするとき，r は A の階数である．

[4] A の列ベクトルのうち，線形独立なものの最大個数は A の階数である．

[5] A の行ベクトルのうち，線形独立なものの最大個数は A の階数である．

[6] $\mathrm{rank}(A) = \mathrm{rank}({}^{\mathrm{t}}A)$ が成り立つ．

[7] 任意の正則行列 P について，$\mathrm{rank}(PA) = \mathrm{rank}(A)$ が成り立つ．

[8] 任意の正則行列 Q について，$\mathrm{rank}(AQ) = \mathrm{rank}(A)$ が成り立つ．

[9] 小行列式 $|A_{I,J}| \neq 0$ のうち，I, J の長さの最大数を r とすれば，r は A の階数である．

本書では，[3] をもって行列の階数の定義としている (定義 2.3.2)．[1] と [2] が成り立つことは定理 2.3.6 (4) による．[4] と [5] は系 4.2.18 による．[6] が成り立つことは注意 2.3.9 をみよ．[6] を使えば，[1] と [2] が同値であること，および [4] と [5] が同値であることがわかる．[7] は [4] から従い，[8] は [5] から従う (あるいは [6] を使って [7] から [8] を導いてもよい)．[9] は定理 5.2.9 そのものである．階数の定義は，[3] ではなく，[1],[2],[4],[5] のいずれかで与えることも可能であり，実際，そうしている文献も多い．状況に応じて，それぞれの性質を使い分けられるようにしたい．

問題 5.2

1. 次の線形写像の像と核の基底をそれぞれ求めよ．

（1）　$f : \mathbb{R}^3 \to \mathbb{R}^2,\ f(\boldsymbol{x}) = \begin{bmatrix} x_2 - x_3 \\ x_1 + 3x_2 + 4x_3 \end{bmatrix}$

（2）　$f : \mathbb{R}^3 \to \mathbb{R}^4,\ f(\boldsymbol{x}) = \begin{bmatrix} x_1 + 3x_3 \\ -x_1 + 2x_2 + x_3 \\ 3x_1 - 4x_2 + x_3 \\ 2x_1 - 3x_2 \end{bmatrix}$

（3）　$f : \mathbb{R}^5 \to \mathbb{R}^3,\ f(\boldsymbol{x}) = \begin{bmatrix} 2x_1 + x_2 - 3x_4 \\ 2x_1 - x_2 + x_3 + 3x_4 + 4x_5 \\ 4x_1 + x_3 + 4x_5 \end{bmatrix}$

2. 例題 3.5.3 で，相異なる $a_1, a_2, \ldots, a_n \in K$ に対し，写像

$$T : K[x]_{n-1} \to K^n, \quad T(g(x)) = (g(a_1), g(a_2), \ldots, g(a_n))$$

が全射かつ単射になることをヴァンデルモンドの行列式を用いて示した．これの別証明を以下のようにして与えよ．

（1）　T は線形写像であることを示せ．

（2）　$\mathrm{Ker}(T) = \{\mathbf{0}\}$ を示せ．

（3）　T は同型写像であることを示せ．

3. V を n 次元ベクトル空間とする．線形変換 $f : V \to V$ は $f \circ f = 0$ を満たすとする．このとき，$\mathrm{Im}(f)$ の次元は $n/2$ 以下であることを示せ．

4. $f : U \to V,\ g : V \to W$ を有限次元ベクトル空間の間の線形写像とする．$\mathrm{Im}(f) = \mathrm{Ker}(g)$ のとき，$\mathrm{rank}(f), \mathrm{rank}(g), \dim V$ の間に成り立つ関係式を求めよ．

5. $n \geqq 2$ とする．n 次正方行列 A の余因子行列を $\widetilde{A}$ とする．

（1）　$\mathrm{rank}(A) \leqq n-2$ のとき，$\widetilde{A} = O$ を示せ．

（2）　$\mathrm{rank}(A) = n-1$ のとき，$\mathrm{rank}(\widetilde{A}) = 1$ を示せ．

（3）　$n \geqq 3$ のとき，$\det(A) = 0$ ならば，$\widetilde{A}$ の余因子行列は零行列であることを示せ．

5.3 表現行列

K 上のベクトル空間 U, V の間の線形写像 $f : U \to V$ を基底を使って表現してみよう．

U の基底を $\boldsymbol{u}_1, \boldsymbol{u}_2, \ldots, \boldsymbol{u}_n$ とし，V の基底を $\boldsymbol{v}_1, \boldsymbol{v}_2, \ldots, \boldsymbol{v}_m$ とする．基底の条件から，任意のベクトル $\boldsymbol{u} \in U$ は

$$\boldsymbol{u} = a_1\boldsymbol{u}_1 + a_2\boldsymbol{u}_2 + \cdots + a_n\boldsymbol{u}_n \qquad (a_i \in K)$$

という線形結合による表示をただ 1 つもつ．このとき

$$\begin{aligned} f(\boldsymbol{u}) &= f(a_1\boldsymbol{u}_1 + a_2\boldsymbol{u}_2 + \cdots + a_n\boldsymbol{u}_n) \\ &= a_1 f(\boldsymbol{u}_1) + a_2 f(\boldsymbol{u}_2) + \cdots + a_n f(\boldsymbol{u}_n) \end{aligned}$$

であるから，n 個の V のベクトル $f(\boldsymbol{u}_1), f(\boldsymbol{u}_2), \ldots, f(\boldsymbol{u}_n)$ が決まれば，線形写像 f は決まってしまう．逆に，n 個の V のベクトル $f(\boldsymbol{u}_1), f(\boldsymbol{u}_2), \ldots, f(\boldsymbol{u}_n)$ を与えたとき，線形写像 f は一意に決まる．各 $f(\boldsymbol{u}_j)$ は V の基底 $\boldsymbol{v}_1, \ldots, \boldsymbol{v}_m$ を用いて

$$f(\boldsymbol{u}_j) = a_{1j}\boldsymbol{v}_1 + a_{2j}\boldsymbol{v}_2 + \cdots + a_{mj}\boldsymbol{v}_m \qquad (a_{ij} \in K) \tag{5.1}$$

と一意に表される．したがって，線形写像 f を与えることと nm 個の K の元のデータ (a_{ij}) を与えることは同値であることがわかる．このとき，(m, n) 型行列

$$\begin{bmatrix} a_{11} & a_{12} & \cdots & a_{1n} \\ a_{21} & a_{22} & \cdots & a_{2n} \\ \vdots & \vdots & & \vdots \\ a_{m1} & a_{m2} & \cdots & a_{mn} \end{bmatrix}$$

を，基底 $\boldsymbol{u}_1, \boldsymbol{u}_2, \ldots, \boldsymbol{u}_n$ と $\boldsymbol{v}_1, \boldsymbol{v}_2, \ldots, \boldsymbol{v}_m$ に関する f の**表現行列**という．これは次の形で覚えておくと便利である (4.2 節の式 (4.6))

$$\Big(f(\boldsymbol{u}_1), \quad f(\boldsymbol{u}_2), \quad \cdots, \quad f(\boldsymbol{u}_n)\Big) = \Big(\boldsymbol{v}_1, \quad \boldsymbol{v}_2, \quad \cdots, \quad \boldsymbol{v}_m\Big) \begin{bmatrix} a_{11} & a_{12} & \cdots & a_{1n} \\ a_{21} & a_{22} & \cdots & a_{2n} \\ \vdots & \vdots & & \vdots \\ a_{m1} & a_{m2} & \cdots & a_{mn} \end{bmatrix}$$

ここで，$f(\boldsymbol{u}_j)$ や $\boldsymbol{v}_i$ はベクトルであって K の元ではないから，$\Big(f(\boldsymbol{u}_1), \cdots, f(\boldsymbol{u}_n)\Big)$ や $\Big(\boldsymbol{v}_1, \cdots, \boldsymbol{v}_m\Big)$ は，厳密な意味での行列ではない．しかし，行列だと思って，右

辺は行列の積を表していると考えると，これはちょうど n 個の式 (5.1) をまとめて書いたものになっている．

例 5.3.1 (m,n) 型行列 A の定める線形写像 $T_A : K^n \to K^m$ の標準基底 $\boldsymbol{e}_1, \ldots, \boldsymbol{e}_n$ と $\boldsymbol{e}'_1, \ldots, \boldsymbol{e}'_m$ に関する表現行列を求めてみよう．定義より，

$$T_A(\boldsymbol{e}_j) = A\boldsymbol{e}_i = \begin{bmatrix} a_{1j} \\ a_{2j} \\ \vdots \\ a_{mj} \end{bmatrix} = a_{1j}\boldsymbol{e}'_i + a_{2j}\boldsymbol{e}'_2 + \cdots + a_{mj}\boldsymbol{e}'_m$$

だから

$$\Big(T_A(\boldsymbol{e}_1), \quad T_A(\boldsymbol{e}_2), \quad \cdots, \quad T_A(\boldsymbol{e}_n)\Big) = \Big(\boldsymbol{e}'_1, \quad \boldsymbol{e}'_2, \quad \cdots, \quad \boldsymbol{e}'_m\Big) A$$

である．よって，T_A の標準基底に関する表現行列は A そのものである．

例題 5.3.2

U を，$\boldsymbol{w}_1, \boldsymbol{w}_2$ を基底とする 2 次元ベクトル空間とし，V を，$\boldsymbol{w}'_1, \boldsymbol{w}'_2, \boldsymbol{w}'_3$ を基底とする 3 次元ベクトル空間とする．線形写像 $f : U \to V$ を

$$f(\boldsymbol{w}_1) = 3\boldsymbol{w}'_1 - 2\boldsymbol{w}'_3, \quad f(\boldsymbol{w}_2) = -\boldsymbol{w}'_1 + \boldsymbol{w}'_2 + \boldsymbol{w}'_3$$

を満たす写像とする．

(1) 基底 $\boldsymbol{w}_1, \boldsymbol{w}_2$ と $\boldsymbol{w}'_1, \boldsymbol{w}'_2, \boldsymbol{w}'_3$ に関する f の表現行列を求めよ．

(2) $\boldsymbol{u}_1 = \boldsymbol{w}_1 + \boldsymbol{w}_2$, $\boldsymbol{u}_2 = \boldsymbol{w}_1 - \boldsymbol{w}_2$ とおく．基底 $\boldsymbol{u}_1, \boldsymbol{u}_2$ と $\boldsymbol{w}'_1, \boldsymbol{w}'_2, \boldsymbol{w}'_3$ に関する f の表現行列を求めよ．

(3) $\boldsymbol{v}_1 = \boldsymbol{w}'_1$, $\boldsymbol{v}_2 = \boldsymbol{w}'_2$, $\boldsymbol{v}_3 = \boldsymbol{w}'_1 + \boldsymbol{w}'_2 + \boldsymbol{w}'_3$ とおく．基底 $\boldsymbol{u}_1, \boldsymbol{u}_2$ と $\boldsymbol{v}_1, \boldsymbol{v}_2, \boldsymbol{v}_3$ に関する f の表現行列を求めよ．

[解答] (1) 写像 f は，行列を用いて

$$\Big(f(\boldsymbol{w}_1), \quad f(\boldsymbol{w}_2)\Big) = \Big(\boldsymbol{w}'_1, \quad \boldsymbol{w}'_2, \quad \boldsymbol{w}'_3\Big) \begin{bmatrix} 3 & -1 \\ 0 & 1 \\ -2 & 1 \end{bmatrix}$$

と表される．したがって，右辺の $(3,2)$ 型行列が求める表現行列である．

(2) $f(\boldsymbol{u}_j)$ $(j=1,2)$ を計算する．

$$f(\boldsymbol{u}_1)=f(\boldsymbol{w}_1)+f(\boldsymbol{w}_2)=(3\boldsymbol{w}_1'-2\boldsymbol{w}_3')+(-\boldsymbol{w}_1'+\boldsymbol{w}_2'+\boldsymbol{w}_3')$$
$$=2\boldsymbol{w}_1'+\boldsymbol{w}_2'-\boldsymbol{w}_3',$$

$$f(\boldsymbol{u}_2)=f(\boldsymbol{w}_1)-f(\boldsymbol{w}_2)=(3\boldsymbol{w}_1'-2\boldsymbol{w}_3')-(-\boldsymbol{w}_1'+\boldsymbol{w}_2'+\boldsymbol{w}_3')$$
$$=4\boldsymbol{w}_1'-\boldsymbol{w}_2'-3\boldsymbol{w}_3'.$$

よって

$$\begin{pmatrix} f(\boldsymbol{u}_1), & f(\boldsymbol{u}_2) \end{pmatrix}=\begin{pmatrix} \boldsymbol{w}_1' & \boldsymbol{w}_2' & \boldsymbol{w}_3' \end{pmatrix}\begin{bmatrix} 2 & 4 \\ 1 & -1 \\ -1 & -3 \end{bmatrix}$$

したがって，右辺の $(3,2)$ 型行列が求める表現行列である．

(3) (2) で求めた $f(\boldsymbol{u}_i)$ を基底 $\boldsymbol{v}_1,\boldsymbol{v}_2,\boldsymbol{v}_3$ を使って書き表すと，

$$f(\boldsymbol{u}_1)=2\boldsymbol{w}_1'+\boldsymbol{w}_2'-\boldsymbol{w}_3'=2\boldsymbol{v}_1+\boldsymbol{v}_2-(\boldsymbol{v}_3-\boldsymbol{v}_1-\boldsymbol{v}_2)=3\boldsymbol{v}_1+2\boldsymbol{v}_2-\boldsymbol{v}_3,$$

$$f(\boldsymbol{u}_2)=4\boldsymbol{w}_1'-\boldsymbol{w}_2'-3\boldsymbol{w}_3'=4\boldsymbol{v}_1-\boldsymbol{v}_2-3(\boldsymbol{v}_3-\boldsymbol{v}_1-\boldsymbol{v}_2)=7\boldsymbol{v}_1+2\boldsymbol{v}_2-3\boldsymbol{v}_3.$$

よって

$$\begin{pmatrix} f(\boldsymbol{w}_1), & f(\boldsymbol{w}_2) \end{pmatrix}=\begin{pmatrix} \boldsymbol{w}_1', & \boldsymbol{w}_2', & \boldsymbol{w}_3' \end{pmatrix}\begin{bmatrix} 3 & 7 \\ 2 & 2 \\ -1 & -3 \end{bmatrix}$$

したがって，右辺の $(3,2)$ 型行列が求める表現行列である．

定理 5.3.3

U の基底 $\boldsymbol{u}_1,\ldots,\boldsymbol{u}_n$ および V の基底 $\boldsymbol{v}_1,\ldots,\boldsymbol{v}_m$ を 1 組ずつ与える．これらの基底に関する線形写像 $f:U\to V$ の表現行列を A とし，また，U のベクトル $\boldsymbol{u}$ の座標を $\boldsymbol{a}$，V のベクトル $\boldsymbol{v}$ の座標を $\boldsymbol{b}$ とする．このとき，次が成り立つ．

$$f(\boldsymbol{u})=\boldsymbol{v} \iff A\boldsymbol{a}=\boldsymbol{b}$$

[証明] ベクトルの座標の定義 (4.3 節) より，$\boldsymbol{u}=\sum_{j=1}^{n}a_j\boldsymbol{u}_j$, $\boldsymbol{v}=\sum_{i=1}^{m}b_i\boldsymbol{v}_i$ と表

される．よって

$$f\left(\sum_{j=1}^{n} a_j \boldsymbol{u}_j\right) = \sum_{j=1}^{n} a_j f(\boldsymbol{u}_j) = \sum_{j=1}^{n} a_j \sum_{i=1}^{m} a_{ij} \boldsymbol{v}_i = \sum_{i=1}^{m} \left(\sum_{j=1}^{n} a_j a_{ij}\right) \boldsymbol{v}_i$$

であるから，したがって

$$f(\boldsymbol{u}) = \boldsymbol{v} \iff b_i = \sum_{j=1}^{n} a_j a_{ij}\,(i = 1, 2, \ldots, m) \iff A\boldsymbol{a} = \boldsymbol{b}$$

となって示される．□

定理 5.3.3 は，図式 $\begin{array}{ccc} U & \xrightarrow{f} & V \\ \downarrow & & \downarrow \\ K^n & \xrightarrow{T_A} & K^m \end{array}$ が可換であると言い換えることもできる．ただし，縦の写像はベクトルの座標を対応させる写像を表す．

定理 5.3.4

U, V, W をベクトル空間とし，U の基底 $\boldsymbol{u}_1, \ldots, \boldsymbol{u}_n$, V の基底 $\boldsymbol{v}_1, \ldots, \boldsymbol{v}_m$, W の基底 $\boldsymbol{w}_1, \ldots, \boldsymbol{w}_l$ をそれぞれ与えておく．

（1） $f, g : U \to V$ を 2 つの線形写像とし，上の基底に関する表現行列を A, B とする．このとき，$f + g$ の表現行列は $A + B$ である．

（2） a をスカラー，$f : U \to V$ を線形写像とし，その表現行列を A とする．このとき，af の表現行列は aA である．

（3） 線形写像 $f : U \to V$, $g : V \to W$ の上の基底に関する表現行列を A, B とする．このとき，$g \circ f$ の表現行列は BA である (定理 5.1.9 と比較せよ).

［証明］ (1), (2) は容易だから，(3) のみ示す．$A = (a_{jk})$, $B = (b_{ij})$ とすると，$f(\boldsymbol{u}_j) = \sum_{j=1}^{m} a_{kj} \boldsymbol{v}_k$, $g(\boldsymbol{v}_k) = \sum_{i=1}^{l} b_{ik} \boldsymbol{w}_i$ である．よって

$$(g \circ f)(\boldsymbol{u}_j) = \sum_{k=1}^{m} a_{kj} g(\boldsymbol{v}_k) = \sum_{k=1}^{m} a_{kj} \left(\sum_{i=1}^{l} b_{ik} \boldsymbol{w}_i\right) = \sum_{i=1}^{l} \left(\sum_{k=1}^{m} b_{ik} a_{kj}\right) \boldsymbol{w}_i$$

となるが，最後の式の $\boldsymbol{w}_k$ の係数は行列 BA の第 (i, j) 成分である．よって，$g \circ f$ の表現行列は BA である．□

行列のスカラー倍, 和, 積の定義は, 定理 5.3.4 からきている, 言い換えると, 定理 5.3.4 が成り立つように行列の演算を定義している. 例えば, 行列の積を,

$$AB = (a_{ij}b_{ij})$$

と定義してしまうと, 定理 5.3.4 (3) が成り立たない. 定理 5.3.4 (3) が常に成り立つようにするためには, 2.1 節のように積を定義する以外にない. 行列の和やスカラー倍はともかく, 積の定義は, 初めて見る者にとって奇異に映るかもしれない. その真意は線形写像を理解することで初めて明らかになる.

例題 5.3.5

定理 5.3.4 (3) を使って, 行列の積の結合律 $A(BC) = (AB)C$ を示せ.

[解答] T_A の標準基底に関する表現行列は A なので, 定理 5.3.4 (3) より

$$A(BC) = (AB)C \iff T_A \circ (T_B \circ T_C) = (T_A \circ T_B) \circ T_C$$

である. 右辺は写像の結合律 $f \circ (g \circ h) = (f \circ g) \circ h$ のことであり, これは写像一般について成り立つ事実である.

行列の結合律自体は, 定理 5.3.4 (3) を使わなくても, 直接示せることを注意しておく (問題 2.1.3).

表現行列の基底変換に伴う変換公式 U の 2 組の基底 $\boldsymbol{u}_1, \boldsymbol{u}_2, \ldots, \boldsymbol{u}_n$ と $\boldsymbol{u}'_1, \boldsymbol{u}'_2, \ldots, \boldsymbol{u}'_n$ を考える. 基底の性質から

$$\begin{pmatrix} \boldsymbol{u}'_1, & \boldsymbol{u}'_2, & \cdots, & \boldsymbol{u}'_n \end{pmatrix} = \begin{pmatrix} \boldsymbol{u}_1, & \boldsymbol{u}_2, & \cdots, & \boldsymbol{u}_n \end{pmatrix} P$$

を満たす正方行列 P が存在する. 定理 4.2.12 より, このような P は一意に定まる. この P を基底 $\boldsymbol{u}_1, \ldots, \boldsymbol{u}_n$ から $\boldsymbol{u}'_1, \ldots, \boldsymbol{u}'_n$ への**変換行列**という. 一方, 基底 $\boldsymbol{u}'_1, \ldots, \boldsymbol{u}'_n$ から $\boldsymbol{u}_1, \ldots, \boldsymbol{u}_n$ への変換行列 P' が定義される. P' は

$$\begin{pmatrix} \boldsymbol{u}_1, & \boldsymbol{u}_2, & \cdots, & \boldsymbol{u}_n \end{pmatrix} = \begin{pmatrix} \boldsymbol{u}'_1, & \boldsymbol{u}'_2, & \cdots, & \boldsymbol{u}'_n \end{pmatrix} P'$$

を満たすから

$$\begin{pmatrix} \boldsymbol{u}'_1, & \boldsymbol{u}'_2, & \cdots, & \boldsymbol{u}'_n \end{pmatrix} = \begin{pmatrix} \boldsymbol{u}'_1, & \boldsymbol{u}'_2, & \cdots, & \boldsymbol{u}'_n \end{pmatrix} P'P$$

となり, 一意性より, $P'P = E$ でなくてはならない. 同様に, $PP' = E$ である. したがって, P, P' は正則行列であり, $P' = P^{-1}$ である.

線形写像 $f : U \to V$ の表現行列は，U, V の基底を決めなければ定まらない．別の基底に取り換えれば，表現行列も変わる．基底を取り換えたとき表現行列がどのように変わるかをみよう．

U, V の基底 $\boldsymbol{u}_1, \ldots, \boldsymbol{u}_n$ と $\boldsymbol{v}_1, \ldots, \boldsymbol{v}_m$ に関する f の表現行列を A とする．別の基底 $\boldsymbol{u}'_1, \ldots, \boldsymbol{u}'_n$ と $\boldsymbol{v}'_1, \ldots, \boldsymbol{v}'_m$ をとり，それに関する f の表現行列を A' とする．

$$\Big(f(\boldsymbol{u}_1), \quad f(\boldsymbol{u}_2), \quad \cdots, \quad f(\boldsymbol{u}_n)\Big) = \Big(\boldsymbol{v}_1, \quad \boldsymbol{v}_2, \quad \cdots, \quad \boldsymbol{v}_m\Big) A, \tag{5.2}$$

$$\Big(f(\boldsymbol{u}'_1), \quad f(\boldsymbol{u}'_2), \quad \cdots, \quad f(\boldsymbol{u}'_n)\Big) = \Big(\boldsymbol{v}'_1, \quad \boldsymbol{v}'_2, \quad \cdots, \quad \boldsymbol{v}'_m\Big) A' \tag{5.3}$$

U, V の上の基底について，次のような変換行列 P, Q を考える，

$$\Big(\boldsymbol{u}'_1, \quad \boldsymbol{u}'_2, \quad \cdots, \quad \boldsymbol{u}'_n\Big) = \Big(\boldsymbol{u}_1, \quad \boldsymbol{u}_2, \quad \cdots, \quad \boldsymbol{u}_n\Big) P, \tag{5.4}$$

$$\Big(\boldsymbol{v}'_1, \quad \boldsymbol{v}'_2, \quad \cdots, \quad \boldsymbol{v}'_m\Big) = \Big(\boldsymbol{v}_1, \quad \boldsymbol{v}_2, \quad \cdots, \quad \boldsymbol{v}_m\Big) Q \tag{5.5}$$

式 (5.4) の両辺を写像 f で写すと，

$$\Big(f(\boldsymbol{u}'_1), \quad f(\boldsymbol{u}'_2), \quad \cdots, \quad f(\boldsymbol{u}'_n)\Big) = \Big(f(\boldsymbol{u}_1), \quad f(\boldsymbol{u}_2), \quad \cdots, \quad f(\boldsymbol{u}_n)\Big) P$$

となる (問題 5.3.2)．右辺を式 (5.2)，左辺を式 (5.3) を使って書き換えると

$$\Big(\boldsymbol{v}'_1, \quad \boldsymbol{v}'_2, \quad \cdots, \quad \boldsymbol{v}'_m\Big) A' = \Big(\boldsymbol{v}_1, \quad \boldsymbol{v}_2, \quad \cdots, \quad \boldsymbol{v}_m\Big) AP$$

となり，さらに，右辺を式 (5.5) を使って書き換えると

$$\Big(\boldsymbol{v}'_1, \quad \boldsymbol{v}'_2, \quad \cdots, \quad \boldsymbol{v}'_m\Big) A' = \Big(\boldsymbol{v}'_1, \quad \boldsymbol{v}'_2, \quad \cdots, \quad \boldsymbol{v}'_m\Big) Q^{-1}AP$$

を得る．$\boldsymbol{v}'_1, \ldots, \boldsymbol{v}'_m$ が基底であることから，定理 4.2.12 より

$$A' = Q^{-1}AP$$

となる．したがって，次の定理が示される．

定理 5.3.6 **表現行列の基底変換に伴う変換公式**

線形写像 $f : U \to V$ の基底 $\boldsymbol{u}_1, \ldots, \boldsymbol{u}_n$ と $\boldsymbol{v}_1, \ldots, \boldsymbol{v}_m$ に関する表現行列を A とし，別の基底 $\boldsymbol{u}'_1, \ldots, \boldsymbol{u}'_n$ と $\boldsymbol{v}'_1, \ldots, \boldsymbol{v}'_m$ に関する表現行列を A' とする．これらの基底の変換行列を

$$\begin{pmatrix}\boldsymbol{u}'_1, & \boldsymbol{u}'_2, & \cdots, & \boldsymbol{u}'_n\end{pmatrix} = \begin{pmatrix}\boldsymbol{u}_1, & \boldsymbol{u}_2, & \cdots, & \boldsymbol{u}_n\end{pmatrix} P,$$

$$\begin{pmatrix}\boldsymbol{v}'_1, & \boldsymbol{v}'_2, & \cdots, & \boldsymbol{v}'_m\end{pmatrix} = \begin{pmatrix}\boldsymbol{v}_1, & \boldsymbol{v}_2, & \cdots, & \boldsymbol{v}_m\end{pmatrix} Q$$

とするとき，$A' = Q^{-1}AP$ が成り立つ．特に，$U = V$, $\boldsymbol{u}_i = \boldsymbol{v}_i$, $\boldsymbol{u}'_j = \boldsymbol{v}'_j$ であるときは，$A' = P^{-1}AP$ が成り立つ．

定理 5.3.6 を結果だけ覚えるよりは，導き方を覚えておく方がよいだろう．実際，$A' = Q^{-1}AP$ であるか $A = Q^{-1}A'P$ か混同しやすい．しかし，いったん導き方を理解してしまえば，たとえ忘れたとしても，その場で正しい公式を導けばいいのだから，そのような混同は起こらない．

例題 5.3.7

$A = \begin{bmatrix}1 & 5 \\ 0 & -3\end{bmatrix}$ とし，線形変換 $f : \mathbb{R}^2 \to \mathbb{R}^2$ を $f(\boldsymbol{x}) = A\boldsymbol{x}$ と定める．

次の基底 $\boldsymbol{u}_1, \boldsymbol{u}_2$ に関する f の表現行列 A' を求めよ．

$$\boldsymbol{u}_1 = \begin{bmatrix}0 \\ 1\end{bmatrix}, \quad \boldsymbol{u}_2 = \begin{bmatrix}-1 \\ 2\end{bmatrix}$$

［解答］ $\mathbb{R}^2$ の標準基底を $\boldsymbol{e}_1, \boldsymbol{e}_2$ とする．このとき

$$\begin{pmatrix}f(\boldsymbol{e}_1), & f(\boldsymbol{e}_2)\end{pmatrix} = \begin{pmatrix}\boldsymbol{e}_1, & \boldsymbol{e}_2\end{pmatrix}\begin{bmatrix}1 & 5 \\ 0 & -3\end{bmatrix},$$

$$\begin{pmatrix}\boldsymbol{u}_1, & \boldsymbol{u}_2\end{pmatrix} = \begin{pmatrix}\boldsymbol{e}_1, & \boldsymbol{e}_2\end{pmatrix}\begin{bmatrix}0 & -1 \\ 1 & 2\end{bmatrix}$$

であるから，

$$A' = \begin{bmatrix}0 & -1 \\ 1 & 2\end{bmatrix}^{-1}\begin{bmatrix}1 & 5 \\ 0 & -3\end{bmatrix}\begin{bmatrix}0 & -1 \\ 1 & 2\end{bmatrix} = \begin{bmatrix}7 & 12 \\ -5 & -9\end{bmatrix}.$$

問題 5.3

1. 線形写像

$$f : \mathbb{R}^3 \to \mathbb{R}^2, \quad f(\boldsymbol{x}) = \begin{bmatrix} x_1 - x_2 + 2x_3 \\ 3x_1 - x_3 \end{bmatrix}$$

について，$\mathbb{R}^3$ の基底 $\begin{bmatrix} -1 \\ 1 \\ 1 \end{bmatrix}, \begin{bmatrix} 1 \\ 0 \\ -1 \end{bmatrix}, \begin{bmatrix} 1 \\ 1 \\ 0 \end{bmatrix}$ および $\mathbb{R}^2$ の基底 $\begin{bmatrix} 1 \\ 1 \end{bmatrix}, \begin{bmatrix} 1 \\ 0 \end{bmatrix}$ に関する表現行列を求めよ．

2. $V = \{\boldsymbol{x} \in \mathbb{R}^3 \mid x_1 + x_2 + x_3 = 0\}$ とする．線形変換

$$f : V \to V, \quad f(\boldsymbol{x}) = \begin{bmatrix} x_2 - x_3 \\ x_1 - 2x_2 \\ -x_1 + x_2 + x_3 \end{bmatrix}$$

について，V の基底 $\begin{bmatrix} 1 \\ -1 \\ 0 \end{bmatrix}, \begin{bmatrix} 0 \\ 1 \\ -1 \end{bmatrix}$ に関する表現行列を求めよ．

3. 次を満たす線形写像 $f : \mathbb{R}^2 \to \mathbb{R}^3$ の標準基底に関する表現行列を求めよ．

$$f\left(\begin{bmatrix} 2 \\ -1 \end{bmatrix}\right) = \begin{bmatrix} 4 \\ 0 \\ -1 \end{bmatrix}, \quad f\left(\begin{bmatrix} 1 \\ 1 \end{bmatrix}\right) = \begin{bmatrix} 0 \\ 2 \\ 1 \end{bmatrix}$$

4. $\mathbb{R}[x]_n$ を n 次以下の実係数多項式のなすベクトル空間とする．線形変換 $T : \mathbb{R}[x]_n \to \mathbb{R}[x]_n$ を $T(f) = (1+x)f'$ で定める．基底 $1, x, \ldots, x^n$ に関する T の表現行列を求めよ．ただし，f' は x についての導関数を表す．

5. $f : U \to V$ を線形写像，P を (n, m) 型行列とする．U のベクトル $\boldsymbol{u}_j$, $\boldsymbol{u}'_i$ について，

$$\begin{pmatrix} \boldsymbol{u}'_1, & \boldsymbol{u}'_2, & \cdots, & \boldsymbol{u}'_n \end{pmatrix} = \begin{pmatrix} \boldsymbol{u}_1, & \boldsymbol{u}_2, & \cdots, & \boldsymbol{u}_n \end{pmatrix} P$$

ならば

$$\begin{pmatrix} f(\boldsymbol{u}'_1), & f(\boldsymbol{u}'_2), & \cdots, & f(\boldsymbol{u}'_n) \end{pmatrix} = \begin{pmatrix} f(\boldsymbol{u}_1), & f(\boldsymbol{u}_2), & \cdots, & f(\boldsymbol{u}_n) \end{pmatrix} P$$

が成り立つことを示せ．

6　行列の標準化

有限次元ベクトル空間の線形変換 $f : V \to V$ は，V の基底を選ぶごとに正方行列 A により表現される（5.3 節）．そこで，この行列がなるべく簡単になるような基底を選びたい．基底を取り換えるとき，その変換行列を P とすると，新しい基底に関する f の表現行列は A の共役[1] $P^{-1}AP$ となる（定理 5.3.6）．このようにして，正方行列 A を共役によりなるべく簡単な形にする操作が「行列の標準化」であり，本章の主要なテーマである．線形変換や正方行列の固有値・固有ベクトルについての理論（6.1 節）はそれ自体重要であるが，行列の標準化とも密接に関連している．$\mathbb{R}^2$ や $\mathbb{R}^3$ の固有値・固有ベクトルについては既に 1.2 節で学んでいるので，必要に応じて復習すると理解の助けになるだろう．

6.1　固有値と固有空間

線形変換の固有値と固有空間　V を体 K 上のベクトル空間とし，$f : V \to V$ を線形変換とする．

定義 6.1.1

ある K の元 λ と $\mathbf{0}$ でない V の元 $\boldsymbol{v}$ に対し

$$f(\boldsymbol{v}) = \lambda \boldsymbol{v}$$

が成り立つとき，λ を f の**固有値**，$\boldsymbol{v}$ を（λ に属する）f の**固有ベクトル**とよぶ．

1)　2 つの n 次正方行列 A と B が互いに**共役**であるとは，ある n 次正則行列 P に対し $B = P^{-1}AP$ となることである．このとき，A は B の共役である，あるいは，B は A の共役である，という．

注意 6.1.2　一般に，1 つの f に対して固有値は複数あり得るし，1 つの固有値に対し（それに属する）固有ベクトルも複数あり得る．（$\boldsymbol{v}$ が λ に属する f の固有ベクトルならば，その定数倍 $c\boldsymbol{v}$ ($c \in K$, $c \neq 0$) も λ に属する f の固有ベクトルだが，それ以外にも λ に属する f の固有ベクトルが存在することもある．）

命題 6.1.3

線形変換 $f : V \to V$ と $\lambda \in K$ に対し

$$V(f, \lambda) = \{\boldsymbol{v} \in V \mid f(\boldsymbol{v}) = \lambda \boldsymbol{v}\}$$

は V の部分空間である．

この部分空間 $V(f, \lambda)$ を f の λ に対する**固有空間**とよぶ．λ が f の固有値であることと $V(f, \lambda) \neq \{\boldsymbol{0}\}$ であることとは同値である．

［証明］　$\boldsymbol{0} \in V(f, \lambda)$ は明らか．$\boldsymbol{u}, \boldsymbol{v} \in V(f, \lambda)$, $c \in K$ とすると

$$f(\boldsymbol{u} + \boldsymbol{v}) = f(\boldsymbol{u}) + f(\boldsymbol{v}) = \lambda \boldsymbol{u} + \lambda \boldsymbol{v} = \lambda(\boldsymbol{u} + \boldsymbol{v}),$$

$$f(c\boldsymbol{v}) = cf(\boldsymbol{v}) = c(\lambda \boldsymbol{v}) = \lambda(c\boldsymbol{v}).$$

よって，$\boldsymbol{u} + \boldsymbol{v}$ も $c\boldsymbol{v}$ も $V(f, \lambda)$ に属し，$V(f, \lambda)$ は V の部分空間となる．□

例として，V が n 次元列ベクトル空間 K^n で f が（ある n 次正方行列 A による）A 倍写像

$$T_A : \boldsymbol{x} \mapsto A\boldsymbol{x}$$

の場合を考えると，固有空間は

$$V(T_A, \lambda) = \{\boldsymbol{x} \in V \mid A\boldsymbol{x} = \lambda \boldsymbol{x}\}$$

$$= \{\boldsymbol{x} \in V \mid (A - \lambda E)\boldsymbol{x} = \boldsymbol{0}\}$$

であり，これは連立 1 次方程式

$$(A - \lambda E)\boldsymbol{x} = \boldsymbol{0}$$

の解空間に他ならない．よって，固有値 λ が求まれば固有空間 $V(T_A, \lambda)$ も求まる．固有値の求め方については本節の後半で論ずる．その前に，固有空間についての一般論を解説する．

次の命題は基本的である．

命題 6.1.4

相異なる固有値に属する固有ベクトルは線形独立である．

［証明］ $\lambda_1, \ldots, \lambda_r \in K$ は相異なるとし，$\boldsymbol{v}_i \in V(f, \lambda_i)$ とする．線形関係

$$c_1\boldsymbol{v}_1 + \cdots + c_r\boldsymbol{v}_r = \boldsymbol{0} \qquad (c_i \in K)$$

があると仮定する．この両辺に線形変換[2)]

$$(f - \lambda_1 \mathrm{id}_V) \circ \cdots \circ (f - \lambda_{r-1}\mathrm{id}_V)$$

を施すと，$(f - \lambda_i \mathrm{id}_V)(\boldsymbol{v}_j) = (\lambda_j - \lambda_i)\boldsymbol{v}_j$ に注意して，等式

$$c_r(\lambda_r - \lambda_1)\cdots(\lambda_r - \lambda_{r-1})\boldsymbol{v}_r = \boldsymbol{0}$$

を得る．ここで，$(\lambda_r - \lambda_1)\cdots(\lambda_r - \lambda_{r-1}) \neq 0$ だから $c_r = 0$ である．他の番号 i についても同様にして $c_i = 0$ がわかる．したがって，$\boldsymbol{v}_1, \ldots, \boldsymbol{v}_m$ は線形独立である．□

より詳しく，次もわかる．

系 6.1.5

$\lambda_1, \ldots, \lambda_r \in K$ は f の相異なる固有値であるとし，各 $i = 1, \ldots, r$ に対し，$\boldsymbol{v}_{i1}, \ldots, \boldsymbol{v}_{in_i}$ は $V(f, \lambda_i)$ の線形独立なベクトルであるとする．このとき，これらの合併

$$\boldsymbol{v}_{11}, \ldots, \boldsymbol{v}_{1n_1}, \boldsymbol{v}_{21}, \ldots, \boldsymbol{v}_{2n_2}, \ldots, \boldsymbol{v}_{r1}, \ldots, \boldsymbol{v}_{rn_r}$$

も線形独立である．

［証明］ これらのベクトルの満たす線形関係式 $\displaystyle\sum_{i=1}^{r}\sum_{j=1}^{n_i} c_{ij}\boldsymbol{v}_{ij} = \boldsymbol{0}$ があるとする．その部分和を $\boldsymbol{v}_i = \displaystyle\sum_{j=1}^{n_i} c_{ij}\boldsymbol{v}_{ij}$ とおくと，$\boldsymbol{v}_i \in V(f, \lambda_i)$ であり，

$$\boldsymbol{v}_1 + \cdots + \boldsymbol{v}_r = \boldsymbol{0}$$

---

2) 線形変換の和，スカラー倍，合成については 5.1 節を参照されたい．特に，id_V は V の恒等変換 $\boldsymbol{v} \mapsto \boldsymbol{v}$ を表し，$\lambda\,\mathrm{id}_V$ はその λ 倍，すなわち，「λ 倍写像」を表す．記号 $\circ$ は写像の合成を表す．つまり，この線形変換は $f - \lambda_{r-1}\mathrm{id}_V, f - \lambda_{r-2}\mathrm{id}_V, \ldots$ を（この順に）次々に施したものである．

である．すると命題 6.1.4 より，すべての i に対し $\boldsymbol{v}_i = \boldsymbol{0}$，すなわち

$$c_{i1}\boldsymbol{v}_{i1} + \cdots + c_{in_i}\boldsymbol{v}_{in_i} = \boldsymbol{0}$$

となる．$\boldsymbol{v}_{i1}, \ldots, \boldsymbol{v}_{in_i}$ は線形独立だから $c_{i1} = \cdots = c_{in_i} = 0$ である．よって，合併 $\boldsymbol{v}_{11}, \ldots, \boldsymbol{v}_{rn_r}$ も線形独立である．□

V が有限次元のとき，命題 6.1.4 と定理 4.3.17 (1) より，V の線形変換 f に対し

$$(f \text{ の相異なる固有値の個数}) \leqq \dim_K(V)$$

であるが，さらに強く，系 6.1.5 を用いて次が示せる．

定理 6.1.6

有限次元 K ベクトル空間 V の線形変換 f の相異なる固有値を $\lambda_1, \ldots, \lambda_r$ とすると，不等式

$$\sum_{i=1}^{r} \dim_K(V(f, \lambda_i)) \leqq \dim_K(V) \tag{6.1}$$

が成り立つ．

特に，$\dim_K(V) = n$ で f が相異なる n 個の固有値をもつとき，すべての固有値 λ_i に対して $\dim_K(V(f, \lambda_i)) = 1$ であり，不等式 (6.1) において等号が成り立つ．

［証明］　固有空間 $V(f, \lambda_i)$ の基底 $\boldsymbol{v}_{i1}, \ldots, \boldsymbol{v}_{in_i}$ を選ぶ．ここで，$n_i = \dim_K(V(f, \lambda_i))$ であるから，不等式 (6.1) の左辺は $n_1 + \cdots + n_r$ である．一方，系 6.1.5 より，これらのベクトルを合わせた

$$\boldsymbol{v}_{11}, \ldots, \boldsymbol{v}_{1n_1}, \boldsymbol{v}_{21}, \ldots, \boldsymbol{v}_{2n_2}, \ldots, \boldsymbol{v}_{r1}, \ldots, \boldsymbol{v}_{rn_r} \tag{6.2}$$

は，それらが生成する V の部分空間 $\langle \boldsymbol{v}_{11}, \ldots, \boldsymbol{v}_{rn_r} \rangle_K$ の基底になるから，

$$n_1 + \cdots + n_r = \dim_K \langle \boldsymbol{v}_{11}, \ldots, \boldsymbol{v}_{rn_r} \rangle_K$$

であり，この値は $\dim_K(V)$ 以下である．□

不等式 (6.1) において，等号は必ずしも成立しない（例 6.1.16 参照）が，もし成立する場合には美味い話がある．これについては「行列の対角化」と関連して次節で論じる．

正方行列の固有値と固有空間 有限次元ベクトル空間の線形変換は正方行列により表現されるので，固有値や固有ベクトルの概念は正方行列に対しても定義される．

定義 6.1.7

A は n 次正方行列とする．ある K の元 λ と $\mathbf{0}$ でない n 次元列ベクトル $\boldsymbol{x} \in K^n$ に対し

$$A\boldsymbol{x} = \lambda\boldsymbol{x}$$

が成り立つとき，λ を A の**固有値**，$\boldsymbol{x}$ を（λ に属する）A の**固有ベクトル**とよぶ．

A と $\lambda \in K$ に対し

$$V(A,\lambda) = \{\boldsymbol{x} \in K^n \mid A\boldsymbol{x} = \lambda\boldsymbol{x}\}$$

を A の λ に対する**固有空間**とよぶ．

正方行列の固有値や固有ベクトルも（線形変換のそれらと同様に），一般には複数あり得ることに注意されたい（注意 6.1.2）．

命題 6.1.3 と同様にして，$V(A,\lambda)$ は K^n の部分空間であることが確かめられる．λ が A の固有値であることと $V(A,\lambda) \neq \{\mathbf{0}\}$ であることとは同値である．

先に線形変換について述べたいくつかの命題（命題 6.1.4，系 6.1.5，定理 6.1.6）は，正方行列 A に対しても類似の結果が成り立つ．以下にそれをまとめておく（証明は同様なので省略する）．

定理 6.1.8

n 次正方行列 A の相異なる固有値に属する固有ベクトルは線形独立である．さらに詳しく，$\lambda_1, \ldots, \lambda_r \in K$ が A の相異なる固有値であるとき，次が成り立つ．

（1） 各 $i = 1, \ldots, r$ に対し $\boldsymbol{v}_{i1}, \ldots, \boldsymbol{v}_{in_i}$ は $V(A,\lambda_i)$ の線形独立なベクトルであるとする．このとき，これらの合併

$$\boldsymbol{v}_{11}, \ldots, \boldsymbol{v}_{1n_1}, \boldsymbol{v}_{21}, \ldots, \boldsymbol{v}_{2n_2}, \ldots, \boldsymbol{v}_{r1}, \ldots, \boldsymbol{v}_{rn_r}$$

も線形独立である．

（2） 不等式

$$\sum_{i=1}^{r} \dim_K(V(A,\lambda_i)) \leqq \dim_K(V) \tag{6.3}$$

が成り立つ．

このように，線形変換の固有値・固有ベクトルの話と正方行列の固有値・固有ベクトルの話は並行しているが，より正確に，V が有限次元のとき，線形変換 $f : V \to V$ の固有値はそれを表現する正方行列 A の固有値に等しく，それらに属する固有ベクトル同士も（適当な意味で）1 対 1 に対応する．次に，このことを説明しよう．V の基底 $\boldsymbol{v}_1, \ldots, \boldsymbol{v}_n$ を 1 組固定すると，命題 4.3.4 により，V と K^n との間に 1 対 1 対応をつくれる．ここで，$\boldsymbol{v} \in V$ と $\boldsymbol{x} = {}^{\mathrm{t}}\begin{bmatrix} x_1 & \cdots & x_n \end{bmatrix} \in K^n$ とが対応するのは

$$\begin{aligned} \boldsymbol{v} &= x_1\boldsymbol{v}_1 + \cdots + x_n\boldsymbol{v}_n \\ &= (\boldsymbol{v}_1, \ldots, \boldsymbol{v}_n)\boldsymbol{x} \end{aligned} \tag{6.4}$$

なる関係式が成り立つときである．このとき，$\boldsymbol{x}$ を $\boldsymbol{v}$ の（$\boldsymbol{v}_1, \ldots, \boldsymbol{v}_n$ に関する）座標とよぶのであった（4.3 節参照）．さらに，線形変換 $f : V \to V$ は，K^n の方では，ある n 次正方行列 A を左から掛けるという写像 $T_A : K^n \to K^n$ と対応する．この A は f の（$\boldsymbol{v}_1, \ldots, \boldsymbol{v}_n$ に関する）表現行列である（定理 5.3.3）．

命題 6.1.9

上の対応のもとで，次の同値性が成り立つ．

$$f(\boldsymbol{v}) = \lambda\boldsymbol{v} \iff A\boldsymbol{x} = \lambda\boldsymbol{x}$$

［証明］ 関係式 (6.4) の両辺を f で写すと，表現行列を定める関係式（5.3 節参照）により

$$f(\boldsymbol{v}) = (f(\boldsymbol{v}_1), \ldots, f(\boldsymbol{v}_n))\boldsymbol{x} = (\boldsymbol{v}_1, \ldots, \boldsymbol{v}_n)A\boldsymbol{x} \tag{6.5}$$

が成り立つ．また，式 (6.4) の両辺を λ 倍すると

$$\lambda\boldsymbol{v} = (\boldsymbol{v}_1, \ldots, \boldsymbol{v}_n)\lambda\boldsymbol{x}. \tag{6.6}$$

ここで，もし $f(\boldsymbol{v}) = \lambda\boldsymbol{v}$ ならば座標の一意性（命題 4.3.2）により，$A\boldsymbol{x} = \lambda\boldsymbol{x}$ となる．逆に，$A\boldsymbol{x} = \lambda\boldsymbol{x}$ ならば $f(\boldsymbol{v}) = \lambda\boldsymbol{v}$ となる．□

特性多項式 n 次正方行列 A が与えられたとき，その固有値や固有ベクトルはどのようにして求められるだろうか．固有値 λ がわかれば，それに対する固有空間は連立 1 次方程式

$$(\lambda E - A)\boldsymbol{x} = \boldsymbol{0} \tag{6.7}$$

の解空間に等しいから，これは求められる．そこで，固有値 λ を求めたい．定理 3.3.5 により，方程式 (6.7) が $\boldsymbol{0}$ でない解をもつためには，n 次正方行列 $\lambda E - A$ の階数が n より小さいこと，すなわち

$$\det(\lambda E - A) = 0 \tag{6.8}$$

であることが必要十分である．そこで，この等式を満たす λ を求めることを考えよう．λ を未知数と思って変数 t で置き換え，$\det(tE - A)$ を行列式の定義に基づいて計算すると，それは t の K 係数の n 次多項式であることがわかる（問題 6.1.2 参照）．この多項式を A の**特性多項式**（または**固有多項式**）とよび，本書では $\Phi_A(t)$ により表す．

$$\Phi_A(t) = \det(tE - A)$$

この記号を用いると，式 (6.8) は $\Phi_A(\lambda) = 0$，すなわち，「λ は特性多項式 $\Phi_A(t)$ の根[3)]である」と言い換えられる．以上の考察より，次の命題が成り立つ．

命題 6.1.10

n 次正方行列 A と $\lambda \in K$ に対し，次の 2 条件は同値である．

（1） λ は A の固有値である．

（2） λ は A の特性多項式 $\Phi_A(t)$ の根である．

例 6.1.11 2 次正方行列 $A = \begin{bmatrix} a & b \\ c & d \end{bmatrix}$ の特性多項式は

$$\Phi_A(t) = \det \begin{bmatrix} t-a & -b \\ -c & t-d \end{bmatrix} = t^2 - (a+d)t + (ad - bc).$$

したがって，A の固有値は

$$\lambda = \frac{a + d \pm \sqrt{(a-d)^2 + 4bc}}{2}.$$

3) 一般に，多項式 $\phi(t)$ と数 λ に対し，等式 $\phi(\lambda) = 0$ が成り立つとき「λ は $\phi(t)$ の根である」という．

例 6.1.12　A が三角行列でその対角成分が $a_1, \ldots, a_n$ ならば，$tE - A$ も三角行列でその対角成分は $t - a_1, \ldots, t - a_n$ であるから，A の特性多項式は

$$\Phi_A(t) = (t - a_1) \cdots (t - a_n).$$

したがって，三角行列 A の固有値は対角成分 $a_1, \ldots, a_n$ に等しい．

例題 6.1.13

次の各行列 A について，その特性多項式 $\Phi_A(t)$，固有値 λ，固有空間 $V(A, \lambda)$ を求めよ．

$$\begin{bmatrix} 6 & -4 \\ 9 & -6 \end{bmatrix}, \qquad \begin{bmatrix} 5 & -2 & 0 \\ 7 & -2 & -1 \\ 2 & -2 & 3 \end{bmatrix}$$

[解答]　左の行列 A の特性多項式は

$$\Phi_A(t) = |tE_2 - A| = \begin{vmatrix} t-6 & 4 \\ -9 & t+6 \end{vmatrix}$$
$$= t^2.$$

よって，A の固有値は $\lambda = 0$ のみである．対応する固有空間 $V(A, 0)$ は連立 1 次方程式

$$A\boldsymbol{x} = \boldsymbol{0}$$

の解空間であり，ベクトル ${}^t\begin{bmatrix} 2 & 3 \end{bmatrix}$ で生成される 1 次元部分空間である．

次に，右の行列 A の特性多項式は

$$\Phi_A(t) = |tE_3 - A| = \begin{vmatrix} t-5 & 2 & 0 \\ -7 & t+2 & 1 \\ -2 & 2 & t-3 \end{vmatrix}$$
$$= (t-1)(t-2)(t-3).$$

よって，A の固有値は $\lambda = 1, 2, 3$.

$\lambda = 1$ のとき，連立 1 次方程式

$$(E_3 - A)\boldsymbol{v} = \boldsymbol{0}$$

を解いて，

$$\boldsymbol{v} = s\begin{bmatrix}1\\2\\1\end{bmatrix} \qquad (s \in K)$$

特に，固有ベクトルとして $\boldsymbol{v}_1 = \begin{bmatrix}1\\2\\1\end{bmatrix}$ がとれる．同様に，$\lambda = 2, 3$ に対しても連立 1 次方程式を解いて，例えば

$$\boldsymbol{v}_2 = \begin{bmatrix}2\\3\\2\end{bmatrix}, \qquad \boldsymbol{v}_3 = \begin{bmatrix}1\\1\\2\end{bmatrix}$$

が求まり，固有空間は $V(A, i) = \langle \boldsymbol{v}_i \rangle_K$ となる．

定理 3.3.1 より直ちに次が成り立つ．

命題 6.1.14

$A = \begin{bmatrix}A_1 & B_1\\O & D_1\end{bmatrix}$ または $\begin{bmatrix}A_1 & O\\C_1 & D_1\end{bmatrix}$ のとき，

$$\Phi_A(t) = \Phi_{A_1}(t)\Phi_{D_1}(t)$$

が成り立つ．

また，行列式の乗法性を用いて次が示せる．

命題 6.1.15

P が n 次正則行列のとき，n 次正方行列 A に対し

$$\Phi_{P^{-1}AP}(t) = \Phi_A(t).$$

［証明］ 定理 3.3.4 より

$$\begin{aligned}\Phi_{P^{-1}AP}(t) &= \det(tE - P^{-1}AP) = \det(P^{-1}(tE - A)P)\\ &= \det(P^{-1})\det(tE - A)\det(P) = \Phi_A(t).\end{aligned}$$

□

一般に，V は有限次元 K ベクトル空間とし，$f: V \to V$ は線形変換であるとする．V の基底を 1 つ選ぶと f の表現行列 A が定まる．そこで，f の**特性多項式** $\Phi_f(t)$ を

$$\Phi_f(t) = \Phi_A(t)$$

により定義する．別の基底を選ぶと f の表現行列も別のもの A' になるが，それは $A' = P^{-1}AP$ （P は n 次正則行列）の形（定理 5.3.6）なので，上の命題により $\Phi_{A'}(t) = \Phi_A(t)$ となるから，$\Phi_f(t)$ は f の行列表現の仕方によらずに定まる．

例 6.1.16 $(n+1)$ 次元 $\mathbb{R}$ ベクトル空間 $V = \mathbb{R}[x]_n$ の線形変換 $f: V \to V$ を微分 $f(\boldsymbol{v}) = \dfrac{d}{dx}\boldsymbol{v}$ により定義する．V の基底として $1, x, \ldots, x^n$ をとると，

$$f(1, x, \ldots, x^n) = (1, x, \ldots, x^n)A,$$

ここに

$$A = \begin{bmatrix} 0 & 1 & & & \\ & 0 & 2 & & \huge O \\ & & \ddots & \ddots & \\ & & & 0 & n \\ & \huge O & & & 0 \end{bmatrix}.$$

よって，f の特性多項式は

$$\Phi_f(t) = \Phi_A(t) = t^{n+1}$$

となる．よって，f の固有値は 0 のみであり，固有空間 $V(f, 0)$ は座標が ${}^t\begin{bmatrix} a & 0 & \cdots & 0 \end{bmatrix}$ の形の多項式，すなわち定数 $a \in \mathbb{R}[x]_n$ たちからなる部分空間である．

次に，ベクトル空間 V が $V = V_1 \oplus \cdots \oplus V_r$ と直和に分解していて，線形変換 $f: V \to V$ がその直和分解を保つとき，f の特性多項式もその分解に応じて分解することを説明する．ここで，「f が直和分解 $V = V_1 \oplus \cdots \oplus V_r$ を保つ」とは，各 $i = 1, \ldots, r$ に対し $f(V_i) \subset V_i$ が成り立つことである．このとき，$f: V \to V$ を各部分空間 V_i に制限することにより，V_i の線形変換 $f_i: V_i \to V_i$ が得られる．まず，このような場合に，f の表現行列と f_i の表現行列との関係を調べる．

命題 6.1.17

記号と仮定は上の通りとし，さらに V_i の基底 $\boldsymbol{v}_{i1}, \ldots, \boldsymbol{v}_{in_i}$ に関する f_i の表現行列を A_i とする．このとき，これらの基底を合わせて得られる V の基底

$$\boldsymbol{v}_{11}, \ldots, \boldsymbol{v}_{1n_1}, \ldots, \boldsymbol{v}_{r1}, \ldots, \boldsymbol{v}_{rn_r}$$

に関する f の表現行列 A は A_i の**直和**[4)]

$$A = A_1 \oplus \cdots \oplus A_r = \begin{bmatrix} A_1 & & O \\ & \ddots & \\ O & & A_r \end{bmatrix}$$

である．

［証明］ 仮定 $f(V_i) \subset V_i$ より，各 i, j に対し，$f(\boldsymbol{v}_{ij})$ は $\boldsymbol{v}_{i1}, \ldots, \boldsymbol{v}_{in_i}$ の線形結合で書けるから，表現行列の定義により題意が従う．□

特性多項式については，次のようになる．

命題 6.1.18

記号と仮定は上の通りとする．このとき，次の等式が成り立つ．

$$\Phi_f(t) = \Phi_{f_1}(t) \cdots \Phi_{f_r}(t)$$

［証明］ 命題 6.1.17 のように，各 V_i の基底をとり，それらを合わせて V の基底をつくる．線形変換 f_i および f のこれらに関する表現行列をそれぞれ A_i, A とすると，命題 6.1.17 により A は

$$A = \begin{bmatrix} A_1 & & O \\ & \ddots & \\ O & & A_r \end{bmatrix}$$

の形である．よって

$$\Phi_f(t) = \det(tE - A) = \prod_{i=1}^{r} \det(tE - A_i) = \prod_{i=1}^{r} \Phi_{f_i}(t)$$

となる．□

---

4) いくつかの正方行列 $A_1, \ldots, A_r$ を対角に並べて得られるブロック対角行列をそれらの**直和**とよび，$A_1 \oplus \cdots \oplus A_r$ と記す．

問題 6.1

1. 次の正方行列 A の特性多項式，固有値，固有空間を求めよ．

（1） $\begin{bmatrix} 1 & 0 & 0 \\ 1 & 1 & 0 \\ 1 & 1 & 1 \end{bmatrix}$ （2） $\begin{bmatrix} 1 & 1 & -1 & 0 \\ 1 & 2 & 0 & 1 \\ 1 & 1 & 1 & 1 \\ 1 & -1 & 1 & 2 \end{bmatrix}$

2. A が n 次正方行列であるとき，特性多項式 $\Phi_A(t)$ は

$$\Phi_A(t) = t^n - \mathrm{Tr}(A)t^{n-1} + \cdots + (-1)^n \det(A)$$

の形であることを示せ．

3. K 係数多項式 $a_{ij}(t)$ を成分とする n 次正方行列 $A(t) = \left[a_{ij}(t)\right]$ を考える．

（1） $f(t) = \det(A(t))$ は t の多項式であることを確かめよ．

（2） t に K の元 t_0 を代入するごとに，K 係数の行列 $A(t_0) = \left[a_{ij}(t_0)\right]$ が得られる．このとき，等式 $f(t_0) = \det(A(t_0))$ が成り立つことを確かめよ．

4. ベクトル空間 V の線形変換 f, g に対し，それらの和 $f+g$ やスカラー倍 af が定義されるのであった．さらに，それらの合成 $f \circ g$ を簡単に fg とも書くことにする．特に，f を i 回合成したものを f^i と書く．この記法を用いて，多項式 $\phi(t) = \sum_{i=0}^{m} a_i t^i$ に f を代入して得られる V の線形変換

$$\phi(f) = \sum_{i=0}^{m} a_i f^i$$

が定義される（f^0 は恒等写像と解釈する）．

（1） $\boldsymbol{v} \in V(f, \lambda)$ のとき

$$\phi(f)(\boldsymbol{v}) = \phi(\lambda)\boldsymbol{v}$$

が成り立つことを示せ．

（2） $V(f, \lambda)$ は $V(\phi(f), \phi(\lambda))$ の部分空間であることを示せ．

6.2 固有ベクトルと行列の対角化

定理 6.1.6 や定理 6.1.8 (2) の不等式においては，必ずしも等号が成り立つとは限らないが，等号が成り立っている場合にはどんなことが言えるかを考えてみよう．V は有限次元 K ベクトル空間とし，$f: V \to V$ は V の線形変換とする．不等式 (6.1) において等号が成立するということは，各固有空間 $V(f, \lambda_i)$ の基底 $\boldsymbol{v}_{i1}, \ldots, \boldsymbol{v}_{in_i}$ を $i = 1, \ldots, r$ にわたって合わせたもの

$$\boldsymbol{v}_{11}, \ldots, \boldsymbol{v}_{1n_1}, \boldsymbol{v}_{21}, \ldots, \boldsymbol{v}_{2n_2}, \ldots, \boldsymbol{v}_{r1}, \ldots, \boldsymbol{v}_{rn_r}$$

が V 全体の基底をなすということと同値である（ここで $n_i = \dim(V(f, \lambda_i))$）．記号を簡単にするため，添字を付け替えて，これらのベクトルを

$$\boldsymbol{v}_1, \ldots, \boldsymbol{v}_n$$

とし，$\boldsymbol{v}_j$ は固有値 α_j に属するものとする（したがって，$\alpha_1, \ldots, \alpha_n$ の中には重複するものがあり得る．実際

$$\begin{aligned} \alpha_1 = \cdots = \alpha_{n_1} &= \lambda_1, \\ \alpha_{n_1+1} = \cdots = \alpha_{n_1+n_2} &= \lambda_2, \\ &\vdots \\ \alpha_{n-n_r+1} = \cdots = \alpha_n &= \lambda_r \end{aligned} \tag{6.9}$$

である）．すると，$f(\boldsymbol{v}_j) = \alpha_i \boldsymbol{v}_j$ であるから，

$$f(\boldsymbol{v}_1, \ldots, \boldsymbol{v}_n) = (\alpha_1 \boldsymbol{v}_1, \ldots, \alpha_n \boldsymbol{v}_n) = (\boldsymbol{v}_1, \ldots, \boldsymbol{v}_n) \begin{bmatrix} \alpha_1 & & O \\ & \ddots & \\ O & & \alpha_n \end{bmatrix}, \tag{6.10}$$

すなわち，基底 $\boldsymbol{v}_1, \ldots, \boldsymbol{v}_n$ に関する f の表現行列は対角行列 $\begin{bmatrix} \alpha_1 & & O \\ & \ddots & \\ O & & \alpha_n \end{bmatrix}$ である．

逆に，f が V の基底 $\boldsymbol{v}_1, \ldots, \boldsymbol{v}_n$ に関し対角行列 $\begin{bmatrix} \alpha_1 & & O \\ & \ddots & \\ O & & \alpha_n \end{bmatrix}$ で表現されるならば，式 (6.10) より $\boldsymbol{v}_j$ は固有値 α_j に属する固有ベクトルであることがわかり，したがって，固有空間 $V(f, \alpha_j)$ の次元の和は $n = \dim_K(V)$ となる．固有値 $\alpha_1, \ldots, \alpha_n$ の中には重複があり得るので，同じもの同士をまとめて，相異なる固有値のすべてを $\lambda_1, \ldots, \lambda_r$ とする．λ_i の重複度は $n_i = \dim_K(V(f, \lambda_i))$ に等しい（すなわち，λ_i と等しい α_j が n_i 個ある）．ここで，最初の $\alpha_1, \ldots, \alpha_n$ の中には同じもの同士 λ_i が並んで現れているとは限らないが，基底 $\boldsymbol{v}_1, \ldots, \boldsymbol{v}_n$ を並べ替えればそれに応じて $\alpha_1, \ldots, \alpha_n$ も並べ替わるので，式 (6.9) が成り立つようにできる．

以上の議論により次の定理が証明された．

定理 6.2.1

有限次元ベクトル空間 V の線形変換 f について，次の 3 条件は同値である．

（1）　f は V のある基底に関して対角行列で表現される．

（2）　f の固有ベクトルからなる V の基底が存在する．

（3）　f の相異なる固有値のすべてを $\lambda_1, \ldots, \lambda_r$ とすると

$$\sum_{i=1}^{r} \dim_K(V(f, \lambda_i)) = \dim_K(V).$$

これらが成り立つとき，(1) の対角行列の対角成分は f の固有値であって，その相異なるものが (3) の $\lambda_1, \ldots, \lambda_r$ である．各固有値 λ_i に対する固有空間 $V(f, \lambda_i)$ の基底を合わせたものが条件 (2) を満たす．

特に，$\dim_K(V) = n$ で f が相異なる n 個の固有値をもつとき，上の条件 (3) は成り立つ（したがって (1), (2) も成り立つ）ことに注意せよ．

正方行列についての対応する事実も定理として述べておこう．A を n 次正方行列とする．K^n の基底 $(\boldsymbol{v}_1, \ldots, \boldsymbol{v}_n)$ であって，各 $\boldsymbol{v}_j$ は A の固有ベクトルであるようなものが存在すると仮定する．すなわち，ある $\alpha_j \in K$ に対し

$$A\boldsymbol{v}_j = \alpha_j \boldsymbol{v}_j \tag{6.11}$$

であると仮定する．上の等式をまとめて書くと

$$A(\boldsymbol{v}_1, \ldots, \boldsymbol{v}_n) = (\boldsymbol{v}_1, \ldots, \boldsymbol{v}_n)\begin{bmatrix} \lambda_1 & & \text{\huge O} \\ & \ddots & \\ \text{\huge O} & & \lambda_n \end{bmatrix} \tag{6.12}$$

となる．これは式 (6.11) を形式的にまとめて書いただけのものであるが，今の場合，$\boldsymbol{v}_j$ は n 次元列ベクトルなので，上式の $(\boldsymbol{v}_1, \ldots, \boldsymbol{v}_n)$ の部分を n 次正方行列 $P = \begin{bmatrix} \boldsymbol{v}_1 & \cdots & \boldsymbol{v}_n \end{bmatrix}$ で置き換えた等式

$$AP = P\begin{bmatrix} \alpha_1 & & \text{\huge O} \\ & \ddots & \\ \text{\huge O} & & \alpha_n \end{bmatrix} \tag{6.13}$$

も成り立つ（実際，式 (6.13) の両辺の第 j 列はどちらも $A\boldsymbol{v}_j = \lambda_j \boldsymbol{v}_j$ であるから，式 (6.12) と式 (6.13) とは同値である）．$\boldsymbol{v}_1, \ldots, \boldsymbol{v}_n$ は基底であるから，系 4.2.19 により $P = \begin{bmatrix} \boldsymbol{v}_1 & \cdots & \boldsymbol{v}_n \end{bmatrix}$ は正則行列であり，上の等式の両辺に左から P^{-1} を掛けることにより

$$P^{-1}AP = \begin{bmatrix} \alpha_1 & & \text{\huge O} \\ & \ddots & \\ \text{\huge O} & & \alpha_n \end{bmatrix} \tag{6.14}$$

が得られる．このように，正方行列 A に対し，同じサイズのある正則行列 P を用いて $P^{-1}AP$ を対角行列にすること（およびその結果である対角行列）を A の**対角化**とよぶ（言い換えると，正方行列 A の対角化とは，A と共役な対角行列（を求めること）である）．これは，標準基底に関して A で表現される線形変換 $T_A : K^n \to K^n$ が，基底 $\boldsymbol{v}_1, \ldots, \boldsymbol{v}_n$ に関しては，対角行列 $\begin{bmatrix} \alpha_1 & & \text{\huge O} \\ & \ddots & \\ \text{\huge O} & & \alpha_n \end{bmatrix}$ で表現されるということを意味している．正方行列 A の対角化は，一般には可能であるとは限らないが，それが可能であるとき，A は**対角化可能**[5)]であるという．

5) ここで説明したように，固有値 λ_i や正則行列 P の成分がすべて K の元にとれるとき，K 上対角化可能であるという．K 上では対角化可能でなくても，K を含むより大きい体（拡大体）の上では対角化可能となる場合もある（例題 6.2.4 参照）．

定理 6.2.2

n 次正方行列 A について，次の 3 条件は同値である．

（1） A は対角化可能である．

（2） A の固有ベクトルからなる K^n の基底が存在する．

（3） A の相異なる固有値のすべてを $\lambda_1, \ldots, \lambda_r$ とすると

$$\sum_{i=1}^{r} \dim_K(V(A, \lambda_i)) = n.$$

これらが成り立つとき，(1) における A の対角化の対角成分は A の固有値であって，その相異なるものが (3) の $\lambda_1, \ldots, \lambda_r$ である．各固有値 λ_i に対する固有空間 $V(A, \lambda_i)$ の基底を合わせたものが条件 (2) を満たす．

証明は定理 6.2.1 のそれと実質的に同じであるから略す（命題 6.1.9 も参照せよ）．

式 (6.14) からわかるように，n 次正方行列 A を対角化するには，A の固有ベクトルからなる K^n の基底を求めればよい．

与えられた n 次正方行列 A が対角化可能か否かを判定し，可能ならば対角化する手順をまとめておこう．

[1] 方程式 $\Phi_A(t) = 0$ を解いて，A の相異なる固有値 $\lambda_1, \ldots, \lambda_r$ をすべて求める．

[2] A の各固有値 λ_i について，連立 1 次方程式 $(\lambda_i E - A)\boldsymbol{x} = \boldsymbol{0}$ を解いて，λ_i に対する A の固有空間 $V(A, \lambda_i)$（特にその次元 n_i）を求める．

[3] [2] で求めた固有空間の次元の和 $n_1 + \cdots + n_r$ が n に等しければ A は対角化可能であり，n 未満であれば対角化不可能である．

[4] 対角化可能であるとき，A の各固有値 λ_i に対する固有空間 $V(A, \lambda_i)$ の基底を 1 組選び，それらをすべて並べて得られる n 次正方行列を P とすると，P は正則であり $P^{-1}AP$ は対角行列となる．その対角成分には λ_i が n_i 個並ぶ．

上で，対角化するための正則行列 P は一意的ではないが，対角化 $P^{-1}AP$ は固有値 λ_i の並ぶ順序を除き一意的である．その順序は $V(A, \lambda_i)$ の基底の並べ方に従う．すなわち，P の第 j 列が固有値 λ_i に属する固有ベクトルであるとき，$P^{-1}AP$ の (j, j) 成分は λ_i である．

特に，A が n 個の相異なる固有値をもつならば，[3] の前半の条件が成り立つので A は対角化可能であり，[4] の正則行列 P として，各固有値に属する固有ベクトルを 1 つずつ並べたものをとれる．

例題 6.2.3

次の行列 A が対角化可能かどうかを判定し，対角化可能ならば対角化せよ．

$$\begin{bmatrix} 6 & -4 \\ 9 & -6 \end{bmatrix}, \qquad \begin{bmatrix} 5 & -2 & 0 \\ 7 & -2 & -1 \\ 2 & -2 & 3 \end{bmatrix}$$

［解答］ これらの行列は例題 6.1.13 と同じものであり，固有値，固有空間は既に求めてある．左の行列 A の固有値は $\lambda = 0$ のみであり，対応する固有空間 $V(A, 0)$ はベクトル ${}^{\mathrm{t}}\begin{bmatrix} 2 & 3 \end{bmatrix}$ で生成される 1 次元部分空間である．よって，定理 6.2.2 の条件 (3) は不成立（$1 < 2$）だから，A は対角化不可能である．

次に，右の行列 A の固有値は $\lambda = 1, 2, 3$ で，これらは相異なるから，それらに属する固有ベクトル $\boldsymbol{v}_1, \boldsymbol{v}_2, \boldsymbol{v}_3$ を並べた行列 $P = \begin{bmatrix} \boldsymbol{v}_1 & \boldsymbol{v}_2 & \boldsymbol{v}_3 \end{bmatrix}$ により，A は対角化可能，すなわち

$$P^{-1}AP = \begin{bmatrix} 1 & 0 & 0 \\ 0 & 2 & 0 \\ 0 & 0 & 3 \end{bmatrix} \tag{6.15}$$

となる．行列 P を具体的に求めたければ，連立 1 次方程式を実際に解いて，それぞれの固有値に属する固有ベクトルを求めることになる．例題 6.1.13 で既に固有ベクトル $\boldsymbol{v}_1, \boldsymbol{v}_2, \boldsymbol{v}_3$ が求めてあり，上のような P として $\begin{bmatrix} 1 & 2 & 1 \\ 2 & 3 & 1 \\ 1 & 2 & 2 \end{bmatrix}$ がとれる．

例題 6.2.4

θ を実数とする．実数を成分とする 2 次正方行列 $A = \begin{bmatrix} \cos\theta & -\sin\theta \\ \sin\theta & \cos\theta \end{bmatrix}$ を考える．$K = \mathbb{R}$ および $K = \mathbb{C}$ のそれぞれの場合に，A が K 上対角化可能かどうかを判定し，対角化可能ならば対角化せよ．

［解答］ θ が π の整数倍のとき，A はもともと対角行列 $\pm E_2$ であるから，以下 θ が π の整数倍でない場合を考察する．A の特性多項式は $\Phi_A(t) = t^2 - (2\cos\theta)t + 1$ だから，このとき，固有値は $\mathbb{R}$ の中には存在せず，$\mathbb{C}$ の中で求めるならば $e^{\pm i\theta} =$

$\cos\theta \pm i\sin\theta$ （ここに $i=\sqrt{-1}$）である．したがって，A は $\mathbb{R}$ 上では対角化不可能である．$\mathbb{C}$ 上では，固有値 $e^{\pm i\theta}$ に属する固有ベクトルとして $\begin{bmatrix} 1 \\ \mp i \end{bmatrix}$ が存在し，固有空間の次元の和が 2 となるので，対角化可能である．実際

$$\begin{bmatrix} 1 & 1 \\ -i & i \end{bmatrix}^{-1} \begin{bmatrix} \cos\theta & -\sin\theta \\ \sin\theta & \cos\theta \end{bmatrix} \begin{bmatrix} 1 & 1 \\ -i & i \end{bmatrix} = \begin{bmatrix} e^{i\theta} & 0 \\ 0 & e^{-i\theta} \end{bmatrix}$$

となる．

問題 6.2

1. 問題 6.1.1 の 2 つの正方行列について，それぞれ対角化可能かどうかを判定し，可能ならば対角化せよ．

2. $V=\mathbb{R}[x]_n$ を n 次以下の多項式全体のなすベクトル空間とする．「多項式を微分する」という線形変換 $f:V\to V$ （例題 5.1.11，例 6.1.16 参照）は，$n \geqq 1$ のとき，V のどんな基底に関しても対角行列により表現されないことを示せ．

3. $n \geqq 2$ のとき，n 次正方行列 $J_n(\lambda)=\begin{bmatrix} \lambda & 1 & & O \\ & \ddots & \ddots & \\ & & \ddots & 1 \\ O & & & \lambda \end{bmatrix}$ は対角化不可能であることを示せ．

4. K の元を成分とする n 次正方行列 A が対角化可能で，n 次正則行列 P により $P^{-1}AP=\begin{bmatrix} \lambda_1 & & O \\ & \ddots & \\ O & & \lambda_n \end{bmatrix}$ となるとき，任意の整数 $k \geqq 0$ に対し A^k もまた対角化可能であり，$P^{-1}A^kP=\begin{bmatrix} \lambda_1^k & & O \\ & \ddots & \\ O & & \lambda_n^k \end{bmatrix}$ であることを示せ．

5. （1） 次の正方行列 A と自然数 n に対し，A^n を n を用いた式で表せ．

$$A=\begin{bmatrix} 6 & -11 & 6 \\ 1 & 0 & 0 \\ 0 & 1 & 0 \end{bmatrix}$$

（2） 次の漸化式により定まる数列 $(a_n)_{n=0,1,2,\dots}$ の一般項を求めよ．

$$\begin{cases} a_0=0, \quad a_1=2, \quad a_2=4, \\ a_{n+3}=6a_{n+2}-11a_{n+1}+6a_n \qquad (n=0,1,2,\dots) \end{cases}$$

6.3 行列の三角化とケイリー・ハミルトンの定理

どんな n 次正方行列 A に対しても，A の固有ベクトルからなる K^n の基底が存在するとは限らない（定理 6.2.2 参照）．すなわち，正方行列 A はいつでも対角化できるとは限らない．ここではそれに準じた状況として，A の "三角化" を考える．対角成分より下側の成分がすべて 0 である正方行列を**上三角行列**とよぶのであった（2.1 節）．ある n 次正則行列 P を用いて $P^{-1}AP$ を上三角行列の形にすること（またその結果の上三角行列）を A の**上三角化**とよぶ．下三角化も同様に考えられる．本書では専ら上三角化のみを考えるので，単に「三角化」とよぶこともある．三角化は（対角化と異なり）スカラーの体 K が十分大きければ必ず可能である（定理 6.3.2 参照）．三角化するために用いる正則行列 P や，三角化した結果の三角行列の成分がすべて K の元にとれるとき，A は K 上三角化可能であるという．三角化するための最初のステップとして，まず次の命題を証明する．

命題 6.3.1

λ が $\Phi_A(t)$ の根の 1 つであるとき，ある n 次正則行列 P が存在して

$$A = P^{-1} \begin{bmatrix} \lambda & * \\ \mathbf{0} & A_1 \end{bmatrix} P$$

（A_1 はある $(n-1)$ 次正方行列）の形となる．

［証明］ λ が $\Phi_A(t)$ の根であるとする．λ は A の固有値であり，それに属する固有ベクトル $\boldsymbol{v}_1 \in K^n$ が存在する；

$$A\boldsymbol{v}_1 = \lambda \boldsymbol{v}_1. \tag{6.16}$$

この $\boldsymbol{v}_1$ を含む K^n の基底 $(\boldsymbol{v}_1, \ldots, \boldsymbol{v}_n)$ を 1 組とる（命題 4.3.18）．$P = \begin{bmatrix} \boldsymbol{v}_1 & \cdots & \boldsymbol{v}_n \end{bmatrix}$ とおくと，式 (6.16) より

$$\begin{aligned} AP &= \begin{bmatrix} \lambda \boldsymbol{v}_1 & A\boldsymbol{v}_2 & \cdots & A\boldsymbol{v}_n \end{bmatrix} \\ &= P \begin{bmatrix} \lambda \boldsymbol{e}_1 & P^{-1}A\boldsymbol{v}_2 & \cdots & P^{-1}A\boldsymbol{v}_n \end{bmatrix}. \end{aligned}$$

（ここで，$\boldsymbol{e}_1$ は第 1 基本単位ベクトルである．）

ゆえに

$$P^{-1}AP = \begin{bmatrix} \lambda \boldsymbol{e}_1 & P^{-1}A\boldsymbol{v}_2 & \cdots & P^{-1}A\boldsymbol{v}_n \end{bmatrix}$$

$$= \begin{bmatrix} \lambda & * \\ \mathbf{0} & A_1 \end{bmatrix}$$

の形となる．（ここで，A_1 は $(n, n-1)$ 型行列 $\begin{bmatrix} P^{-1}A\boldsymbol{v}_2 & \cdots & P^{-1}A\boldsymbol{v}_n \end{bmatrix}$ の第1行を取り除いた $(n-1)$ 次正方行列である．）□

定理 6.3.2

A の特性多項式 $\Phi_A(t)$ が重複度を込めて n 個の根を K 内にもつ（すなわち，$\Phi_A(t)$ は $K[t]$ において1次式の積に分解する）ならば，A は上三角化可能である．

この定理の「$\Phi_A(t)$ が重複度を込めて n 個の根を K 内にもつ」という仮定は，例えば，K が複素数体 $\mathbb{C}$ ならば常に成り立つ[6)]．K が実数体 $\mathbb{R}$ のときは高々2次の多項式の積には分解するが，（虚根をもつかもしれないので）1次式の積に分解するとは限らない．

[証明] n に関する帰納法で証明する．$n = 1$ のときは正しい．$n-1$ までは正しいと仮定する．n 次正方行列 A の特性多項式 $\Phi_A(x)$ が重複度を込めて n 個の根を K 内にもつならば，根の1つを λ_1 とすると，命題 6.3.1 により，ある n 次正則行列 P_0 が存在して

$$P_0^{-1}AP_0 = \begin{bmatrix} \lambda_1 & \boldsymbol{b}_1 \\ \mathbf{0} & A_1 \end{bmatrix}$$

となる（$\boldsymbol{b}_1$ は $(n-1)$ 次元行ベクトル，A_1 は $(n-1)$ 次正方行列である）．命題 6.1.14 と命題 6.1.15 により

$$\Phi_A(t) = \Phi_{P_0^{-1}AP_0}(t) = \Phi_{(\lambda_1)}(t)\Phi_{A_1}(t) = (t-\lambda_1)\Phi_{A_1}(t)$$

であるが，定理の仮定により $\Phi_{A_1}(x)$ は重複度を込めて $(n-1)$ 個の根を K 内にもつ．よって，帰納法の仮定により A_1 は上三角化可能，すなわち，ある $(n-1)$ 次正則行列 P_1 があって，$P_1^{-1}A_1P_1$ は上三角行列となる．そこで

6) 体 K について，K 係数の（定数でない）任意の多項式が K 係数の1次式の積に分解するとき，K は**代数閉体**であるという．複素数体は代数閉体である（代数学の基本定理）．任意の体に対し，それを含む代数閉体が存在することが知られている．

$$P = P_0 \begin{bmatrix} 1 & \mathbf{0} \\ \mathbf{0} & P_1 \end{bmatrix}$$

とおくと，

$$\begin{aligned} P^{-1}AP &= \begin{bmatrix} 1 & \mathbf{0} \\ \mathbf{0} & P_1^{-1} \end{bmatrix} P_0^{-1}AP_0 \begin{bmatrix} 1 & \mathbf{0} \\ \mathbf{0} & P_1 \end{bmatrix} \\ &= \begin{bmatrix} 1 & \mathbf{0} \\ \mathbf{0} & P_1^{-1} \end{bmatrix} \begin{bmatrix} \lambda_1 & \boldsymbol{b}_1 \\ \mathbf{0} & A_1 \end{bmatrix} \begin{bmatrix} 1 & \mathbf{0} \\ \mathbf{0} & P_1 \end{bmatrix} = \begin{bmatrix} \lambda_1 & \boldsymbol{b}_1 P_1 \\ \mathbf{0} & P_1^{-1}A_1P_1 \end{bmatrix} \end{aligned}$$

となる．右下の $P_1^{-1}A_1P_1$ は上三角だから $P^{-1}AP$ も上三角である．□

例題 6.3.3

行列 $A = \begin{bmatrix} 6 & -4 \\ 9 & -6 \end{bmatrix}$ を上三角化せよ．

［解答］　この A は例題 6.2.3 の左の行列と同じものである．A の特性多項式は $\Phi_A(t) = t^2$ であるから，A の固有値は 0 のみである．0 に属する固有ベクトルを求めるために連立 1 次方程式 $A\boldsymbol{v} = \mathbf{0}$ を解くと $\boldsymbol{v} = s \begin{bmatrix} 2 \\ 3 \end{bmatrix}$ $(s \in K)$．そこで，0 に属する固有ベクトルとして，$\boldsymbol{v}_1 = \begin{bmatrix} 2 \\ 3 \end{bmatrix}$ をとり，これを拡張して K^2 の基底をつくる．例えば，$\boldsymbol{v}_2 = \begin{bmatrix} 1 \\ 0 \end{bmatrix}$ とすると，$\boldsymbol{v}_1, \boldsymbol{v}_2$ は線形独立なので K^2 の基底である．そこで，$P = \begin{bmatrix} \boldsymbol{v}_1 & \boldsymbol{v}_2 \end{bmatrix}$ とおくと

$$P^{-1}AP = -\frac{1}{3} \begin{bmatrix} 0 & -1 \\ -3 & 2 \end{bmatrix} \begin{bmatrix} 6 & -4 \\ 9 & -6 \end{bmatrix} \begin{bmatrix} 2 & 1 \\ 3 & 0 \end{bmatrix} = \begin{bmatrix} 0 & 1 \\ 0 & 0 \end{bmatrix}$$

となる．

次に，ケイリー・ハミルトンの定理を述べるために，正方行列の「多項式への代入」を説明する (線形変換の多項式への代入については問題 6.1.4 を参照)．n 次正

方行列 A と K 係数の多項式

$$\Phi(t) = c_0 t^m + c_1 t^{m-1} + \cdots + c_{m-1} t + c_m \qquad (c_i \in K)$$

に対し，A の $\Phi(t)$ への代入 $\Phi(A)$ を

$$\Phi(A) = c_0 A^m + c_1 A^{m-1} + \cdots + c_{m-1} A + c_m E_n$$

により定義する（定数項への A の「代入」は $c_m A^0 = c_m E$ と解釈することに注意せよ）．これは，n 次正方行列である．次の補題は容易に確かめられる．

補題 6.3.4

$\Phi(t)$ が多項式として $\Phi(t) = \phi(t)\psi(t)$ と 2 つの多項式の積に分解しているとき，行列の等式 $\Phi(A) = \phi(A)\psi(A)$ が成り立つ．

［証明］ $\phi(t) = \sum_{i=0}^{p} a_i t^i$，$\psi(t) = \sum_{j=0}^{q} b_j t^j$，$\Phi(t) = \sum_{k=0}^{p+q} c_k t^k$ とすると，$c_k = \sum_{i=0}^{k} a_i b_{k-i}$（ただし，$i > p$ のときは $a_i = 0$, $j > q$ のときは $b_j = 0$ と解釈する）であり，スカラーは任意の行列と可換だから

$$\begin{aligned}\phi(A)\psi(A) &= \sum_{i=0}^{p} a_i A^i \sum_{j=0}^{q} b_j A^j \\ &= \sum_{k=0}^{p+q} \left(\sum_{i=0}^{k} a_i b_{k-i} \right) A^k = \sum_{k=0}^{p+q} c_k A^k = \Phi(A). \qquad \square\end{aligned}$$

補題 6.3.5

A, B は K 係数の n 次正方行列で，ある n 次正則行列 P に対し $B = P^{-1}AP$ なる関係が成り立っているとする．このとき，任意の K 係数多項式 $\Phi(t)$ に対し，次の同値性が成り立つ．

$$\Phi(A) = O \iff \Phi(B) = O.$$

［証明］ $\Phi(t) = \sum_{i=0}^{m} c_i t^i$ とする．今 $\Phi(A) = O$ と仮定すると，$(P^{-1}AP)^i = P^{-1}A^iP$ に注意して，

$$\Phi(B) = \sum_{i=0}^{m} c_i B^i = \sum_{i=0}^{m} c_i (P^{-1}AP)^i$$
$$= P^{-1}\left(\sum_{i=0}^{m} c_i^{-1} A^i\right) P = P^{-1}OP = O.$$

逆（$\Phi(B) = O \Rightarrow \Phi(A) = O$）も同様に示せる．□

以上の準備の下，ケイリー・ハミルトンの定理を証明しよう．

定理 6.3.6 ケイリー・ハミルトンの定理

任意の n 次正方行列 A に対し

$$\Phi_A(A) = O$$

が成り立つ．

［証明］ ここでは $\Phi_A(x)$ が重複度を込めて n 個の根を K 内にもつ（したがって A は上三角化可能）と仮定して証明[7)]する．n 次正則行列 P に対し

$$P^{-1}AP = B = \begin{bmatrix} \lambda_1 & & * \\ & \ddots & \\ O & & \lambda_n \end{bmatrix}$$

とすると，命題 6.1.15 により

$$\Phi_A(t) = \Phi_{PBP^{-1}}(t) = \Phi_B(t)$$

だから，補題 6.3.5 に注意すると，初めから A は上三角として仮定してよい．

$$A = \begin{bmatrix} \lambda_1 & & * \\ & \ddots & \\ O & & \lambda_n \end{bmatrix}$$

このとき

$$\Phi_A(t) = (t - \lambda_1) \cdots (t - \lambda_n)$$

7) 一般の場合は，K が代数閉体の場合に帰着しても証明できるし，あるいは全く別の証明も可能である．

である．補題 6.3.4 に注意しつつこれに A を代入して

$$\Phi_A(A) = (A - \lambda_1 E) \cdots (A - \lambda_n E).$$

この右辺は

$$\begin{bmatrix} 0 & & * \\ & \lambda_2' & \\ & & \ddots & \\ O & & & \lambda_n' \end{bmatrix} \begin{bmatrix} \lambda_1' & & & * \\ & 0 & & \\ & & \lambda_3' & \\ O & & & \ddots \end{bmatrix} \cdots \begin{bmatrix} \lambda_1' & & & * \\ & \ddots & & \\ & & \lambda_{n-1}' & \\ O & & & 0 \end{bmatrix}$$

の形である．この積を左から計算して行く．最初の 2 つの行列を掛けると，その第 1 列と第 2 列は $\mathbf{0}$ になる．

$$\begin{bmatrix} 0 & 0 & * & \cdots \\ & 0 & * & \cdots \\ & & \lambda_3'' & \vdots \\ O & & & \ddots \end{bmatrix}$$

次に，それを左から 3 番目の行列と掛けると，その第 3 列までが $\mathbf{0}$ となる．以下これを繰り返すと，上の n 個の行列の積は O になることがわかる．□

例 6.3.7 $A = \begin{bmatrix} a & b \\ c & d \end{bmatrix}$ のとき，$\Phi_A(t) = t^2 - (a+d)t + (ad - bd)$（例 6.1.11）だから，$A^2 - (a+d)A + (ad - bc)E = O$．（この等式は直接計算によっても容易に確かめられる．）

問題 6.3

1.　問題 6.1.1 の 2 つの正方行列を上三角化せよ．

2.　$\phi(t)$ を K 係数の多項式とする．K の元を成分とする n 次正方行列 A が上三角化可能で，n 次正則行列 P により $P^{-1}AP = \begin{bmatrix} \lambda_1 & & * \\ & \ddots & \\ O & & \lambda_n \end{bmatrix}$ となるとき，$\phi(A)$ もまた上三角化可能であり，$P^{-1}\phi(A)P = \begin{bmatrix} \phi(\lambda_1) & & *' \\ & \ddots & \\ O & & \phi(\lambda_n) \end{bmatrix}$ であることを示せ．

3.　n 次正方行列 A について，次の 3 条件は同値であることを証明せよ．

（1）　A はべき零行列である．

（2）　$\Phi_A(t) = t^n$.

（3）　A の固有値はすべて 0 である．

（したがって，n 次正方行列 A がべき零ならば $A^n = O$ である．）

4.　n 次正方行列 A を 1 つ固定し，A の多項式

$$c_0A^m + c_1A^{m-1} + \cdots + c_{m-1}A + c_mE_n$$

の形（非負整数 m は動いてよい）の行列全体のなす K ベクトル空間を V_A と記す．

（1）　$\dim_K(V_A) \leqq n$ であることを証明せよ．

（2）　各 $k = 1, \ldots, n$ に対し，$\dim_K(V_A) = k$ となる A の例を 1 つずつあげよ．

5.　問題 6.2.5 の行列 A に対し，ケイリー・ハミルトンの定理を用いて，A^n を求めよ．

6.　N, P は複素数を成分とする n 次正方行列で，P は正則であると仮定する．複素数 q は整数 $m = 1, \ldots, n$ に対し $q^m \neq 1$ なるものとする．このとき，もし等式

$$P^{-1}NP = qN$$

が成り立つならば，N はべき零行列であることを示せ．

6.4 (*) ジョルダン標準形

正方行列 A は必ずしも対角化可能ではないが，特性多項式が 1 次式の積に分解するという仮定の下では三角化できる（定理 6.3.2）．ではさらに，上三角行列の中でもなるべく対角行列に近い形に標準化することはできないだろうか？ この問いに解答を与えるのがジョルダン標準形である．まず最も簡単な場合から始める．

命題 6.4.1

n 次正方行列 A がただ 1 つの固有値 λ をもち，$(A-\lambda E_n)^n = O$ だが $(A-\lambda E_n)^{n-1} \neq O$ であると仮定する．このとき，ある n 次正則行列 P が存在して

$$P^{-1}AP = \begin{bmatrix} \lambda & 1 & & \text{\Large O} \\ & \ddots & \ddots & \\ & & \ddots & 1 \\ \text{\Large O} & & & \lambda \end{bmatrix}$$

となる．

この右辺がこの場合の A のジョルダン標準形である．以下，これを

$$J_n(\lambda) = \begin{bmatrix} \lambda & 1 & & \text{\Large O} \\ & \ddots & \ddots & \\ & & \ddots & 1 \\ \text{\Large O} & & & \lambda \end{bmatrix}$$

なる記号で表す．一般に，この形の行列を**ジョルダン行列**とよぶ．

[証明] $N = A - \lambda E_n$ とおく．$N^{n-1} \neq O$ かつ $N^n = O$ だから，ある $\boldsymbol{v} \in K^n$ があって

$$N^{n-1}\boldsymbol{v} \neq \boldsymbol{0} \qquad \text{かつ} \qquad N^n\boldsymbol{v} = \boldsymbol{0}$$

となる．このとき，n 個のベクトル

$$N^{n-1}\boldsymbol{v}, \ldots, N\boldsymbol{v}, \boldsymbol{v}$$

は線形独立であり，したがって，K^n の基底となる．実際，

$$\sum_{i=0}^{n-1} a_i N^i \boldsymbol{v} \ = \ \boldsymbol{0} \qquad (a_i \in K)$$

とすると，両辺に左から N^{n-1} を掛けて

$$a_0 N^{n-1}\boldsymbol{v} \ = \ \boldsymbol{0}.$$

$N^{n-1}\boldsymbol{v} \neq \boldsymbol{0}$ だから $a_0 = 0$. よって，$\sum_{i=1}^{n-1} a_i N^i \boldsymbol{v} = \boldsymbol{0}$. 今度はこれに左から N^{n-2} を掛けて $a_1 = 0$ を得る．以下同様にして，$a_2 = \cdots = a_{n-1} = 0$ を得る．

さて，

$$\begin{aligned} N(N^{n-1}\boldsymbol{v}, \ldots, N\boldsymbol{v}, \boldsymbol{v}) \ &= \ (\boldsymbol{0}, N^{n-1}\boldsymbol{v}, \ldots, N^2\boldsymbol{v}, N\boldsymbol{v}) \\ &= \ (N^{n-1}\boldsymbol{v}, \ldots, N\boldsymbol{v}, \boldsymbol{v}) J_n(0) \end{aligned}$$

であるから，$P = \begin{bmatrix} N^{n-1}\boldsymbol{v} & \cdots & N\boldsymbol{v} & \boldsymbol{v} \end{bmatrix}$ とおくと，$NP = PJ_n(0)$. すなわち，$P^{-1}AP = J_n(\lambda)$ となる．（$N^{n-1}\boldsymbol{v}, \ldots, N\boldsymbol{v}, \boldsymbol{v}$ は K^n の基底なので，P は正則であること（命題 4.3.8）に注意されたい．）□

次に，一般の n 次正方行列 A の場合に，$V = K^n$ を部分空間 V_i の直和に分解して，各 V_i 上では A が上の命題のような形で作用するようにしたい．そのために「一般固有空間」なるものを定義する．

定義 6.4.2

n 次正方行列 A と K の元 λ に対し

$$\widetilde{V}(\lambda) \ = \ \widetilde{V}(A, \lambda) \ = \ \{\boldsymbol{x} \in V |\ ある\ m \geqq 1\ に対し\ (A - \lambda E_n)^m \boldsymbol{x} = \boldsymbol{0}\}$$

とおき，これを A の λ に関する**一般固有空間**（または広義固有空間または準固有空間）とよぶ．

注意 6.4.3　同様に，線形変換 $f: V \to V$ と K の元 λ に対しても，f の λ に関する一般固有空間

$$\begin{aligned} \widetilde{V}(\lambda) &= \widetilde{V}(f, \lambda) \\ &= \{\boldsymbol{x} \in V |\ ある\ m \geqq 1\ に対し\ (f - \lambda\, \mathrm{id}_V)^m(\boldsymbol{x}) = \boldsymbol{0}\} \end{aligned}$$

が定義される．

A が相異なる n 個の固有値をもつときは，定理6.2.2のように，V は A の固有空間の直和に分解する．より一般に次の定理が成り立つ．

定理 6.4.4

A の特性多項式 $\Phi_A(t)$ が1次式の積に分解すると仮定し，$\lambda_1, \ldots, \lambda_r$ をその相異なる根として

$$\Phi_A(t) \;=\; \prod_{i=1}^{r}(t-\lambda_i)^{n_i}$$

と書く．このとき，V の直和分解

$$V \;=\; \widetilde{V}(\lambda_1) \oplus \cdots \oplus \widetilde{V}(\lambda_r) \tag{6.17}$$

であって以下の性質をもつものが存在する．

（1） $\widetilde{V}(\lambda_i) = \mathrm{Ker}((A-\lambda_i E)^{n_i})$,

（2） すべての $j \neq i$ に対し，$(A-\lambda_i E)$ 倍写像は $\widetilde{V}(\lambda_j)$ 上可逆,

（3） $\widetilde{V}(\lambda_i)$ 上の A 倍写像の特性多項式は $(t-\lambda_i)^{n_i}$.

上の直和分解 (6.17) を A の作用に関する V の**一般固有空間分解**とよぶ．ここで，A と $(A-\lambda_i E)^{n_i}$ とは可換であるから，V 上の A 倍写像は各 $\widetilde{V}(\lambda_i)$ を保つ（$A\widetilde{V}(\lambda_i) \subset \widetilde{V}(\lambda_i)$）ことに注意せよ．

［証明］ $i=1,\ldots,r$ に対し $\check{\Phi}_i = \prod_{j\neq i}(t-\lambda_j)^{n_j}$ とおく[8]．これらは共通因子をもたないから，補題6.4.5により，ある多項式 $\Psi_1, \ldots, \Psi_r \in K[t]$ が存在して

$$\Psi_1\check{\Phi}_1 + \cdots + \Psi_r\check{\Phi}_r \;=\; 1 \tag{6.18}$$

となる．ここで，$\varepsilon_i = \Psi_i\check{\Phi}_i$ とおく．$i \neq j$ ならば $\varepsilon_i\varepsilon_j$ は Φ_A で割り切れることに注意せよ．また，$\mathcal{E}_i = \varepsilon_i(A) = \Psi_i(A)\check{\Phi}_i(A)$ とおく．すると次が成り立つ[9]．

$$\mathcal{E}_1 + \cdots + \mathcal{E}_r = E, \qquad i \neq j \text{ ならば } \mathcal{E}_i\mathcal{E}_j = O, \qquad \mathcal{E}_i^2 = \mathcal{E}_i.$$

そこで，$V = K^n$ として，$V_i = \mathcal{E}_i V$ とおくと

$$V = V_1 \oplus \cdots \oplus V_r \tag{6.19}$$

---

8) この証明中では，記号の簡略化のため，多項式の変数を表す "(t)" は省略して，例えば $\Phi(t)$ の代わりに Φ のように記す．

9) 最初の等式は (6.18) の両辺に A を代入して得られ，2番目の等式は多項式 ε_i が Φ_A で割り切れることとケイリー・ハミルトンの定理から従う．最初の等式の両辺に $\mathcal{E}_i$ を掛けて2番目の等式を用いると，3番目の等式が得られる．

となる (問題 6.4.3). $(A-\lambda_i E)^{n_i}\check{\Phi}_i(A)=\Phi_A(A)=O$ だから,

$$V_i \ \subset \ \mathrm{Ker}((A-\lambda_i E)^{n_i}) \ \subset \ \widetilde{V}(\lambda_i)$$

である[10]. ここで実は等号 $V_i=\widetilde{V}(\lambda_i)$ が成り立つことを示したい (それがわかれば直和分解 (6.19) より直和分解 (6.17) が従う). その前に定理の主張 (2) を示す. まず, $\mathcal{E}_j^2=\mathcal{E}_j$ より, $\mathcal{E}_j$ 倍写像は V_j 上の恒等写像を引き起こす. 一方, $\mathcal{E}_j=\Psi_j(A)\check{\Phi}_j(A)$ であり, $i\neq j$ ならば $\check{\Phi}_j$ は $(t-\lambda_i)^{n_i}$ で割り切れるから, $\mathcal{E}_j$ は $(A-\lambda_i E)^{n_i}\times$ (ある行列) の形をしている. よって, V_j 上で $(A-\lambda_i E)^{n_i}$ は (したがって $A-\lambda_i E$ も) 可逆である.

次に, これを用いて $\widetilde{V}(\lambda_i)\subset V_i$ を示す. 任意の $\boldsymbol{x}\in\widetilde{V}(\lambda_i)$ は直和分解 (6.19) により

$$\boldsymbol{x} \ = \ \boldsymbol{x}_1+\cdots+\boldsymbol{x}_r \qquad (\boldsymbol{x}_i\in V_i)$$

と書ける. この両辺に $A-\lambda_i E$ のべき $(A-\lambda_i E)^m$ を掛ける. $\boldsymbol{x}\in\widetilde{V}(\lambda_i)$ だから, 十分大きい m に対し $(A-\lambda_i E)^m\boldsymbol{x}=\boldsymbol{0}$ となる. よって, 分解

$$(A-\lambda_i E)^m\boldsymbol{x} \ = \ (A-\lambda_i E)^m\boldsymbol{x}_1+\cdots+(A-\lambda_i E)^m\boldsymbol{x}_r$$

の右辺の各項も (直和分解 (6.19) より) $\boldsymbol{0}$ である. $i\neq j$ のとき, $A-\lambda_i E$ は V_j 上可逆だから, $(A-\lambda_i E)^m\boldsymbol{x}_j=\boldsymbol{0}$ ならばもともと $\boldsymbol{x}_j=\boldsymbol{0}$ である. したがって $\boldsymbol{x}=\boldsymbol{x}_i\in V_i$ となり, $\widetilde{V}(\lambda_i)\subset V_i$ が示された. 以上により直和分解 (6.17) も示された.

最後に主張 (3) を示す. (1) より $\widetilde{V}(\lambda_i)$ 上の A 倍写像の特性多項式は $t-\lambda_i$ のべきであるので, それを $(t-\lambda_i)^{m_i}$ とすると, 例題 6.1.18 により, それらを $i=1,\ldots,r$ にわたって掛け合わせたものが, $\Phi_A=(t-\lambda_1)^{n_1}\cdots(t-\lambda_r)^{n_r}$ に一致しなければならない. よって, $m_i=n_i$ である. □

上の証明中で次の補題を用いた.

補題 6.4.5

多項式 $\phi_1,\ldots,\phi_r$ が共通因子をもたないならば, ある多項式 $\psi_1,\ldots,\psi_r$ に対し

$$\psi_1\phi_1+\cdots+\psi_r\phi_r=1$$

となる.

10) 右の "$\subset$" は $\widetilde{V}(\lambda_i)$ の定義より従う. 左の "$\subset$" は次のようにしてわかる. $V_i=\mathcal{E}_i V=\Psi_i(A)\check{\Phi}_i(A)V\subset\check{\Phi}_i(A)V$ だから $(A-\lambda_i E)^{n_i}V_i\subset(A-\lambda_i E)^{n_i}\check{\Phi}_i(A)V=0$.

［証明］ 与えられた $\phi_1, \ldots, \phi_r$ に対し，$\psi_1\phi_1 + \cdots + \psi_r\phi_r$ の形の多項式全体の集合を I とおく（ここで $\psi_1, \ldots, \psi_r$ はすべての多項式を動く）．I が定数 1 を含むことを示せばよい．I に属する多項式のうち，次数が最小のものを ϕ とする．このとき，ϕ はすべての i に対し ϕ_i を割り切る．実際，ϕ_i を ϕ で割った商を q_i，余りを r_i（r_i は ϕ より次数が小さい多項式）とすると，$\phi_i = q_i\phi + r_i$ で，ϕ_i も ϕ も I の元であるから r_i も I の元である．ϕ の最小性より $r_i = 0$ でなければならない，すなわち ϕ は ϕ_i を割り切る．しかし，$\phi_1, \ldots, \phi_r$ は共通因子をもたないと仮定したので，ϕ は定数でなければならない．I の元 ϕ の定数倍もまた I に属するから，$1 \in I$ である．□

命題 6.1.17 と定理 6.4.4 により，V 上の A 倍写像は，各一般固有空間 $\widetilde{V}(\lambda_i)$ の基底を合わせた V の基底に関して，あるブロック対角行列により表現される．すなわち，$\widetilde{V}(\lambda_i)$ の基底 $\boldsymbol{v}_{i1}, \ldots, \boldsymbol{v}_{in_i}$ を並べて得られる n 次正則行列を $P = \begin{bmatrix} \boldsymbol{v}_{11} & \ldots & \boldsymbol{v}_{1n_1} & \ldots & \boldsymbol{v}_{r1} & \ldots & \boldsymbol{v}_{rn_r} \end{bmatrix}$ とするとき，

$$P^{-1}AP = A_1 \oplus \cdots \oplus A_r = \begin{bmatrix} A_1 & & O \\ & \ddots & \\ O & & A_r \end{bmatrix}$$

の形となる（正方行列の直和については命題 6.1.17 参照）．ここで，A_i は，A 倍写像が $\widetilde{V}(\lambda_i)$ に引き起こす線形変換の，基底 $\boldsymbol{v}_{i1}, \ldots, \boldsymbol{v}_{in_i}$ に関する表現行列である．そこで，各一般固有空間 $\widetilde{V}(\lambda_i)$ の基底を上手くとり，この A_i がいくつかのジョルダン行列 $J_k(\lambda_i)$ の直和の形になるようにしたい．そのためには，各 $\widetilde{V}(\lambda_i)$ に注目すればよいから，以下しばらくは，$\widetilde{V}(\lambda_i)$ の代わりに V と書き，A_i の代わりに $N = A_i - \lambda_i E$（およびそれが $V = \widetilde{V}(\lambda_i)$ 上に引き起こす線形変換）を考察する．ここで，$\widetilde{V}(\lambda_i)$ と A_i の定義より，N はべき零（ある n_i に対し $N^{n_i} = O$）であることに注意する（定理 6.4.4 (1) も参照せよ）．

定理 6.4.6

$V = K^n$ とし，n 次正方行列 N はある正整数 m に対し $N^m = O$ を満たすものと仮定する．このとき，V の元

$$\boldsymbol{x}_1^{(1)}, \ldots, \boldsymbol{x}_{n(1)}^{(1)}; \boldsymbol{x}_1^{(2)}, \ldots, \boldsymbol{x}_{n(2)}^{(2)}; \ldots; \boldsymbol{x}_1^{(m)}, \ldots, \boldsymbol{x}_{n(m)}^{(m)} \qquad (6.20)$$

であって

$$\left.\begin{array}{r} \boldsymbol{x}_1^{(1)},\ldots,\boldsymbol{x}_{n(1)}^{(1)};\ \boldsymbol{x}_1^{(2)},\ldots,\ \boldsymbol{x}_{n(2)}^{(2)};\ \ldots\ ;\ \boldsymbol{x}_1^{(m)},\ldots,\ \boldsymbol{x}_{n(m)}^{(m)} \\ N\boldsymbol{x}_1^{(2)},\ldots,N\boldsymbol{x}_{n(1)}^{(2)};\ldots;N\boldsymbol{x}_1^{(m)},\ldots,N\boldsymbol{x}_{n(m)}^{(m)} \\ \vdots \qquad\qquad \\ N^{m-1}\boldsymbol{x}_1^{(m)},\ldots,N^{m-1}\boldsymbol{x}_{n(m)}^{(m)} \end{array}\right\} \tag{6.21}$$

が V の基底となるものが存在する(特に, 各 $k=1,\ldots,m$ に対し, $N^{k-1}\boldsymbol{x}_l^{(k)} \neq \boldsymbol{0}$ かつ $N^k\boldsymbol{x}_l^{(k)} = \boldsymbol{0}$ である). ここで, $n(k)=0$ も許されている(すなわち k 番目の部分は存在しないかもしれない)ことに注意せよ. ここに現れる整数 $n(1),\ldots,n(m)$ は, N により一意的に定まる.

表現行列の定義より直ちに, 上のような基底に関する N の表現行列はジョルダン行列の直和となることがわかる(命題 6.4.1 の証明も参照).

定理 6.4.7

記号は定理 6.4.6 の通りとする. 各 (k,l) に対し

$$U_l^{(k)} = \langle N^{k-1}\boldsymbol{x}_l^{(k)},\ldots,N\boldsymbol{x}_l^{(k)},\boldsymbol{x}_l^{(k)}\rangle_K$$

とおくと, $NU_l^{(k)} \subset U_l^{(k)}$ であり, $U_l^{(k)}$ 上の N 倍写像は, 基底 $N^{k-1}\boldsymbol{x}_l^{(k)},\ldots,$ $N\boldsymbol{x}_l^{(k)},\boldsymbol{x}_l^{(k)}$ に関してジョルダン行列

$$J_k(0) = \begin{bmatrix} 0 & 1 & & \huge{O} \\ & \ddots & \ddots & \\ & & \ddots & 1 \\ \huge{O} & & & 0 \end{bmatrix}$$

により表現される. また, V は $U_l^{(k)}$ たちの直和

$$V = \bigoplus_{k=1}^{m}\bigoplus_{l=1}^{n(k)} U_l^{(k)}$$

であり, V 上の N 倍写像は, 基底 (6.21) に関してジョルダン行列の直和

$$J = \bigoplus_{k=1}^{m} J_k(0)^{\oplus n(k)}$$

により表現される.

ここで，$\displaystyle\bigoplus_{k=1}^{m}\bigoplus_{l=1}^{n(k)} U_l^{(k)}$ は部分空間 $U_l^{(k)}$ たちの，すべての $k = 1, \ldots, m$ と $l = 1, \ldots, n(k)$ にわたる直和を表し，$\displaystyle\bigoplus_{k=1}^{m} J_k(0)^{\oplus n(k)}$ は正方行列の直和

$$\begin{bmatrix} \overbrace{J_1(0) \quad \ddots}^{n(1)\text{ 個}} & & & \Large O \\ & \overbrace{J_2(0) \quad \ddots}^{n(2)\text{ 個}} & & \\ & & \ddots & \\ \Large O & & & \overbrace{J_m(0) \quad \ddots}^{n(m)\text{ 個}} \end{bmatrix}$$

を表す．

さて，定理 6.4.6 を証明しよう．

[証明] 基底 (6.21) の下の方から順につくって行く．まず，$N^{m-1}V = \{N^{m-1}\boldsymbol{v} \mid \boldsymbol{v} \in V\}$ の基底を 1 組とる．$N^{m-1}V$ の各元は $N^{m-1}\boldsymbol{v}$ $(\boldsymbol{v} \in V)$ の形をしているから，この基底を

$$N^{m-1}\boldsymbol{x}_1^{(m)}, \ldots, N^{m-1}\boldsymbol{x}_{n(m)}^{(m)} \qquad (\boldsymbol{x}_i^{(m)} \in V)$$

としてよい．すると

$$\begin{array}{c} \boldsymbol{x}_1^{(m)}, \ldots, \boldsymbol{x}_{n(m)}^{(m)}, \\ N\boldsymbol{x}_1^{(m)}, \ldots, N\boldsymbol{x}_{n(m)}^{(m)}, \\ \vdots \qquad\qquad \vdots \\ N^{m-1}\boldsymbol{x}_1^{(m)}, \ldots, N^{m-1}\boldsymbol{x}_{n(m)}^{(m)} \end{array}$$

は線形独立である．実際，

$$\sum_{h=0}^{m-1}\sum_{i=1}^{n(m)} c_{h,i}\boldsymbol{x}_i^{(m)} = \boldsymbol{0} \tag{6.22}$$

とすると，これに N^{m-1} を左から掛けて

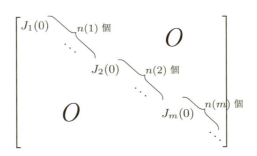

$$\sum_{i=1}^{n(m)} c_{0,i} N^{m-1} \boldsymbol{x}_i^{(m)} = \mathbf{0}$$

を得る（$N^m = O$ に注意）が，$N^{m-1}\boldsymbol{x}_1^{(m)}, \ldots, N^{m-1}\boldsymbol{x}_{n(m)}^{(m)}$ の線形独立性により係数 $c_{0,i}$ はすべて 0 である．次に，式 (6.22) に N^{m-2} を左から掛けることにより，同様にして $c_{1,i} = 0$ を得る．これを繰り返して，すべての $c_{h,i}$ が 0 となる．

さて，線形独立な元

$$N^{m-2}\boldsymbol{x}_1^{(m)}, \ldots, N^{m-2}\boldsymbol{x}_{n(m)}^{(m)},$$
$$N^{m-1}\boldsymbol{x}_1^{(m)}, \ldots, N^{m-1}\boldsymbol{x}_{n(m)}^{(m)}$$

で生成される V の部分空間は $N^{m-2}V$ の部分空間であるが，必ずしも $N^{m-2}V$ 全体に一致するとは限らない．そこで，これを拡張して（命題 4.3.18）$N^{m-2}V$ の基底

$$N^{m-2}\boldsymbol{x}_1^{(m-1)}, \ldots, N^{m-2}\boldsymbol{x}_{n(m-1)}^{(m-1)}, N^{m-2}\boldsymbol{x}_1^{(m)}, \ldots, N^{m-2}\boldsymbol{x}_{n(m)}^{(m)},$$
$$N^{m-1}\boldsymbol{x}_1^{(m)}, \ldots, N^{m-1}\boldsymbol{x}_{n(m)}^{(m)}$$

をつくる．その際，各 $l = 1, \ldots, n(m-1)$ に対し

$$N^{m-1}\boldsymbol{x}_l^{(m-1)} = \mathbf{0}$$

となるようにとれる．実際，もし $N^{m-1}\boldsymbol{x}_l^{(m-1)} \neq \mathbf{0}$ とすると，$N^{m-1}\boldsymbol{x}_l^{(m-1)} \in N^{m-1}V$ は $N^{m-1}\boldsymbol{x}_1^{(m)}, \ldots, N^{m-1}\boldsymbol{x}_{n(m)}^{(m)}$ の線形結合で

$$N^{m-1}\boldsymbol{x}_l^{(m-1)} = \sum_{i=1}^{n(m)} c_{li} N^{m-1}\boldsymbol{x}_i^{(m)}$$

と書ける．このとき，$N^{m-2}\boldsymbol{x}_l^{(m-1)}$ を

$$N^{m-2}\boldsymbol{y}_l^{(m-1)} = N^{m-2}\boldsymbol{x}_l^{(m-1)} - \sum_{i=1}^{n(m)} c_{li} N^{m-2}\boldsymbol{x}_i^{(m)}$$

で置き換えれば，$N^{m-1}\boldsymbol{y}_l^{(m-1)} = \mathbf{0}$ であり，

$$N^{m-2}\boldsymbol{y}_1^{(m-1)}, \ldots, N^{m-2}\boldsymbol{y}_{n(m-1)}^{(m-1)}, N^{m-2}\boldsymbol{x}_1^{(m)}, \ldots, N^{m-2}\boldsymbol{x}_{n(m)}^{(m)},$$
$$N^{m-1}\boldsymbol{x}_1^{(m)}, \ldots, N^{m-1}\boldsymbol{x}_{n(m)}^{(m)}$$

も $N^{m-2}V$ の基底である（問題 4.3.5）.

後はこの操作を繰り返す．すなわち，$N^{m-3}V$ の元

$$\begin{array}{r} N^{m-3}\boldsymbol{x}_1^{(m)},\ldots,N^{m-3}\boldsymbol{x}_{n(m-1)}^{(m-1)},N^{m-3}\boldsymbol{x}_1^{(m)},\ldots,N^{m-3}\boldsymbol{x}_{n(m)}^{(m)} \\ N^{m-2}\boldsymbol{x}_1^{(m-1)},\ldots,N^{m-2}\boldsymbol{x}_{n(m-1)}^{(m-1)},N^{m-2}\boldsymbol{x}_1^{(m)},\ldots,N^{m-2}\boldsymbol{x}_{n(m)}^{(m)} \\ N^{m-1}\boldsymbol{x}_1^{(m)},\ldots,N^{m-1}\boldsymbol{x}_{n(m)}^{(m)} \end{array}$$

は線形独立であり，これを拡張して $N^{m-3}V$ の基底

$$\begin{array}{r} N^{m-3}\boldsymbol{x}_1^{(m-2)},\ldots,N^{m-3}\boldsymbol{x}_{n(m-2)}^{(m-2)},N^{m-3}\boldsymbol{x}_1^{(m-1)},\ldots,N^{m-3}\boldsymbol{x}_{n(m-1)}^{(m-1)},N^{m-3}\boldsymbol{x}_1^{(m)},\ldots,N^{m-3}\boldsymbol{x}_{n(m)}^{(m)} \\ N^{m-2}\boldsymbol{x}_1^{(m-1)},\ldots,N^{m-2}\boldsymbol{x}_{n(m-1)}^{(m-1)},N^{m-2}\boldsymbol{x}_1^{(m)},\ldots,N^{m-2}\boldsymbol{x}_{n(m)}^{(m)} \\ N^{m-1}\boldsymbol{x}_1^{(m)},\ldots,N^{m-1}\boldsymbol{x}_{n(m)}^{(m)} \end{array}$$

をつくる．その際，各 $l=1,\ldots,n(m-1)$ に対し

$$N^{m-2}\boldsymbol{x}_l^{(m-2)}=\boldsymbol{0}$$

となるようにとる．この操作を有限回繰り返すこと（正確には数学的帰納法）により，求める基底 (6.21) が得られる．

上の議論からわかるように，等式

$$\begin{aligned} n(m)&=\dim(N^{m-1}V), \\ n(m-1)&=\dim(N^{m-2}V)-2n(m), \\ n(m-2)&=\dim(N^{m-3}V)-2n(m-1)-3n(m), \\ &\ \ \vdots \end{aligned}$$

となるから，$n(1),\ldots,n(m)$ は N のみで一意的に定まる．□

例題 6.4.8

次のべき零行列 N のジョルダン標準形を求めよ．

$$\begin{bmatrix} 0 & 1 & 0 & 0 & 0 \\ -1 & 0 & 1 & 0 & 0 \\ 0 & 1 & 0 & 0 & 0 \\ 0 & -1 & 0 & 0 & 1 \\ -1 & 0 & 1 & 0 & 0 \end{bmatrix}$$

［解答］ まず，N のべきを計算すると

$$N^2 = \begin{bmatrix} -1 & 0 & 1 & 0 & 0 \\ 0 & 0 & 0 & 0 & 0 \\ -1 & 0 & 1 & 0 & 0 \\ 0 & 0 & 0 & 0 & 0 \\ 0 & 0 & 0 & 0 & 0 \end{bmatrix}, \qquad N^3 = O$$

である．そこで，定理 6.4.6 を $m = 3$ として適用する．$V = K^5$ とし，N^2V の基底を求める．N^2V は N^2 の 5 つの列で生成される V の部分空間に等しい（例 5.2.2）．今の場合は，その基底として N^2 の第 3 列 ${}^{\mathrm{t}}\begin{bmatrix} 1 & 0 & 1 & 0 & 0 \end{bmatrix}$ がとれる．それは，$N^2\boldsymbol{e}_3$ （$\boldsymbol{e}_3$ は第 3 基本単位ベクトル）に等しいから，定理 6.4.6 の記号を用いると，$\boldsymbol{x}_1^{(3)} = \boldsymbol{e}_3$ ととったことになる．したがって，

$$N^2\boldsymbol{x}_1^{(3)} = N^2\boldsymbol{e}_3 = \begin{bmatrix} 1 \\ 0 \\ 1 \\ 0 \\ 0 \end{bmatrix}, \quad N\boldsymbol{x}_1^{(3)} = N\boldsymbol{e}_3 = \begin{bmatrix} 0 \\ 1 \\ 0 \\ 0 \\ 1 \end{bmatrix}, \quad \boldsymbol{x}_1^{(3)} = \boldsymbol{e}_3 = \begin{bmatrix} 0 \\ 0 \\ 1 \\ 0 \\ 0 \end{bmatrix}$$

である．

次に，NV の基底を求める．NV は N の 5 個の列で生成されるが，既に線形独立な 2 個のベクトル $N^2\boldsymbol{e}_3, N\boldsymbol{e}_3$ を含んでいることがわかっており，これに N の第 5 列 $N\boldsymbol{e}_5$ を加えれば NV の基底となることが容易にわかる．さらに，$N^2\boldsymbol{e}_5 = \boldsymbol{0}$ であるから，$\boldsymbol{x}_1^{(2)}$ として $\boldsymbol{e}_5$ をとれ，(6.21) のような「よい基底」として

$$N^2\boldsymbol{e}_3,\ N\boldsymbol{e}_3,\ \boldsymbol{e}_3,\ N\boldsymbol{e}_5,\ \boldsymbol{e}_5$$

がとれる．これらの成分を並べた正則行列を

$$P = \begin{bmatrix} 1 & 0 & 0 & 0 & 0 \\ 0 & 1 & 0 & 0 & 0 \\ 1 & 0 & 1 & 0 & 0 \\ 0 & 0 & 0 & 1 & 0 \\ 0 & 1 & 0 & 0 & 1 \end{bmatrix}$$

とおくと，求めるジョルダン標準形は

$$J = P^{-1}NP = \begin{bmatrix} J_3(0) & O \\ O & J_2(0) \end{bmatrix} = \begin{bmatrix} 0 & 1 & 0 & 0 & 0 \\ 0 & 0 & 1 & 0 & 0 \\ 0 & 0 & 0 & 0 & 0 \\ 0 & 0 & 0 & 0 & 1 \\ 0 & 0 & 0 & 0 & 0 \end{bmatrix}$$

である．

これまでに得られた結果をまとめて，ジョルダン標準形についての最終的な結果が得られる．すなわち，n 次正方行列 A の特性多項式 $\Phi_A(t)$ が 1 次式の積 $\prod_{i=1}^{r}(t-\lambda_i)^{m_i}$ に分解するならば，定理 6.4.4 により $V = K^n$ は一般固有空間 $\widetilde{V}(\lambda_i)$ の直和に分解する．各 $\widetilde{V}(\lambda_i)$ 上に $N = A - \lambda_i$ が引き起こす線形変換（それも N と記す）はべき零だから定理 6.4.6 が適用できて，各 $\widetilde{V}(\lambda_i)$ は $U_l^{(k)} = \langle N^{k-1}\boldsymbol{x}_l^{(k)}, \ldots, N\boldsymbol{x}_l^{(k)}, \boldsymbol{x}_l^{(k)}\rangle_K$ の形の部分空間の直和になる．各 $U_l^{(k)}$ 上で，A 倍写像は基底 $N^{k-1}\boldsymbol{x}_l^{(k)}, \ldots, N\boldsymbol{x}_l^{(k)}, \boldsymbol{x}_l^{(k)}$ に関して，ジョルダン行列 $J_k(\lambda_l)$ により表現される．そこで，次の定理を得る．

定理 6.4.9

n 次正方行列 A の特性多項式 $\Phi_A(t)$ が 1 次式の積

$$\Phi_A(t) \;=\; \prod_{i=1}^{r}(t-\lambda_i)^{m_i}$$

に分解するならば，A は次の形の**ジョルダン標準形**と共役である．

$$\bigoplus_{i=1}^{r}\bigoplus_{k_i=1}^{m_i} J_{k_i}(\lambda_i)^{\oplus n(k_i)}.$$

A のジョルダン標準形は，順序を除き一意的である．

ここで，$n(k_i)$ は 0 である可能性も許していることに注意されたい．

[証明] 一意性の証明だけが残っている．A がジョルダン行列 $J_k(\lambda)$ の直和の形の正方行列 J と共役であると仮定する．$J_k(\lambda)$ が J の中に $\nu_k(\lambda)$ 個現れるとする．この数 $\nu_k(\lambda)$ が A, k, λ のみで決まることを示せばよい．ここで，

$$d_h(\lambda) = \dim_K \mathrm{Ker}(A - \lambda E)^h$$

とおくと，これは A, h, λ のみで定まる．以下，記号の簡単のため $\nu_k(\lambda), d_h(\lambda)$ をそれぞれ ν_k, d_h とも記す．$d_h = \dim_K \mathrm{Ker}(J - \lambda E)^h$ でもあるから，容易にわかるように

$$d_h = \nu_1 + 2\nu_2 + \cdots + (h-1)\nu_{h-1} + h(\nu_h + \cdots + \nu_n)$$

である．ここで，$h = 1, 2, \ldots, n$ とすると

$$\begin{cases} d_1 = \nu_1 + \nu_2 + \cdots + \nu_n \\ \qquad \vdots \\ d_n = \nu_1 + 2\nu_2 + \cdots + n\nu_n. \end{cases}$$

これを（下の方から）逆に解くと

$$\begin{cases} \nu_n = d_n - d_{n-1} \\ \nu_{n-1} = -d_n + 2d_{n-1} - d_{n-2} \\ \qquad \vdots \\ \nu_h = -d_{h+1} + 2d_h - d_{h-1} \\ \qquad \vdots \\ \nu_1 = -d_2 + 2d_1. \end{cases}$$

ゆえに，これらは d_h で（したがって A, k, λ のみで）決まる．□

問題 6.4

1. 次の n 次正方行列 A の作用に関して，$V=K^n$ を一般固有空間分解せよ．

（1）$\begin{bmatrix} 2 & 1 & 1 \\ 1 & 2 & 1 \\ 0 & -1 & 1 \end{bmatrix}$ （2）$\begin{bmatrix} 1 & 1 & 0 & 1 \\ 1 & 1 & 0 & -1 \\ 1 & 1 & 2 & 0 \\ 0 & 1 & 0 & 2 \end{bmatrix}$

2. 次の行列のジョルダン標準形を求めよ．

（1）$\begin{bmatrix} 3 & -2 & 1 \\ 1 & 0 & 1 \\ 1 & -2 & 3 \end{bmatrix}$ （2）$\begin{bmatrix} -3 & -2 & -3 & 1 \\ 6 & 3 & 4 & -2 \\ 1 & 1 & 2 & 0 \\ -4 & -2 & -3 & 2 \end{bmatrix}$

3. $V=K^n$ とし，$E=E_n$ を n 次単位行列とする．n 次正方行列 $\mathcal{E}_1,\dots,\mathcal{E}_r$ が関係式

$$\mathcal{E}_1+\cdots+\mathcal{E}_r=E, \qquad i\neq j \text{ ならば } \mathcal{E}_i\mathcal{E}_j=O, \qquad \mathcal{E}_i^2=\mathcal{E}_i$$

を満たすと仮定する．$V_i=\mathcal{E}_iV=\{\mathcal{E}_i\boldsymbol{v}|\ \boldsymbol{v}\in V\}$ とおく．

（1）$\mathcal{E}_i$ 倍写像 $T_{\mathcal{E}_i}: V\to V$ を V の部分空間 V_j に制限したものは，$i=j$ のときは V_i 上の恒等写像であり，$i\neq j$ のときは 0 写像であることを示せ．

（2）直和分解

$$V=V_1\oplus\cdots\oplus V_r$$

が成り立つことを示せ．

4. 次のべき零行列 N のジョルダン標準形の中に含まれる，サイズ k のジョルダン行列 $J_k(0)$ の個数 ν_k を求めよ．

$$\begin{bmatrix} 0 & 1 & 0 & 0 & 0 \\ -1 & 0 & 1 & 0 & 0 \\ 0 & 1 & 0 & 0 & 0 \\ 0 & -1 & 0 & 0 & 1 \\ -1 & 0 & 1 & 0 & 0 \end{bmatrix}$$

7 内積と内積空間

1.1 節で取り上げたように，実 2 次元または実 3 次元数ベクトルに対して内積を考えることができた．その基本的な性質を抽象することで，一般の $\mathbb{R}$ 上のベクトル空間にもベクトルの内積の概念が導入される．これによって，ベクトルのノルム（長さ）や 2 つのベクトルの間の角度などが形式的に定義され，一般の $\mathbb{R}$ 上のベクトル空間においても，ベクトルを定量的にまた幾何的に扱うことができるようになる．

これまで，一般の体 K に対して線形代数の理論を学習してきたが，本章においては，実数体 $\mathbb{R}$ の場合に限定して，一般のベクトル空間の内積に関する事項を扱う．複素数体 $\mathbb{C}$ 上のベクトル空間の内積については 8.3 節で学ぶ．

7.1 ベクトルの内積と内積空間

一般の $\mathbb{R}$ 上のベクトル空間において，ベクトルの内積とノルムを定義する．

内積と内積空間　まず，実 2 次元または実 3 次元数ベクトルに対して定義された内積 (1.1 節) を，一般の実 n 次元数ベクトルに対して拡張しよう．

数ベクトル空間 $\mathbb{R}^n$ のベクトル $\boldsymbol{a} = \begin{bmatrix} a_1 \\ \vdots \\ a_n \end{bmatrix}$, $\boldsymbol{b} = \begin{bmatrix} b_1 \\ \vdots \\ b_n \end{bmatrix}$ に対して，

$$(\boldsymbol{a}, \boldsymbol{b}) = {}^{\mathrm{t}}\boldsymbol{a}\boldsymbol{b} = a_1 b_1 + \cdots + a_n b_n$$

と定めたものを $\boldsymbol{a}$ と $\boldsymbol{b}$ の**標準内積**という．$\boldsymbol{a}, \boldsymbol{b}$ に $(\boldsymbol{a}, \boldsymbol{b})$ を対応させる関数 $(\cdot, \cdot)\colon \mathbb{R}^n \times \mathbb{R}^n \to \mathbb{R}$ を $\mathbb{R}^n$ の**標準内積**という．

$\mathbb{R}^n$ の任意のベクトル $\boldsymbol{a}$, $\mathbb{R}^m$ の任意のベクトル $\boldsymbol{b}$，任意の実 (m, n) 型正方行列 A について，${}^{\mathrm{t}}(A\boldsymbol{a})\boldsymbol{b} = {}^{\mathrm{t}}\boldsymbol{a}\,{}^{\mathrm{t}}A\boldsymbol{b}$ より，次式が成り立つ．

$$(A\boldsymbol{a}, \boldsymbol{b}) = (\boldsymbol{a}, {}^{\mathrm{t}}A\boldsymbol{b}) \tag{7.1}$$

定義 7.1.1

V を $\mathbb{R}$ 上のベクトル空間とする．V の 2 つのベクトル $\boldsymbol{a}$, $\boldsymbol{b}$ に対して，実数 $(\boldsymbol{a}, \boldsymbol{b})$ を対応させる関数 $(\cdot, \cdot) \colon V \times V \to \mathbb{R}$ であって，次の 4 条件を満たすものを V の**内積**という．

（1） $(\boldsymbol{a} + \boldsymbol{a}', \boldsymbol{b}) = (\boldsymbol{a}, \boldsymbol{b}) + (\boldsymbol{a}', \boldsymbol{b})$

（2） $(k\boldsymbol{a}, \boldsymbol{b}) = k(\boldsymbol{a}, \boldsymbol{b})$

（3） $(\boldsymbol{a}, \boldsymbol{b}) = (\boldsymbol{b}, \boldsymbol{a})$

（4） $(\boldsymbol{a}, \boldsymbol{a}) \geqq 0$ であり，等号成立は $\boldsymbol{a} = \boldsymbol{0}$ のときに限る．

ここで，$\boldsymbol{a}$, $\boldsymbol{a}'$, $\boldsymbol{b}$ は V の任意のベクトルとし，k は任意の実数とする．$(\boldsymbol{a}, \boldsymbol{b})$ を **$\boldsymbol{a}$ と $\boldsymbol{b}$ の内積**という．$(\boldsymbol{a}, \boldsymbol{b})$ は $\boldsymbol{a} \cdot \boldsymbol{b}$ や $\langle \boldsymbol{a}, \boldsymbol{b} \rangle$ で表されることもある．内積 $(\cdot, \cdot)$ が 1 つ定まったベクトル空間 V を，**内積空間**または**計量ベクトル空間**という．

(1) と (3) および (2) と (3) より，内積は次の条件 $(1)'$, $(2)'$ も満たす．

$(1)'$ $(\boldsymbol{a}, \boldsymbol{b} + \boldsymbol{b}') = (\boldsymbol{a}, \boldsymbol{b}) + (\boldsymbol{a}, \boldsymbol{b}')$

$(2)'$ $(\boldsymbol{a}, k\boldsymbol{b}) = k(\boldsymbol{a}, \boldsymbol{b})$

ここで，$\boldsymbol{a}$, $\boldsymbol{b}$, $\boldsymbol{b}'$ は V の任意のベクトルとし，k は任意の実数とする．すなわち，内積は第 1 変数と第 2 変数の双方について線形性をもつ．また，(2), $(2)'$ において $k = 0$ とすると，特に，$(\boldsymbol{0}, \boldsymbol{b}) = (\boldsymbol{a}, \boldsymbol{0}) = 0$ が得られる．

注意 7.1.2 一般の体 K の場合にも，(1), (2), (3) を満たす関数 $(\cdot, \cdot) \colon V \times V \to K$ を考えることはできるが，特に実数体 $\mathbb{R}$（または複素数体 $\mathbb{C}$）の場合に限定することで (4) が意味をもち，ベクトル空間に計量の概念が入る．

例題 7.1.3

$\mathbb{R}^n$ の**標準内積**は，定義 7.1.1 の 4 条件を満たすことを確かめよ．

[解答] $\boldsymbol{a}$, $\boldsymbol{a}'$, $\boldsymbol{b}$ を $\mathbb{R}^n$ の任意のベクトルとし，k を任意の実数とする．

(1) $(\boldsymbol{a} + \boldsymbol{a}', \boldsymbol{b}) = {}^{t}(\boldsymbol{a} + \boldsymbol{a}')\boldsymbol{b} = ({}^{t}\boldsymbol{a} + {}^{t}\boldsymbol{a}')\boldsymbol{b} = {}^{t}\boldsymbol{a}\boldsymbol{b} + {}^{t}\boldsymbol{a}'\boldsymbol{b} = (\boldsymbol{a}, \boldsymbol{b}) + (\boldsymbol{a}', \boldsymbol{b})$

(2) $(k\boldsymbol{a}, \boldsymbol{b}) = {}^{t}(k\boldsymbol{a})\boldsymbol{b} = k\,{}^{t}\boldsymbol{a}\boldsymbol{b} = k(\boldsymbol{a}, \boldsymbol{b})$

(3) ${}^{t}\boldsymbol{a}\boldsymbol{b}$ が $(1, 1)$ 型行列であることに注意すると，$(\boldsymbol{a}, \boldsymbol{b}) = {}^{t}\boldsymbol{a}\boldsymbol{b} = {}^{t}\left({}^{t}\boldsymbol{a}\boldsymbol{b}\right) = {}^{t}\boldsymbol{b}\boldsymbol{a} = (\boldsymbol{b}, \boldsymbol{a})$ となる．

(4) $\boldsymbol{a} = \begin{bmatrix} a_1 \\ \vdots \\ a_n \end{bmatrix}$ とすると，$(\boldsymbol{a}, \boldsymbol{a}) = a_1^2 + \cdots + a_n^2 \geqq 0$ である．$\boldsymbol{a} \neq \boldsymbol{0}$ のとき，ある i について $a_i \neq 0$ であるから，$(\boldsymbol{a}, \boldsymbol{a}) > 0$ である．よって，$(\boldsymbol{a}, \boldsymbol{a}) = 0$ となる $\mathbb{R}^n$ のベクトルは $\boldsymbol{a} = \boldsymbol{0}$ に限る．

例題 7.1.4

a, b を $a < b$ となる実数とし，V を閉区間 $[a, b]$ 上の実数値連続関数全体のなす実ベクトル空間とする．V の関数 f, g に対して，

$$(f, g) = \int_a^b f(x)g(x)\,dx$$

と定めると，関数 $(\cdot, \cdot): V \times V \to \mathbb{R}$ は V の内積であることを確かめよ．

［解答］ 関数 $(\cdot, \cdot)$ が定義 7.1.1 の 4 条件を満たすことを確かめる．f, f', g を V の任意の関数とし，k を任意の実数とする．

(1) $\int_a^b \big(f(x) + f'(x)\big)\,g(x)\,dx = \int_a^b f(x)g(x)\,dx + \int_a^b f'(x)g(x)\,dx$ より，$(f + f', g) = (f, g) + (f', g)$ が成り立つ．

(2) $(kf, g) = \int_a^b (kf(x))\,g(x)\,dx = k\int_a^b f(x)g(x)\,dx = k(f, g)$

(3) $(f, g) = \int_a^b f(x)g(x)\,dx = \int_a^b g(x)f(x)\,dx = (g, f)$

(4) $f(x)^2 \geqq 0$ より，$(f, f) = \int_a^b f(x)^2\,dx \geqq 0$ である．$f \neq 0$ とする．このとき，ある実数 t $(a < t < b)$ で $f(a) \neq 0$ である．関数 $f(x)$ の連続性から，$x = t$ のある近傍で $f(x) \neq 0$，すなわち，$f(x)^2 > 0$ であるから，$(f, f) = \int_a^b f(x)^2\,dx > 0$ である．よって，$(f, f) = 0$ となる f は 0 に限る．

実数係数の多項式は，自然に（$\mathbb{R}$ の任意の閉空間上の）実数値連続関数とみなすことができるので，例題 7.1.4 の内積によって，実数係数の多項式全体のなす実ベクトル空間 $\mathbb{R}[x]$ は内積空間である．

ノルム　実2次元または実3次元数ベクトルの場合と同様に，一般の内積空間のベクトルのノルムが内積を用いて次のように定義される．

定義 7.1.5

内積空間 V のベクトル $\boldsymbol{a}$ に対して，

$$\|\boldsymbol{a}\| = \sqrt{(\boldsymbol{a}, \boldsymbol{a})}$$

とおき，これを $\boldsymbol{a}$ の**ノルム**または**長さ**という．$\boldsymbol{a}$ に $\|\boldsymbol{a}\|$ を対応させる関数 $\|\cdot\|\colon V \to \mathbb{R}$ を V の**ノルム**という．

命題 7.1.6

内積空間 V のベクトル $\boldsymbol{a}$ と実数 k について，次が成り立つ．

（1）　$\|\boldsymbol{a}\| \geqq 0$ であり，等号成立は $\boldsymbol{a} = \boldsymbol{0}$ のときに限る．

（2）　$\|k\boldsymbol{a}\| = |k|\|\boldsymbol{a}\|$

[証明]　(1)　ノルムの定義（定義 7.1.5）より，$\|\boldsymbol{a}\| \geqq 0$ である．また，$\|\boldsymbol{a}\| = 0$，すなわち，$(\boldsymbol{a}, \boldsymbol{a}) = 0$ となるのは $\boldsymbol{a} = \boldsymbol{0}$ のときに限る．

(2)　$\|k\boldsymbol{a}\|^2 = (k\boldsymbol{a}, k\boldsymbol{a}) = k^2(\boldsymbol{a}, \boldsymbol{a}) = k^2\|\boldsymbol{a}\|^2$ となるので，この両辺の平方根をとればよい．□

例題 7.1.7

内積空間 V の2つのベクトル $\boldsymbol{a}, \boldsymbol{b}$ について，次が成り立つことを示せ．

（1）　$(\boldsymbol{a}, \boldsymbol{b}) = \frac{1}{2}\left(\|\boldsymbol{a}+\boldsymbol{b}\|^2 - \|\boldsymbol{a}\|^2 - \|\boldsymbol{b}\|^2\right)$

（2）　$\|\boldsymbol{a}+\boldsymbol{b}\|^2 + \|\boldsymbol{a}-\boldsymbol{b}\|^2 = 2\left(\|\boldsymbol{a}\|^2 + \|\boldsymbol{b}\|^2\right)$　（中線定理）

[解答]　(1)

$$\begin{aligned}\|\boldsymbol{a}+\boldsymbol{b}\|^2 &= (\boldsymbol{a}+\boldsymbol{b}, \boldsymbol{a}+\boldsymbol{b}) \\ &= (\boldsymbol{a}, \boldsymbol{a}) + (\boldsymbol{a}, \boldsymbol{b}) + (\boldsymbol{b}, \boldsymbol{a}) + (\boldsymbol{b}, \boldsymbol{b}) \\ &= \|\boldsymbol{a}\|^2 + 2(\boldsymbol{a}, \boldsymbol{b}) + \|\boldsymbol{b}\|^2\end{aligned}$$

これを $(\boldsymbol{a}, \boldsymbol{b})$ について解けばよい．

(2)　(1) と同様にして，$\|\boldsymbol{a}-\boldsymbol{b}\|^2 = \|\boldsymbol{a}\|^2 - 2(\boldsymbol{a}, \boldsymbol{b}) + \|\boldsymbol{b}\|^2$ が成り立つ．(1) で得た式とこの式の辺々を加えることで求める式が得られる．

シュワルツの不等式と三角不等式　次の2つの不等式は，それぞれ**シュワルツの不等式**と**三角不等式**とよばれる．

定理 7.1.8　シュワルツの不等式

内積空間 V の2つのベクトル $\boldsymbol{a}, \boldsymbol{b}$ について，次が成り立つ．

$$|(\boldsymbol{a}, \boldsymbol{b})| \leqq \|\boldsymbol{a}\|\|\boldsymbol{b}\|$$

等号成立は，$\boldsymbol{a}$ と $\boldsymbol{b}$ が線形従属であるとき，すなわち，ある実数 k について $\boldsymbol{a} = k\boldsymbol{b}$ または $\boldsymbol{b} = k\boldsymbol{a}$ となるときに限る．

［証明］　$\boldsymbol{b} = \boldsymbol{0}$ のとき，両辺はともに0であり等しい．

$\boldsymbol{b} \neq \boldsymbol{0}$ のとき，$k = \frac{(\boldsymbol{a},\boldsymbol{b})}{\|\boldsymbol{b}\|^2}$ とおくと，

$$0 \leqq \|\boldsymbol{a} - k\boldsymbol{b}\|^2 = \|\boldsymbol{a}\|^2 - 2k(\boldsymbol{a}, \boldsymbol{b}) + k^2\|\boldsymbol{b}\|^2 = \|\boldsymbol{a}\|^2 - \frac{(\boldsymbol{a}, \boldsymbol{b})^2}{\|\boldsymbol{b}\|^2}$$

となり，これより求める不等式を得る．等号成立は $\|\boldsymbol{a} - k\boldsymbol{b}\| = 0$ となるときであるが，命題 7.1.6 (1) より，この条件は $\boldsymbol{a} = k\boldsymbol{b}$ に他ならない．逆に，ある実数 k について $\boldsymbol{a} = k\boldsymbol{b}$ とすると，両辺はともに $|k|\|\boldsymbol{b}\|^2$ であり等しい．□

定理 7.1.9　三角不等式

内積空間 V の2つのベクトル $\boldsymbol{a}, \boldsymbol{b}$ について，次が成り立つ．

$$\|\boldsymbol{a} + \boldsymbol{b}\| \leqq \|\boldsymbol{a}\| + \|\boldsymbol{b}\|$$

等号成立は，ある実数 $k \geqq 0$ について $\boldsymbol{a} = k\boldsymbol{b}$ または $\boldsymbol{b} = k\boldsymbol{a}$ となるときに限る．

［証明］　シュワルツの不等式（定理 7.1.8）より，

$$\|\boldsymbol{a} + \boldsymbol{b}\|^2 = \|\boldsymbol{a}\|^2 + 2(\boldsymbol{a}, \boldsymbol{b}) + \|\boldsymbol{b}\|^2 \leqq \|\boldsymbol{a}\|^2 + 2\|\boldsymbol{a}\|\|\boldsymbol{b}\| + \|\boldsymbol{b}\|^2 = (\|\boldsymbol{a}\| + \|\boldsymbol{b}\|)^2$$

となり，この両辺の平方根をとることで求める不等式を得る．等号成立は，$(\boldsymbol{a}, \boldsymbol{b}) = |(\boldsymbol{a}, \boldsymbol{b})|$ であり，かつシュワルツの不等式の等号が成立するときに限る．これは，$(\boldsymbol{a}, \boldsymbol{b}) \geqq 0$ であり，かつある実数 k について $\boldsymbol{a}=k\boldsymbol{b}$ または $\boldsymbol{b}=k\boldsymbol{a}$ となること，すなわち，ある実数 $k \geqq 0$ について $\boldsymbol{a}=k\boldsymbol{b}$ または $\boldsymbol{b}=k\boldsymbol{a}$ となることと同値である．□

命題 7.1.6 に三角不等式を合わせたものはノルムの基本性質である．

ベクトルの直交　一般の内積空間におけるベクトルの直交性について考察しよう．内積空間 V の 2 つのベクトル $\boldsymbol{a}$, $\boldsymbol{b}$ について，$(\boldsymbol{a}, \boldsymbol{b}) = 0$ が成り立つとき，$\boldsymbol{a}$ と $\boldsymbol{b}$ は**直交する**といい，$\boldsymbol{a} \perp \boldsymbol{b}$ で表す．特に，零ベクトル $\boldsymbol{0}$ は V のすべてのベクトルと直交する．

命題 7.1.10

内積空間 V の互いに直交する零でないベクトル $\boldsymbol{a}_1, \ldots, \boldsymbol{a}_n$ は線形独立である．

[証明]　実数 $c_1, \ldots, c_n$ について，線形関係式 $c_1\boldsymbol{a}_1 + \cdots + c_n\boldsymbol{a}_n = \boldsymbol{0}$ が成り立つとする．任意の整数 i $(1 \leqq i \leqq n)$ について，$\boldsymbol{a}_i$ とこの両辺の内積を考える．$(\boldsymbol{a}_i, \boldsymbol{a}_j) = 0$ $(j \neq i)$ であるので，$\boldsymbol{a}_i$ と左辺の内積は

$$(\boldsymbol{a}_i, c_1\boldsymbol{a}_1 + \cdots + c_n\boldsymbol{a}_n) = c_1(\boldsymbol{a}_i, \boldsymbol{a}_1) + \cdots + c_n(\boldsymbol{a}_i, \boldsymbol{a}_n) = c_i(\boldsymbol{a}_i, \boldsymbol{a}_i)$$

となり，$\boldsymbol{a}_i$ と右辺の内積は $(\boldsymbol{a}_i, \boldsymbol{0}) = 0$ となる．よって，$c_i(\boldsymbol{a}_i, \boldsymbol{a}_i) = 0$ である．一方，$\boldsymbol{a}_i$ が零でないことに注意すると，$(\boldsymbol{a}_i, \boldsymbol{a}_i) \neq 0$ であるので，$c_i = 0$ である．i は任意であるので，$c_1 = \cdots = c_n = 0$ が得られる．以上より，$\boldsymbol{a}_1, \ldots, \boldsymbol{a}_n$ は線形独立である．□

定理 4.3.20 と命題 7.1.10 を合わせると，次の定理が得られる．

定理 7.1.11

$\dim(V) = n$ のとき，内積空間 V の互いに直交する零でない n 個のベクトルの組 $\boldsymbol{a}_1, \ldots, \boldsymbol{a}_n$ は V の基底である．

（ベクトル空間としての）内積空間 V の部分空間 W に対して，

$$W^{\perp} = \{\boldsymbol{x} \in V \mid \boldsymbol{x} \text{ は } W \text{ のすべてのベクトルと直交する}\}$$

とおき，これを W の（V における）**直交補空間**という．W が有限次元であり，組 $\boldsymbol{v}_1, \ldots, \boldsymbol{v}_n$ を W の基底とするとき，V のベクトル $\boldsymbol{x}$ が $W^{\perp}$ のベクトルであるためには，$\boldsymbol{x}$ がすべての $\boldsymbol{v}_i$ と直交することが必要十分である．

命題 7.1.12

内積空間 V の部分空間 W の直交補空間 $W^{\perp}$ は V の部分空間である．

［証明］　まず，$\mathbf{0}$ は $W^{\perp}$ のベクトルであるので，$W^{\perp}$ は空集合でない．次に，$\boldsymbol{a}$, $\boldsymbol{b}$ を $W^{\perp}$ の任意のベクトルとし，k を任意の実数とする．W の任意のベクトル $\boldsymbol{c}$ について，

$$(\boldsymbol{a}+\boldsymbol{b},\boldsymbol{c}) = (\boldsymbol{a},\boldsymbol{c}) + (\boldsymbol{b},\boldsymbol{c}) = 0, \qquad (k\boldsymbol{a},\boldsymbol{c}) = k(\boldsymbol{a},\boldsymbol{c}) = 0$$

となる．これより，$\boldsymbol{a}+\boldsymbol{b}$, $k\boldsymbol{a}$ は W のすべてのベクトルと直交するので，ともに $W^{\perp}$ のベクトルである．以上より，$W^{\perp}$ は V の部分空間である．□

注意 7.1.13　ベクトル空間 V の部分空間 W に対して，$V = W \oplus W'$ を満たす V の部分空間 W' を W の**補空間**という．（一般には，補空間は一意的には決まらない．）後に定理 7.2.7 (1) においてみるように，V が有限次元内積空間である場合には，$V = W \oplus W^{\perp}$ が成り立つ．

ベクトルのなす角　1.1 節において述べたように，零でない実 2 次元または実 3 次元数ベクトル $\boldsymbol{v}$ と $\boldsymbol{v}'$ のなす角を θ とするとき，等式 $(\boldsymbol{v},\boldsymbol{v}') = \|\boldsymbol{v}\|\|\boldsymbol{v}'\|\cos\theta$ が成り立つことを思い出そう．この場合と整合するように，一般の内積空間の 2 つのベクトルのなす角が次のように定義される．

$\boldsymbol{a}$, $\boldsymbol{b}$ を内積空間 V の零でない 2 つのベクトルとする．シュワルツの不等式（定理 7.1.8）より，

$$-1 \leqq \frac{(\boldsymbol{a},\boldsymbol{b})}{\|\boldsymbol{a}\|\|\boldsymbol{b}\|} \leqq 1$$

となるので，

$$\frac{(\boldsymbol{a},\boldsymbol{b})}{\|\boldsymbol{a}\|\|\boldsymbol{b}\|} = \cos\theta$$

を満たす実数 θ（$0 \leqq \theta \leqq \pi$）がただ 1 つ定まる．θ を $\boldsymbol{a}$ **と** $\boldsymbol{b}$ **のなす角**という．

$\boldsymbol{a}$ と $\boldsymbol{b}$ のなす角が $\frac{\pi}{2}$ であることは，$\boldsymbol{a}$ と $\boldsymbol{b}$ が直交することに他ならない．また，シュワルツの不等式（定理 7.1.8）の等号成立条件より，$\boldsymbol{a}$ と $\boldsymbol{b}$ のなす角が 0（または π）であることは，ある実数 $k > 0$（または $k < 0$）について $\boldsymbol{a} = k\boldsymbol{b}$ となることに他ならない．

問題 7.1

1. $\mathbb{R}^4$ のベクトル $\boldsymbol{a} = \begin{bmatrix} 1 \\ 0 \\ 2 \\ -3 \end{bmatrix}, \boldsymbol{b} = \begin{bmatrix} 2 \\ 1 \\ 1 \\ -1 \end{bmatrix}$ について，ノルム $\|\boldsymbol{a}\|, \|\boldsymbol{b}\|$，標準内積 $(\boldsymbol{a}, \boldsymbol{b})$，$\boldsymbol{a}$ と $\boldsymbol{b}$ のなす角をそれぞれ求めよ．

2. 本問では，$\mathbb{R}[x]$ は例題 7.1.4 の $a = -1, b = 1$ とした内積によって内積空間であると考える．

（1） 内積 $(2x^2 + x + 1, x - 1)$ を求めよ．

（2） x^2 の係数が 1 である $\mathbb{R}[x]$ の 2 次多項式でノルムが最小であるものを求めよ．

3. 実 2 次正方行列 A，B に対して，$(A, B) = \mathrm{tr}({}^{\mathrm{t}}AB)$ と定める．ここで，$\mathrm{tr}\left(\begin{bmatrix} a & b \\ c & d \end{bmatrix}\right) = a + d$ である（問題 2.1.11 参照）

（1） 関数 $(\cdot, \cdot)$ は実 2 次正方行列のなす実ベクトル空間 $\mathrm{M}_2(\mathbb{R})$ の内積であることを示せ．

（2） (1) の内積に関して，行列 $\begin{bmatrix} \cos\alpha & -\sin\alpha \\ \sin\alpha & \cos\alpha \end{bmatrix}$ と $\begin{bmatrix} \cos\beta & -\sin\beta \\ \sin\beta & \cos\beta \end{bmatrix}$ のなす角を求めよ．ただし，α, β は $0 \leqq \alpha - \beta \leqq \pi$ となる実数とする．

4. A, B を実 n 次正方行列とする．$\mathbb{R}^n$ の任意のベクトル $\boldsymbol{x}, \boldsymbol{y}$ に対して，$(\boldsymbol{x}, A\boldsymbol{y}) = (\boldsymbol{x}, B\boldsymbol{y})$ が成り立つならば，$A = B$ であることを示せ．

5. 内積空間 V の 2 つのベクトル $\boldsymbol{a}$ と $\boldsymbol{b}$ が直交するためには，次が成り立つことが必要十分であることを示せ．

$$\|\boldsymbol{a} + \boldsymbol{b}\|^2 = \|\boldsymbol{a}\|^2 + \|\boldsymbol{b}\|^2$$

6. 内積空間 V の部分空間 W, W_1, W_2 に対して，次が成り立つことを示せ．

（1） $W \cap W^{\perp} = \{\boldsymbol{0}\}$

（2） W_1 が W_2 の部分空間であるならば，$W_2^{\perp}$ は $W_1^{\perp}$ の部分空間である．

7. $\mathbb{R}^n$ のベクトルの組 $\boldsymbol{a}_1, \ldots, \boldsymbol{a}_n$ が基底であるためには，$(\boldsymbol{a}_i, \boldsymbol{a}_j)$ を (i, j) 成分とする n 次正方行列 G が正則であることが必要十分であることを示せ．

7.2　正規直交基底と直交行列

内積空間の与えられた基底を内積に整合する基底（正規直交基底）に取り換える，グラム・シュミットの直交化法を紹介する．また，内積を保つ線形変換である直交変換と，その表現行列として現れる直交行列の性質について学ぶ．

本節では，$\mathbb{R}^n$ は標準内積によって内積空間であるものと考える．

正規直交基底　内積空間の基底としては次のものを選ぶことが自然である．

定義 7.2.1

n 次元内積空間 V の基底 $\boldsymbol{v}_1, \ldots, \boldsymbol{v}_n$ が

$$(\boldsymbol{v}_i, \boldsymbol{v}_j) = \delta_{ij} \qquad (1 \leqq i, j \leqq n) \tag{*}$$

を満たすとき，すなわち，$\boldsymbol{v}_1, \ldots, \boldsymbol{v}_n$ はいずれもノルムが 1 で互いに直交するとき，組 $\boldsymbol{v}_1, \ldots, \boldsymbol{v}_n$ を V の**正規直交基底**という．ここで，δ_{ij} はクロネッカーのデルタである．

定理 7.1.11 より，n 次元内積空間において，(*) を満たす V のベクトルの組 $\boldsymbol{v}_1, \ldots, \boldsymbol{v}_n$ は V の基底であるので，V の正規直交基底である．

例 7.2.2　$\mathbb{R}^n$ の標準基底 $\boldsymbol{e}_1, \ldots, \boldsymbol{e}_n$ は $\mathbb{R}^n$ の正規直交基底である．

例 7.2.3　実数 θ について，組 $\begin{bmatrix} \cos\theta \\ \sin\theta \end{bmatrix}, \begin{bmatrix} -\sin\theta \\ \cos\theta \end{bmatrix}$ と組 $\begin{bmatrix} \cos\theta \\ \sin\theta \end{bmatrix}, \begin{bmatrix} \sin\theta \\ -\cos\theta \end{bmatrix}$ は $\mathbb{R}^2$ の正規直交基底である．逆に，$\mathbb{R}^2$ の任意の正規直交基底は，ある実数 θ について，これらのいずれかである（例 7.2.9，命題 7.2.11 参照）

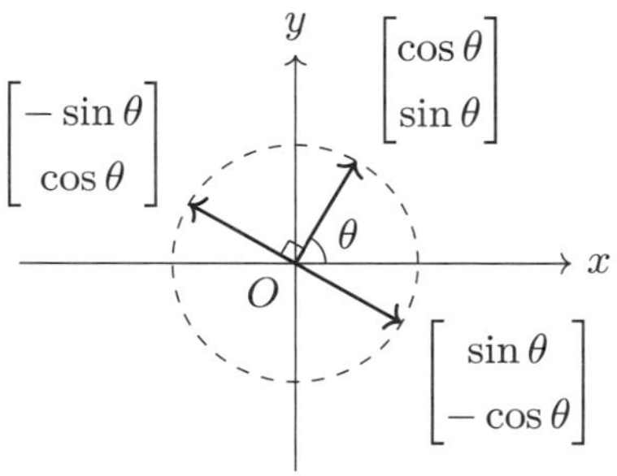

命題 7.2.4

組 $\boldsymbol{v}_1, \ldots, \boldsymbol{v}_n$ を n 次元内積空間 V の正規直交基底とすると，V のベクトル $\boldsymbol{x} = k_1\boldsymbol{v}_1 + \cdots + k_n\boldsymbol{v}_n$，$\boldsymbol{y} = l_1\boldsymbol{v}_1 + \cdots + l_n\boldsymbol{v}_n$（$k_1, \ldots, k_n, l_1, \ldots, l_n$ は実数とする）について，次が成り立つ．

（1） $k_i = (\boldsymbol{x}, \boldsymbol{v}_i)$ $(1 \leqq i \leqq n)$

（2） $(\boldsymbol{x}, \boldsymbol{y}) = k_1 l_1 + \cdots + k_n l_n$

[証明] (1) $(\boldsymbol{x}, \boldsymbol{v}_i) = \displaystyle\sum_{j=1}^{n} k_j(\boldsymbol{v}_j, \boldsymbol{v}_i) = \sum_{j=1}^{n} k_j \delta_{ji} = k_i$ $(1 \leqq i \leqq n)$

(2) (1) を用いると，$(\boldsymbol{x}, \boldsymbol{y}) = \displaystyle\sum_{i=1}^{n} l_i(\boldsymbol{x}, \boldsymbol{v}_i) = \sum_{i=1}^{n} k_i l_i$ となる．□

グラム・シュミットの直交化法 内積空間の与えられた基底を正規直交基底に取り換える方法を紹介する．

より一般に，内積空間 V の線形独立なベクトル $\boldsymbol{v}_1, \ldots, \boldsymbol{v}_m$ に対して，以下のように，V のベクトル $\boldsymbol{w}_1, \ldots, \boldsymbol{w}_m$ を帰納的に定める．

[1] $\boldsymbol{w}_1 = \dfrac{\boldsymbol{v}_1}{\|\boldsymbol{v}_1\|}$ と定める．

[2] $\boldsymbol{w}'_2 = \boldsymbol{v}_2 - (\boldsymbol{v}_2, \boldsymbol{w}_1)\boldsymbol{w}_1$，$\boldsymbol{w}_2 = \dfrac{\boldsymbol{w}'_2}{\|\boldsymbol{w}'_2\|}$ と定める．

[i] このように，$\boldsymbol{w}_{i-1}$ まで構成されたとき，$\boldsymbol{w}_i$ を次で定める（$2 \leqq i \leqq n$）．

$$\boldsymbol{w}'_i = \boldsymbol{v}_i - (\boldsymbol{v}_i, \boldsymbol{w}_1)\boldsymbol{w}_1 - \cdots - (\boldsymbol{v}_i, \boldsymbol{w}_{i-1})\boldsymbol{w}_{i-1}, \quad \boldsymbol{w}_i = \frac{\boldsymbol{w}'_i}{\|\boldsymbol{w}'_i\|} \tag{7.2}$$

この構成法を**グラム・シュミットの直交化法**という．

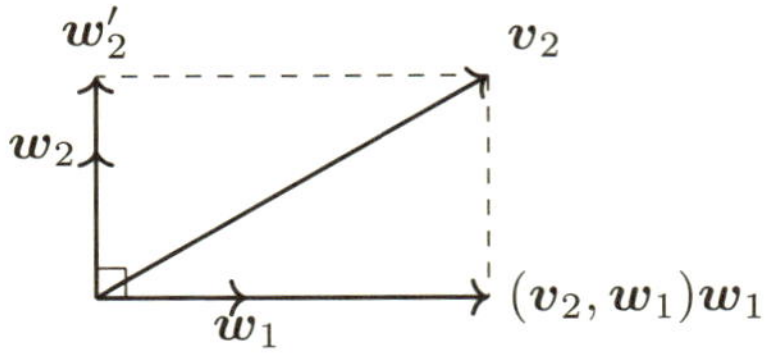

定理 7.2.5 ——— **グラム・シュミットの直交化法**

内積空間 V の線形独立なベクトル $\boldsymbol{v}_1, \ldots, \boldsymbol{v}_m$ に対して，上のように構成されるベクトル $\boldsymbol{w}_1, \ldots, \boldsymbol{w}_m$ は次を満たす.

（1） $(\boldsymbol{w}_i, \boldsymbol{w}_j) = \delta_{ij}$ $(1 \leqq i, j \leqq m)$

（2） $\langle \boldsymbol{w}_1, \ldots, \boldsymbol{w}_i \rangle = \langle \boldsymbol{v}_1, \ldots, \boldsymbol{v}_i \rangle$ $(1 \leqq i \leqq m)$

［証明］ 任意の整数 k（$1 \leqq k \leqq m$）について，$\boldsymbol{w}_1, \ldots, \boldsymbol{w}_k$ が条件 (1)，(2) を満たすことを，k についての帰納法を用いて示す．$k = 1$ のとき，$\boldsymbol{w}_1$ の定め方から，$\|\boldsymbol{w}_1\| = 1$ と $\langle \boldsymbol{w}_1 \rangle = \langle \boldsymbol{v}_1 \rangle$ が成り立つ．$k - 1$（$2 \leqq k \leqq n$）について，$\boldsymbol{w}_1, \ldots, \boldsymbol{w}_{k-1}$ が条件 (1)，(2) を満たすことを仮定する．$\boldsymbol{w}_k'$，$\boldsymbol{w}_k$ の定め方と帰納法の仮定より，$\|\boldsymbol{w}_k\| = 1$ であり，任意の整数 i（$1 \leqq i \leqq k - 1$）について，

$$
\begin{aligned}
(\boldsymbol{w}_k, \boldsymbol{w}_i) &= \frac{1}{\|\boldsymbol{w}_k'\|}\left((\boldsymbol{v}_k, \boldsymbol{w}_i) - \sum_{l=1}^{k-1}(\boldsymbol{v}_k, \boldsymbol{w}_l)(\boldsymbol{w}_l, \boldsymbol{w}_i)\right) \\
&= \frac{1}{\|\boldsymbol{w}_k'\|}\left((\boldsymbol{v}_k, \boldsymbol{w}_i) - \sum_{l=1}^{k-1}(\boldsymbol{v}_k, \boldsymbol{w}_l)\delta_{li}\right) \\
&= \frac{1}{\|\boldsymbol{w}_k'\|}\left((\boldsymbol{v}_k, \boldsymbol{w}_i) - (\boldsymbol{v}_k, \boldsymbol{w}_i)\right) \\
&= 0
\end{aligned}
$$

となる．また，$\boldsymbol{w}_k$ は $\boldsymbol{v}_k$，$\boldsymbol{w}_1, \ldots, \boldsymbol{w}_{k-1}$ の線形結合であるから，

$$\langle \boldsymbol{w}_1, \ldots, \boldsymbol{w}_{k-1}, \boldsymbol{w}_k \rangle = \langle \boldsymbol{w}_1, \ldots, \boldsymbol{w}_{k-1}, \boldsymbol{v}_k \rangle$$

である．さらに，帰納法の仮定より，$\langle \boldsymbol{w}_1, \ldots, \boldsymbol{w}_{k-1} \rangle = \langle \boldsymbol{v}_1, \ldots, \boldsymbol{v}_{k-1} \rangle$ であるので，

$$\langle \boldsymbol{w}_1, \ldots, \boldsymbol{w}_{k-1}, \boldsymbol{v}_k \rangle = \langle \boldsymbol{v}_1, \ldots, \boldsymbol{v}_{k-1}, \boldsymbol{v}_k \rangle$$

である．よって，k についても $\boldsymbol{w}_1, \ldots, \boldsymbol{w}_k$ は条件 (1)，(2) を満たす．□

命題 7.1.10 より，グラム・シュミットの直交化法で構成されるベクトルは再び線形独立である．また，特に V の基底 $\boldsymbol{v}_1, \ldots, \boldsymbol{v}_n$ に対して，組 $\boldsymbol{w}_1, \ldots, \boldsymbol{w}_n$ は V の正規直交基底である．

例題 7.2.6

グラム・シュミットの直交化法を用いて，$\mathbb{R}^3$ の次の基底 $\boldsymbol{v}_1$, $\boldsymbol{v}_2$, $\boldsymbol{v}_3$ から，$\langle \boldsymbol{v}_1 \rangle = \langle \boldsymbol{w}_1 \rangle$, $\langle \boldsymbol{v}_1, \boldsymbol{v}_2 \rangle = \langle \boldsymbol{w}_1, \boldsymbol{w}_2 \rangle$, $\langle \boldsymbol{v}_1, \boldsymbol{v}_2, \boldsymbol{v}_3 \rangle = \langle \boldsymbol{w}_1, \boldsymbol{w}_2, \boldsymbol{w}_3 \rangle$ を満たすような正規直交基底 $\boldsymbol{w}_1$, $\boldsymbol{w}_2$, $\boldsymbol{w}_3$ を構成せよ．

$$\boldsymbol{v}_1 = \begin{bmatrix} 1 \\ -1 \\ 0 \end{bmatrix}, \boldsymbol{v}_2 = \begin{bmatrix} 0 \\ 2 \\ -1 \end{bmatrix}, \boldsymbol{v}_3 = \begin{bmatrix} 5 \\ 1 \\ 3 \end{bmatrix}$$

[解答] 基底 $\boldsymbol{v}_1$, $\boldsymbol{v}_2$, $\boldsymbol{v}_3$ にグラム・シュミットの直交化法を適用する．

[1] $$\boldsymbol{w}_1 = \frac{\boldsymbol{v}_1}{\|\boldsymbol{v}_1\|} = \frac{1}{\sqrt{2}} \begin{bmatrix} 1 \\ -1 \\ 0 \end{bmatrix}$$

[2] $$\boldsymbol{w}_2' = \boldsymbol{v}_2 - (\boldsymbol{v}_2, \boldsymbol{w}_1)\boldsymbol{w}_1 = \begin{bmatrix} 0 \\ 2 \\ -1 \end{bmatrix} - \left(-\sqrt{2}\right) \cdot \frac{1}{\sqrt{2}} \begin{bmatrix} 1 \\ -1 \\ 0 \end{bmatrix} = \begin{bmatrix} 1 \\ 1 \\ -1 \end{bmatrix},$$

$$\boldsymbol{w}_2 = \frac{\boldsymbol{w}_2'}{\|\boldsymbol{w}_2'\|} = \frac{1}{\sqrt{3}} \begin{bmatrix} 1 \\ 1 \\ -1 \end{bmatrix}$$

[3] $$\begin{aligned} \boldsymbol{w}_3' &= \boldsymbol{v}_3 - (\boldsymbol{v}_3, \boldsymbol{w}_1)\boldsymbol{w}_1 - (\boldsymbol{v}_3, \boldsymbol{w}_2)\boldsymbol{w}_2 \\ &= \begin{bmatrix} 5 \\ 1 \\ 3 \end{bmatrix} - 2\sqrt{2} \cdot \frac{1}{\sqrt{2}} \begin{bmatrix} 1 \\ -1 \\ 0 \end{bmatrix} - \sqrt{3} \cdot \frac{1}{\sqrt{3}} \begin{bmatrix} 1 \\ 1 \\ -1 \end{bmatrix} = \begin{bmatrix} 2 \\ 2 \\ 4 \end{bmatrix}, \end{aligned}$$

$$\boldsymbol{w}_3 = \frac{\boldsymbol{w}_3'}{\|\boldsymbol{w}_3'\|} = \frac{1}{2\sqrt{6}} \begin{bmatrix} 2 \\ 2 \\ 4 \end{bmatrix} = \frac{1}{\sqrt{6}} \begin{bmatrix} 1 \\ 1 \\ 2 \end{bmatrix}$$

以上より，正規直交基底 $\boldsymbol{w}_1$, $\boldsymbol{w}_2$, $\boldsymbol{w}_3$ が構成された．定理 7.2.5 より，これは与えられた条件を満たす．

正射影 W を有限次元内積空間 V の部分空間とする．次の定理によって，V の任意のベクトル $\boldsymbol{x}$ は，W のベクトル $\boldsymbol{a}$ と $W^{\perp}$ のベクトル $\boldsymbol{b}$ の和 $\boldsymbol{x} = \boldsymbol{a} + \boldsymbol{b}$ として一意的に分解される．$\boldsymbol{a}$ を $\boldsymbol{x}$ の W への**正射影**といい，$\boldsymbol{x}$ に $\boldsymbol{a}$ を対応させる写像 $p_W : V \to W$ を W への**正射影作用素**という．

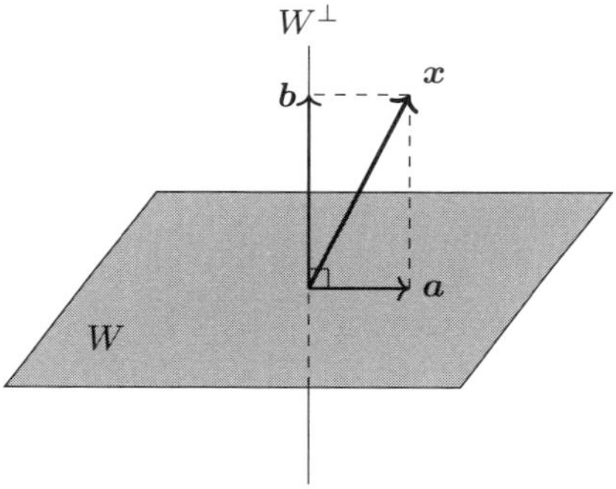

定理 7.2.7

有限次元内積空間 V の部分空間 W について，次が成り立つ．

（1） $V = W \oplus W^{\perp}$

（2） $(W^{\perp})^{\perp} = W$

定理の証明にあたって，補題を 1 つ用意しよう．

補題 7.2.8

n 次元内積空間 V の m 次元部分空間 W（$m \leqq n$）について，V の正規直交基底 $\boldsymbol{w}_1, \ldots, \boldsymbol{w}_n$ であって，組 $\boldsymbol{w}_1, \ldots, \boldsymbol{w}_m$ が W の正規直交基底となるものが存在する．

［**証明**］ W の基底 $\boldsymbol{v}_1, \ldots, \boldsymbol{v}_m$ を 1 つ選び，これに $(n - m)$ 個のベクトル $\boldsymbol{v}_{m+1}, \ldots, \boldsymbol{v}_n$ を追加することで，V の基底 $\boldsymbol{v}_1, \ldots, \boldsymbol{v}_n$ を得る．この基底にグラム・シュミットの直交化法を適用して構成される V の正規直交基底を $\boldsymbol{w}_1, \ldots, \boldsymbol{w}_n$ とする．定理 7.2.5 より，組 $\boldsymbol{w}_1, \ldots, \boldsymbol{w}_m$ は W の正規直交基底である．□

補題 7.2.8 を用いて，定理 7.2.7 を証明しよう．

[定理 7.2.7 の証明] $n = \dim(V)$, $m = \dim(W)$（$m \leqq n$）とおく．補題 7.2.8 より，V の正規直交基底 $\boldsymbol{w}_1, \ldots, \boldsymbol{w}_n$ であって，組 $\boldsymbol{w}_1, \ldots, \boldsymbol{w}_m$ が W の正規直交基底となるものをとる．

(1) V の任意のベクトル $\boldsymbol{x} = k_1\boldsymbol{w}_1 + \cdots + k_n\boldsymbol{w}_n$（$k_1, \ldots, k_n$ は実数）が $W^\perp$ のベクトルであるためには，$k_i = (\boldsymbol{x}, \boldsymbol{w}_i) = 0$（$1 \leqq i \leqq m$）となることが必要十分である．これは，$W^\perp = \langle \boldsymbol{w}_{m+1}, \ldots, \boldsymbol{w}_n \rangle$ が成り立つことを意味する．よって，

$$V = \langle \boldsymbol{w}_1, \ldots, \boldsymbol{w}_m \rangle \oplus \langle \boldsymbol{w}_{m+1}, \ldots, \boldsymbol{w}_n \rangle = W \oplus W^\perp.$$

(2) $W^\perp = \langle \boldsymbol{w}_{m+1}, \ldots, \boldsymbol{w}_n \rangle$ より，(1) と同様に，$\boldsymbol{x}$ が $(W^\perp)^\perp$ のベクトルであるためには，$k_i = (\boldsymbol{x}, \boldsymbol{w}_i) = 0$（$m+1 \leqq i \leqq n$）となることが必要十分である．これは $(W^\perp)^\perp = \langle \boldsymbol{w}_1, \ldots, \boldsymbol{w}_m \rangle = W$ が成り立つことを意味する． □

定理 7.2.7 (1) より，W への正射影作用素 p_W は線形写像であることがわかる．それだけでなく，定理 7.2.7 の証明より，V のベクトル $\boldsymbol{x}$ の W への正射影 $p_W(\boldsymbol{x})$ は W の正規直交基底 $\boldsymbol{w}_1, \ldots, \boldsymbol{w}_m$ を用いて，次のように明示される．

$$p_W(\boldsymbol{x}) = (\boldsymbol{x}, \boldsymbol{w}_1)\boldsymbol{w}_1 + \cdots + (\boldsymbol{x}, \boldsymbol{w}_m)\boldsymbol{w}_m$$

これより，グラム・シュミットの直交化法 [i] において，ベクトル $\boldsymbol{w}'_i$ は正射影作用素を用いて，次のように表されることがわかる．

$$\boldsymbol{w}'_i = \boldsymbol{v}_i - p_{\langle \boldsymbol{w}_1, \ldots, \boldsymbol{w}_{i-1} \rangle}(\boldsymbol{v}_i) = \boldsymbol{v}_i - p_{\langle \boldsymbol{v}_1, \ldots, \boldsymbol{v}_{i-1} \rangle}(\boldsymbol{v}_i).$$

直交行列 実正方行列 P が

$${}^{\mathrm{t}}PP = E$$

を満たすとき，P は**直交行列**であるという．直交行列 P は正則であり，$P^{-1} = {}^{\mathrm{t}}P$ である．また，$\dfrac{1}{\det(P)} = \det(P^{-1}) = \det({}^{\mathrm{t}}P) = \det(P)$ となるので，$\det(P) = \pm 1$ である．

例 7.2.9 任意の実数 θ について，$\begin{bmatrix} \cos\theta & -\sin\theta \\ \sin\theta & \cos\theta \end{bmatrix}$ と $\begin{bmatrix} \cos\theta & \sin\theta \\ \sin\theta & -\cos\theta \end{bmatrix}$ は行列式がそれぞれ 1 と -1 である直交行列である．逆に，任意の 2 次直交行列はこれらのいずれかであることが確かめられる（問題 7.2.4）．

例 7.2.10 任意の実数 θ について，次の行列はいずれも直交行列である．

$$R_x(\theta) = \begin{bmatrix} 1 & 0 & 0 \\ 0 & \cos\theta & -\sin\theta \\ 0 & \sin\theta & \cos\theta \end{bmatrix}, \quad R_y(\theta) = \begin{bmatrix} \cos\theta & 0 & -\sin\theta \\ 0 & 1 & 0 \\ \sin\theta & 0 & \cos\theta \end{bmatrix},$$

$$R_z(\theta) = \begin{bmatrix} \cos\theta & -\sin\theta & 0 \\ \sin\theta & \cos\theta & 0 \\ 0 & 0 & 1 \end{bmatrix}$$

命題 7.2.11

実 n 次正方行列 $P = \begin{bmatrix} \boldsymbol{p}_1 & \cdots & \boldsymbol{p}_n \end{bmatrix}$ について，次は同値である．

（1） P は直交行列である．

（2） 組 $\boldsymbol{p}_1, \ldots, \boldsymbol{p}_n$ は $\mathbb{R}^n$ の正規直交基底である．

[証明] $${}^{\mathrm{t}}PP = \begin{bmatrix} {}^{\mathrm{t}}\boldsymbol{p}_1 \\ \vdots \\ {}^{\mathrm{t}}\boldsymbol{p}_n \end{bmatrix} \begin{bmatrix} \boldsymbol{p}_1 \cdots \boldsymbol{p}_n \end{bmatrix} = \begin{bmatrix} {}^{\mathrm{t}}\boldsymbol{p}_i \boldsymbol{p}_j \end{bmatrix} = \begin{bmatrix} (\boldsymbol{p}_i, \boldsymbol{p}_j) \end{bmatrix}$$

となるので，${}^{\mathrm{t}}PP = E$ が成り立つことと $(\boldsymbol{p}_i, \boldsymbol{p}_j) = \delta_{ij}$（$1 \leqq i, j \leqq n$）が成り立つことは同値である．すなわち，(1) と (2) は同値である．□

直交変換 内積を保つ線形変換とその表現行列について考えよう．

定義 7.2.12

内積空間 V の線形変換 f が，V の任意のベクトル $\boldsymbol{a}, \boldsymbol{b}$ について，

$$(f(\boldsymbol{a}), f(\boldsymbol{b})) = (\boldsymbol{a}, \boldsymbol{b})$$

を満たすとき，f は V の**直交変換**であるという．

命題 7.2.13

内積空間 V の線形変換 f について，次は同値である．

（1） f は直交変換である．

（2） f はノルムを保つ．すなわち，V の任意のベクトル $\boldsymbol{a}$ について，$\|f(\boldsymbol{a})\| = \|\boldsymbol{a}\|$ である．

[証明] f が直交変換であるとすると，V の任意のベクトル $\boldsymbol{a}$ について，$\|f(\boldsymbol{a})\| = \sqrt{(f(\boldsymbol{a}), f(\boldsymbol{a}))} = \sqrt{(\boldsymbol{a}, \boldsymbol{a})} = \|\boldsymbol{a}\|$ となり，f はノルムを保つ．逆に，f がノルムを保つとすると，例題 7.1.7 (1) より，V の任意のベクトル $\boldsymbol{a}, \boldsymbol{b}$ について，$(f(\boldsymbol{a}), f(\boldsymbol{b})) = \frac{1}{2}\left(\|f(\boldsymbol{a}) + f(\boldsymbol{b})\|^2 - \|f(\boldsymbol{a})\|^2 - \|f(\boldsymbol{b})\|^2\right) = \frac{1}{2}\left(\|\boldsymbol{a} + \boldsymbol{b}\|^2 - \|\boldsymbol{a}\|^2 - \|\boldsymbol{b}\|^2\right) = (\boldsymbol{a}, \boldsymbol{b})$ となり，f は直交変換である．□

命題 7.2.13 より，直交変換 f は V の零でない 2 つのベクトルのなす角を保つことがわかる．

例 7.2.14 n 次直交行列 P が定める $\mathbb{R}^n$ の線形変換 T_P は直交変換である．実際，式 (7.1) に注意すると，$\mathbb{R}^n$ の任意のベクトル $\boldsymbol{a}, \boldsymbol{b}$ について次を得る．

$$(T_P(\boldsymbol{a}), T_P(\boldsymbol{b})) = (P\boldsymbol{a}, P\boldsymbol{b}) = (\boldsymbol{a}, {}^{\mathrm{t}}PP\boldsymbol{b}) = (\boldsymbol{a}, \boldsymbol{b})$$

例 7.2.15 例 7.2.9 の直交行列が定める $\mathbb{R}^2$ の直交変換は，それぞれ原点を中心とした角度 θ の回転変換（1.2 節），直線 $x \sin\frac{\theta}{2} - y\cos\frac{\theta}{2} = 0$ に関する折り返し変換である．$\mathbb{R}^2$ の任意の直交変換はこれらのいずれかである（問題 7.2.4）．

例 7.2.16 例 7.2.10 の直交行列 $R_x(\theta)$, $R_y(\theta)$, $R_z(\theta)$ が定める $\mathbb{R}^3$ の直交変換 $f_\theta, g_\theta, h_\theta$ は，それぞれ x 軸，y 軸，z 軸を中心とした角度 θ の回転変換である．より一般に，$\mathbb{R}^3$ 内の原点を通るある直線を回転軸とする角度 θ の回転変換は直交変換であり，1.2 節でみたように，適当な実数 β, γ について，合成写像 $g_\gamma \circ h_\beta \circ f_\theta \circ h_{-\beta} \circ g_{-\gamma}$ として表される．実は，任意の 3 次直交行列 P について，$\det(P) = 1$ のとき，T_P はこのような回転変換であり，$\det(P) = -1$ のとき，T_P はこのような回転変換と原点を通るある平面に関する折り返し変換の合成写像であることが確かめられる（問題 7.2.6, 問題 7.2.7）．

命題 7.2.17

内積空間 V の直交変換 f は単射である．特に，V が有限次元のとき，f は同型写像である．

[証明] $\mathrm{Ker}(f)$ の任意のベクトル $\boldsymbol{x}$ について，$\|\boldsymbol{x}\| = \|f(\boldsymbol{x})\| = \|\boldsymbol{0}\| = 0$ となるので，$\boldsymbol{x} = \boldsymbol{0}$ である．すなわち，$\mathrm{Ker}(f) = \{\boldsymbol{0}\}$ である．定理 5.2.4 より，f は単射である．特に，V が有限次元のとき，定理 5.2.6 (2) より，f は全射でもあるので同型写像である．□

命題 7.2.18

n 次元内積空間 V の線形変換 f について，次は同値である．

（1） f は直交変換である．

（2） V の任意の正規直交基底 $\boldsymbol{v}_1, \ldots, \boldsymbol{v}_n$ に対して，組 $f(\boldsymbol{v}_1), \ldots, f(\boldsymbol{v}_n)$ は V の正規直交基底である．

（3） V のある正規直交基底 $\boldsymbol{v}_1, \ldots, \boldsymbol{v}_n$ に対して，組 $f(\boldsymbol{v}_1), \ldots, f(\boldsymbol{v}_n)$ は V の正規直交基底である．

［証明］ (1) を仮定すると，任意の正規直交基底 $\boldsymbol{v}_1, \ldots, \boldsymbol{v}_n$ に対して，

$$(f(\boldsymbol{v}_i), f(\boldsymbol{v}_j)) = (\boldsymbol{v}_i, \boldsymbol{v}_j) = \delta_{ij} \qquad (1 \leqq i, j \leqq n)$$

となるので，(2) が成り立つ．

また，(2) ならば (3) が成り立つことは明らかである．

次に，(3) を仮定し，組 $f(\boldsymbol{v}_1), \ldots, f(\boldsymbol{v}_n)$ が V の正規直交基底であるような，V の正規直交基底 $\boldsymbol{v}_1, \ldots, \boldsymbol{v}_n$ をとる．V の任意のベクトル

$$\boldsymbol{x} = k_1\boldsymbol{v}_1 + \cdots + k_n\boldsymbol{v}_n, \qquad \boldsymbol{y} = l_1\boldsymbol{v}_1 + \cdots + l_n\boldsymbol{v}_n$$

（$k_1, \ldots, k_n, l_1, \ldots, l_n$ は実数）に対して，

$$f(\boldsymbol{x}) = k_1 f(\boldsymbol{v}_1) + \cdots + k_n f(\boldsymbol{v}_n), \qquad f(\boldsymbol{y}) = l_1 f(\boldsymbol{v}_1) + \cdots + l_n f(\boldsymbol{v}_n)$$

である．ここで，仮定と命題 7.2.4 (2) より，

$$(f(\boldsymbol{x}), f(\boldsymbol{y})) = k_1 l_1 + \cdots + k_n l_n = (\boldsymbol{x}, \boldsymbol{y})$$

となる．よって，(3) が成り立つ．

以上より，(1)，(2)，(3) は同値である．□

次のように，直交変換は正規直交基底に関して直交行列によって表現される．

定理 7.2.19

有限次元内積空間 V の線形変換 f について，次は同値である．

（1） f は直交変換である．

（2） V の任意の正規直交基底に関する f の表現行列は直交行列である．

（3） V のある正規直交基底に関する f の表現行列は直交行列である．

[証明] まず，(1) を仮定する．$P = \begin{bmatrix} \boldsymbol{p}_1 & \cdots & \boldsymbol{p}_n \end{bmatrix}$ を V の任意の正規直交基底 $\boldsymbol{v}_1, \ldots, \boldsymbol{v}_n$ に関する f の表現行列とする（$n = \dim(V)$）．命題 7.2.4 (2) と仮定より，

$$(\boldsymbol{p}_i, \boldsymbol{p}_j) = (f(\boldsymbol{v}_i), f(\boldsymbol{v}_j)) = (\boldsymbol{v}_i, \boldsymbol{v}_j) = \delta_{ij} \qquad (1 \leqq i, j \leqq n).$$

すなわち，組 $\boldsymbol{p}_1, \ldots, \boldsymbol{p}_n$ は $\mathbb{R}^n$ の正規直交基底である．よって，命題 7.2.11 より，(2) が成り立つ．

また，(2) ならば (3) が成り立つことは明らかである．

次に，(3) を仮定し，f の表現行列 $P = \begin{bmatrix} \boldsymbol{p}_1 & \cdots & \boldsymbol{p}_n \end{bmatrix}$ が直交行列であるような，V の正規直交基底 $\boldsymbol{v}_1, \ldots, \boldsymbol{v}_n$ をとる．命題 7.2.11 より，組 $\boldsymbol{p}_1, \ldots, \boldsymbol{p}_n$ は $\mathbb{R}^n$ の正規直交基底である．さらに，命題 7.2.4 (2) より，

$$(f(\boldsymbol{v}_i), f(\boldsymbol{v}_j)) = (\boldsymbol{a}_i, \boldsymbol{a}_j) = \delta_{ij}.$$

すなわち，$f(\boldsymbol{v}_1), \ldots, f(\boldsymbol{v}_n)$ は V の正規直交基底である．よって，命題 7.2.18 より，(1) が成り立つ．

以上より，(1)，(2)，(3) は同値である．□

問題 7.2

1.　次の $\mathbb{R}^n$（$n=2,3$）の基底にグラム・シュミットの直交化法を適用することによって，正規直交基底を構成せよ．

（1）　$\boldsymbol{v}_1=\begin{bmatrix}3\\4\end{bmatrix}, \boldsymbol{v}_2=\begin{bmatrix}-1\\2\end{bmatrix}$　（2）　$\boldsymbol{v}_1=\begin{bmatrix}2\\-2\\1\end{bmatrix}, \boldsymbol{v}_2=\begin{bmatrix}0\\4\\-1\end{bmatrix}, \boldsymbol{v}_3=\begin{bmatrix}1\\1\\-1\end{bmatrix}$

2.　例題 7.1.4 において，$a=-1,\ b=1$ とした $\mathbb{R}[x]_2$ の内積に関して，$\mathbb{R}[x]_2$ の基底 $\mathbf{1},\ x,\ x^2$ にグラム・シュミットの直交化法を適用することによって，正規直交基底を構成せよ．

3.　$\begin{bmatrix}1\\1\\0\end{bmatrix}, \begin{bmatrix}1\\0\\1\end{bmatrix}$ が生成する $\mathbb{R}^3$ の部分空間への $\begin{bmatrix}2\\3\\2\end{bmatrix}$ の正射影を求めよ．

4.　任意の 2 次直交行列は，ある実数 θ について，$\begin{bmatrix}\cos\theta & -\sin\theta\\ \sin\theta & \cos\theta\end{bmatrix}$ または $\begin{bmatrix}\cos\theta & \sin\theta\\ \sin\theta & -\cos\theta\end{bmatrix}$ の形に表されることを示せ（例 7.2.3 参照）．

5.　内積空間 V の直交変換 $f,\ g$ について，次を示せ．

（1）　合成写像 $g\circ f$ は V の直交変換である．

（2）　f が同型写像であるとき，逆写像 f^{-1} は V の直交変換である．

6.　$\mathbb{R}^3$ 内の原点を通る平面 H に関する折り返し変換 (1.10) は，$\mathbb{R}^3$ の直交変換であることを示せ．また，この変換の $\mathbb{R}^3$ の標準基底に関する表現行列の行列式は -1 であることを示せ（例 7.2.16 参照）．

7.　$\det(P)=1$ である 3 次直交行列 P について，次を示せ．

（1）　P は固有値 1 をもつ．

（2）　$\mathbb{R}^3$ のある正規直交基底に関する P の表現行列 A は，$\det(R)=1$ である 2 次直交行列 R を用いて，$A=\begin{bmatrix}1 & {}^t\mathbf{0}\\ \mathbf{0} & R\end{bmatrix}$ と表される．

（3）　P が定める $\mathbb{R}^3$ の直交変換 T_P は，原点を通るある直線を回転軸とする回転変換である（例 7.2.16 参照）．

8 対称行列と2次形式

6.2 節において，正方行列の対角化について学んだ．本章では，実対称行列が直交行列を用いて対角化できることを紹介し，これを 2 次形式の取り扱いに応用する．与えられた実正方行列を $\mathbb{R}^n$ の線形変換としてみるとき，その行列を特に $\mathbb{R}^n$ の標準内積を保つ直交行列によって対角化できるかどうかは，幾何学的な応用を図るうえで考察するべきことである．8.3 節では，$\mathbb{C}$ 上のベクトル空間の内積と線形変換に関して，$\mathbb{R}$ 上の場合と対応する事項を扱う．

8.1 対称行列の対角化

以下では，$\mathbb{R}^n$ は標準内積によって内積空間であるものと考える．また，複素数 $a = x + iy$（x, y は実数とし，$i = \sqrt{-1}$ である）に対して，$\overline{a} = x - iy$ をその複素共役とし，複素行列 $A = \begin{bmatrix} a_{ij} \end{bmatrix}$ に対して，$\overline{A} = \begin{bmatrix} \overline{a}_{ij} \end{bmatrix}$ とおく．

対称行列　（体 K の数を成分にもつ）n 次正方行列 $A = \begin{bmatrix} a_{ij} \end{bmatrix}$ が

$$ {}^{t}A = A, \text{ すなわち，} a_{ij} = a_{ji} \ (1 \leqq i, j \leqq n) $$

を満たすとき，A は**対称行列**であるという（問題 2.1.13）．

例 8.1.1　体 K の任意の数 a, b, c について，$\begin{bmatrix} a & b \\ b & c \end{bmatrix}$ は対称行列である．

対称行列の定義と式 (7.1) より，任意の $\mathbb{R}^n$ のベクトル $\boldsymbol{a}$，$\boldsymbol{b}$ と任意の実 n 次対称行列 A について，次式が成り立つ．

$$ (A\boldsymbol{a}, \boldsymbol{b}) = (\boldsymbol{a}, A\boldsymbol{b}) \tag{8.1} $$

逆に，後に定理 8.1.11 でより一般にみるように，任意の $\mathbb{R}^n$ のベクトル $\boldsymbol{a}$，$\boldsymbol{b}$ に対して式 (8.1) を満たす実 n 次正方行列 A は対称行列である．

代数学の基本定理により，実 n 次正方行列 A の特性多項式 $\Phi_A(t)$ は，重複度を込めてちょうど n 個の複素数根 $\lambda_1, \ldots, \lambda_n$ をもつ．すなわち，係数を複素数まで拡張すれば，次のように $\Phi_A(t)$ は 1 次式の積に分解される．

$$\Phi_A(t) = (t - \lambda_1) \cdots (t - \lambda_n)$$

命題 8.1.2

実 n 次対称行列 A の特性多項式 $\Phi_A(t)$ は，重複度を込めてちょうど n 個の実数根をもつ．

［証明］ 複素数 λ を A の任意の固有値とするとき，λ が実数であることを示せばよい．$\mathbb{C}^n$ のベクトル $\boldsymbol{x}$ $(\neq \boldsymbol{0})$ を λ に属する A の固有ベクトルとする．A は実数を成分にもつので $\overline{A} = A$ であり，

$$A\overline{\boldsymbol{x}} = \overline{A}\overline{\boldsymbol{x}} = \overline{A\boldsymbol{x}} = \overline{\lambda\boldsymbol{x}} = \overline{\lambda}\overline{\boldsymbol{x}}$$

となる．よって，$\overline{\lambda}$ は A の固有値であり，$\overline{\boldsymbol{x}}$ は $\overline{\lambda}$ に属する A の固有ベクトルである．これを用いると，

$$\lambda {}^{\mathrm{t}}\boldsymbol{x}\overline{\boldsymbol{x}} = {}^{\mathrm{t}}(\lambda\boldsymbol{x})\,\overline{\boldsymbol{x}} = {}^{\mathrm{t}}(A\boldsymbol{x})\,\overline{\boldsymbol{x}} = {}^{\mathrm{t}}\boldsymbol{x}\,{}^{\mathrm{t}}A\overline{\boldsymbol{x}} = {}^{\mathrm{t}}\boldsymbol{x}A\overline{\boldsymbol{x}} = {}^{\mathrm{t}}\boldsymbol{x}\left(\overline{\lambda}\overline{\boldsymbol{x}}\right) = \overline{\lambda}\,{}^{\mathrm{t}}\boldsymbol{x}\overline{\boldsymbol{x}}$$

となる．ここで，$\boldsymbol{x} = \begin{bmatrix} x_1 \\ \vdots \\ x_n \end{bmatrix}$ $(\neq \boldsymbol{0})$ とすると，

$${}^{\mathrm{t}}\boldsymbol{x}\overline{\boldsymbol{x}} = x_1\overline{x}_1 + \cdots + x_n\overline{x}_n = |x_1|^2 + \cdots + |x_n|^2 \neq 0$$

であるから，$\lambda = \overline{\lambda}$ が成り立つ．すなわち，λ は実数である．□

命題 8.1.3

実対称行列の相異なる固有値に属する 2 つの実固有ベクトルは直交する．

［証明］ 実数 λ, μ を実対称行列 A の相異なる固有値とし，$\mathbb{R}^n$ のベクトル $\boldsymbol{x}, \boldsymbol{y}$ をそれぞれ λ, μ に対する A の固有ベクトルとする．$\mathbb{R}^n$ の標準内積 $(\cdot,\cdot)$ について，式 (8.1) に注意すると，

$$\lambda(\boldsymbol{x}, \boldsymbol{y}) = (\lambda\boldsymbol{x}, \boldsymbol{y}) = (A\boldsymbol{x}, \boldsymbol{y}) = (\boldsymbol{x}, A\boldsymbol{y}) = (\boldsymbol{x}, \mu\boldsymbol{y}) = \mu(\boldsymbol{x}, \boldsymbol{y})$$

となる．ここで，$\lambda \neq \mu$ であるから，$(\boldsymbol{x}, \boldsymbol{y}) = 0$ が成り立つ．すなわち，$\boldsymbol{x}$ と $\boldsymbol{y}$ は直交する．□

直交行列による上三角化　定理 6.3.2 より，実 n 次正方行列 A に対して，特性多項式 $\Phi_A(t)$ が重複度を込めてちょうど n 個の実数根をもつならば，$P^{-1}AP$ が上三角行列であるような，ある n 次正則行列 P が存在する．実は，このような P として特に直交行列を選ぶことができる．（直交行列 P について，$P^{-1} = {}^{t}P$ である．）

定理 8.1.4

実 n 次正方行列 A に対して，特性多項式 $\Phi_A(t)$ が重複度を込めてちょうど n 個の実数根をもつならば，${}^{t}PAP$ が上三角行列であるような，ある n 次直交行列 P が存在する．

［証明］　まず，命題 6.3.1 においては，$K = \mathbb{R}$ の場合，実 n 次正則行列 P として特に直交行列を選ぶことができる．これは，必要であればグラム・シュミットの直交化法を適用することにより，命題の証明中で構成した P の列ベクトル $\boldsymbol{v}_1, \ldots, \boldsymbol{v}_n$ は $\mathbb{R}^n$ の正規直交基底であるとしてよいからである．

以上を踏まえて，$K = \mathbb{R}$ の場合に，定理 6.3.2 の証明を以下のように修正する．上で述べたことから，定理の証明中の実 n 次正則行列 P_0 として特に直交行列を選ぶことができる．さらに，帰納法の仮定を強めて，実 $(n-1)$ 次正則行列 P_1 として直交行列を選び，同様に $P = P_0 \begin{bmatrix} 1 & {}^{t}\mathbf{0} \\ \mathbf{0} & P_1 \end{bmatrix}$ とおく．このとき，同様の計算により，${}^{t}PAP$ は上三角行列である．さらに，

$$
{}^{t}PP = {}^{t}\begin{bmatrix} 1 & {}^{t}\mathbf{0} \\ \mathbf{0} & P_1 \end{bmatrix} {}^{t}P_0 P_0 \begin{bmatrix} 1 & {}^{t}\mathbf{0} \\ \mathbf{0} & P_1 \end{bmatrix} = \begin{bmatrix} 1 & {}^{t}\mathbf{0} \\ \mathbf{0} & {}^{t}P_1 \end{bmatrix} \begin{bmatrix} 1 & {}^{t}\mathbf{0} \\ \mathbf{0} & P_1 \end{bmatrix} = \begin{bmatrix} 1 & {}^{t}\mathbf{0} \\ \mathbf{0} & {}^{t}P_1 P_1 \end{bmatrix} = E
$$

となり，P は直交行列である．□

例題 8.1.5

行列 $A = \begin{bmatrix} 3 & 2 \\ -2 & -1 \end{bmatrix}$ の固有値がすべて実数であることを確かめ，A を直交行列によって上三角化せよ．

［解答］ $\Phi_A(t) = \det(tE - A) = (t-1)^2$ と計算されるので，A の固有値は 1 で，その重複度は 2 である．よって，A の固有値はすべて実数である．

連立一次方程式 $(E - A)\boldsymbol{x} = \boldsymbol{0}$ を解くと，固有値 1 に対する A の固有空間 $V(A,1) = \left\langle \begin{bmatrix} 1 \\ -1 \end{bmatrix} \right\rangle$ が求まる．$V(A,1)$ の基底 $\begin{bmatrix} 1 \\ -1 \end{bmatrix}$ に，例えば $\begin{bmatrix} 0 \\ 1 \end{bmatrix}$ を追加して $\mathbb{R}^2$ の基底を得る．これにグラム・シュミットの直交化法を適用すると，$\mathbb{R}^2$ の正規直交基底 $\frac{1}{\sqrt{2}}\begin{bmatrix} 1 \\ -1 \end{bmatrix}$, $\frac{1}{\sqrt{2}}\begin{bmatrix} 1 \\ 1 \end{bmatrix}$ が得られる．命題 7.2.11 より，$P = \frac{1}{\sqrt{2}}\begin{bmatrix} 1 & 1 \\ -1 & 1 \end{bmatrix}$ とおくと，これは直交行列であって，${}^{t}PAP = \begin{bmatrix} 1 & 4 \\ 0 & 1 \end{bmatrix}$ は上三角行列である．

直交行列による対角化と対称行列 実対称行列は直交行列を用いて対角化できることを示そう．

定理 8.1.6

実 n 次正方行列 A について，次は同値である．

（1） A は対称行列である．

（2） A の固有ベクトルからなる $\mathbb{R}^n$ の正規直交基底が存在する．

（3） ${}^{t}PAP$ が対角行列であるような，ある n 次直交行列 P が存在する．

［証明］ 定理 6.2.2，式 (6.14)，命題 7.2.11 より，(2) と (3) は同値である．特に，(2) の正規直交基底をなすベクトルを列ベクトルとする行列として (3) の直交行列 P が与えられ，逆に，(3) の直交行列 P の列ベクトルが (2) の正規直交基底をなす．

以下，(1) と (3) が同値であることを示す．一般に，n 次対称行列 B と n 次正方行列 Q に対して，${}^{t}({}^{t}QBQ) = {}^{t}Q\,{}^{t}BQ = {}^{t}QBQ$ となるので，${}^{t}QBQ$ も対称行列である．

まず，(1) を仮定して (3) を示す．仮定と命題 8.1.2 より，A の固有値はすべて実数であるので，定理 8.1.4 より，${}^{t}PAP$ が上三角行列であるような，ある n 次直交行列 P が存在する．仮定と上で述べたことより，${}^{t}PAP$ は対称行列でもあり，上三角行列である対称行列は対角行列に限られるので，結局，${}^{t}PAP$ は対角行列である．よって，(3) が成り立つ．

次に，(3) を仮定して (1) を示す．対角行列 ${}^{t}PAP$ は特に対称行列であるので，上で述べたことより，$A = P({}^{t}PAP){}^{t}P$ は対称行列である．よって，(1) が成り立つ． □

定理 8.1.6 からも命題 8.1.3 が再確認されることを注意しておく.

定理 8.1.6, 命題 8.1.3 を踏まえて, 与えられた実 n 次対称行列 A を直交行列を用いて対角化する手順をまとめておこう.

[1] 方程式 $\Phi_A(t) = \det(tE - A) = 0$ を解いて, A の固有値 λ をすべて求める.

[2] A の各固有値 λ について, 連立 1 次方程式 $(\lambda E - A)\boldsymbol{x} = \boldsymbol{0}$ を解いて, λ に対する A の固有空間 $V(A, \lambda)$ を求め, その基底を 1 つ選ぶ.

[3] [2] で選んだ各 $V(A, \lambda)$ の基底に, グラム・シュミットの直交化法を適用して, $V(A, \lambda)$ の正規直交基底を構成する.

[4] [3] で構成した各 $V(A, \lambda)$ の正規直交基底をすべての固有値 λ について並べることで, $\mathbb{R}^n$ の正規直交基底 $\boldsymbol{p}_1, \ldots, \boldsymbol{p}_n$ を得る.

[5] $P = \begin{bmatrix} \boldsymbol{p}_1 & \cdots & \boldsymbol{p}_n \end{bmatrix}$ は直交行列であり, ${}^t\!PAP$ は対角行列である.

例題 8.1.7

対称行列 $A = \begin{bmatrix} 3 & 1 & 2 \\ 1 & 3 & -2 \\ 2 & -2 & 0 \end{bmatrix}$ を直交行列によって対角化せよ.

[解答] [1] $\Phi_A(t) = \det(tE - A) = (t+2)(t-4)^2$ と計算されるので, A の固有値は 4 と -2 である (固有値 4 の重複度は 2 である).

[2] 連立 1 次方程式 $(4E - A)\boldsymbol{x} = \boldsymbol{0}$, $(-2E - A)\boldsymbol{x} = \boldsymbol{0}$ を解くと, 固有値 4, -2 に対する A の固有空間 $V(A, 4)$, $V(A, 2)$ はそれぞれ次のように求まる.

$$V(A,4) = \left\langle \begin{bmatrix} 1 \\ 1 \\ 0 \end{bmatrix}, \begin{bmatrix} 2 \\ 0 \\ 1 \end{bmatrix} \right\rangle, \qquad V(A,-2) = \left\langle \begin{bmatrix} 1 \\ -1 \\ -2 \end{bmatrix} \right\rangle$$

[3] $V(A,4)$ の基底 $\begin{bmatrix} 1 \\ 1 \\ 0 \end{bmatrix}, \begin{bmatrix} 2 \\ 0 \\ 1 \end{bmatrix}$ と $V(A,-2)$ の基底 $\begin{bmatrix} 1 \\ -1 \\ -2 \end{bmatrix}$ に, グラム・シュミットの直交化法を適用すると, $V(A,4)$ の正規直交基底 $\dfrac{1}{\sqrt{2}}\begin{bmatrix} 1 \\ 1 \\ 0 \end{bmatrix}, \dfrac{1}{\sqrt{3}}\begin{bmatrix} 1 \\ -1 \\ 1 \end{bmatrix}$ と

$V(A,-2)$ の正規直交基底 $\dfrac{1}{\sqrt{6}}\begin{bmatrix}1\\-1\\-2\end{bmatrix}$ がそれぞれ得られる．

[4] 組 $\dfrac{1}{\sqrt{2}}\begin{bmatrix}1\\1\\0\end{bmatrix}, \dfrac{1}{\sqrt{3}}\begin{bmatrix}1\\-1\\1\end{bmatrix}, \dfrac{1}{\sqrt{6}}\begin{bmatrix}1\\-1\\-2\end{bmatrix}$ は $\mathbb{R}^3$ の正規直交基底である．

[5] $P=\begin{bmatrix}\frac{1}{\sqrt{2}} & \frac{1}{\sqrt{3}} & \frac{1}{\sqrt{6}}\\ \frac{1}{\sqrt{2}} & -\frac{1}{\sqrt{3}} & -\frac{1}{\sqrt{6}}\\ 0 & \frac{1}{\sqrt{3}} & -\frac{2}{\sqrt{6}}\end{bmatrix}$ は直交行列であり，${}^{t}PAP=\begin{bmatrix}4&0&0\\0&4&0\\0&0&-2\end{bmatrix}$ が得られる．

対称変換 内積に関して対称性をもつ線形変換とその表現行列について考えよう．

定義 8.1.8

内積空間 V の線形変換 f が，V の任意のベクトル $\boldsymbol{a}, \boldsymbol{b}$ について，

$$(f(\boldsymbol{a}),\boldsymbol{b})=(\boldsymbol{a},f(\boldsymbol{b}))$$

を満たすとき，f は V の**対称変換**であるという．

例 8.1.9 実 n 次対称行列 A が定める $\mathbb{R}^n$ の線形変換 T_A は対称変換である．実際，式 (8.1) に注意すると，$\mathbb{R}^n$ の任意のベクトル $\boldsymbol{a}, \boldsymbol{b}$ について次を得る．

$$(T_A(\boldsymbol{a}),\boldsymbol{b})=(A\boldsymbol{a},\boldsymbol{b})=(\boldsymbol{a},A\boldsymbol{b})=(\boldsymbol{a},T_A(\boldsymbol{b}))$$

例 8.1.10 実数 λ, θ について，行列 $\begin{bmatrix}\lambda & 0\\ 0 & \lambda\end{bmatrix}, \begin{bmatrix}\cos\theta & \sin\theta\\ \sin\theta & -\cos\theta\end{bmatrix}$ が定める $\mathbb{R}^2$ の線形変換は，それぞれ λ によるスカラー倍，直線 $x\sin\frac{\theta}{2}-y\cos\frac{\theta}{2}=0$ に関する折り返し変換である．

定理 8.1.11

有限次元内積空間 V の線形変換 f について，次は同値である．

（1） f は対称変換である．

（2） V の任意の正規直交基底に関する f の表現行列は対称行列である．

（3） V のある正規直交基底に関する f の表現行列は対称行列である．

[証明]　まず，(1) を仮定する．$A = \begin{bmatrix} a_{ij} \end{bmatrix}$ を V の任意の正規直交基底 $\boldsymbol{v}_1, \ldots, \boldsymbol{v}_n$ に関する f の表現行列とする（$n = \dim(V)$）．$f(\boldsymbol{v}_i) = a_{1i}\boldsymbol{v}_1 + \cdots + a_{ni}\boldsymbol{v}_n$ $(1 \leqq i \leqq n)$ に注意すると，命題 7.2.4 (1) と仮定より，

$$a_{ji} = (f(\boldsymbol{v}_i), \boldsymbol{v}_j) = (\boldsymbol{v}_i, f(\boldsymbol{v}_j)) = a_{ij} \qquad (1 \leqq i, j \leqq n).$$

すなわち，A は対称行列である．よって，(2) が成り立つ．

また，(2) ならば (3) が成り立つことは明らかである．

次に，(3) を仮定し，f の表現行列 A が対称行列であるような，V の正規直交基底 $\boldsymbol{v}_1, \ldots, \boldsymbol{v}_n$ をとる．$\boldsymbol{y}, \boldsymbol{z}$ を V の任意のベクトルとし，$\boldsymbol{b}, \boldsymbol{c}$ を $\boldsymbol{y} = (\boldsymbol{v}_1, \ldots, \boldsymbol{v}_n)\boldsymbol{b}$, $\boldsymbol{z} = (\boldsymbol{v}_1, \ldots, \boldsymbol{v}_n)\boldsymbol{c}$ を満たす $\mathbb{R}^n$ のベクトルとする．$f(\boldsymbol{y}) = (\boldsymbol{v}_1, \ldots, \boldsymbol{v}_n)A\boldsymbol{b}$, $f(\boldsymbol{z}) = (\boldsymbol{v}_1, \ldots, \boldsymbol{v}_n)A\boldsymbol{c}$ に注意すると，命題 7.2.4 (2) と仮定および式 (8.1) より，

$$(f(\boldsymbol{y}), \boldsymbol{z}) = (A\boldsymbol{b}, \boldsymbol{c}) = (\boldsymbol{b}, A\boldsymbol{c}) = (\boldsymbol{y}, f(\boldsymbol{z}))$$

となるので，(1) が成り立つ．

以上より，(1)，(2)，(3) は同値である．□

問題 8.1

1.（体 K の数を成分にもつ）n 次正方行列 $A = \begin{bmatrix} a_{ij} \end{bmatrix}$ が

$$ {}^{\mathrm{t}}A = -A,\ \text{すなわち},\ a_{ij} = -a_{ji}\ (1 \leqq i, j \leqq n) $$

を満たすとき，A は**交代行列**であるという（問題 2.1.13）．実 n 次交代行列 A の特性多項式 $\Phi_A(t)$ の複素数根は，0 または純虚数であることを示せ．

2. 次の行列の固有値がすべて実数であることを確かめ，これらの行列を直交行列によって上三角化せよ．

（1）$\begin{bmatrix} 3 & -2 \\ 8 & -5 \end{bmatrix}$　（2）$\begin{bmatrix} 1 & -1 & 0 \\ 1 & 3 & 0 \\ 1 & 1 & 2 \end{bmatrix}$

3. 次の対称行列を直交行列によって対角化せよ．

（1）$\begin{bmatrix} 2 & 3 \\ 3 & 2 \end{bmatrix}$　（2）$\begin{bmatrix} 1 & -1 & 0 \\ -1 & 0 & -1 \\ 0 & -1 & 1 \end{bmatrix}$　（3）$\begin{bmatrix} 1 & -1 & 2 \\ -1 & 1 & 2 \\ 2 & 2 & -2 \end{bmatrix}$

4. f, g を内積空間 V の対称変換とする．

（1）合成写像 $g \circ f$ が V の対称変換であるためには，$g \circ f = f \circ g$ が成り立つことが必要十分であることを示せ．

（2）f が同型写像であるとき，逆写像 f^{-1} は V の対称変換であることを示せ．

5. $\mathbb{R}^2$ の原点を中心とした角度 θ の回転変換であって，$\mathbb{R}^2$ の対称変換であるものをすべて求めよ．

6. $A = \begin{bmatrix} 1 & -2 \\ -2 & 4 \end{bmatrix}$, $B = \begin{bmatrix} 6 & 2 \\ 2 & 3 \end{bmatrix}$ とする．

（1）$AB = BA$ が成り立つことを示せ．

（2）A の実固有ベクトルは B の実固有ベクトルであり，また，その逆も成り立つことを示せ．

（3）A と B を共通の直交行列 P によって対角化せよ．

8.2 2次形式の標準形

実対称行列の直交行列による対角化を応用して，2 次形式が正則行列による線形変換に関して一意的に簡約化されること（シルベスターの慣性法則）を示す．また，これを用いて，座標空間内の 2 次曲面を分類する．

2 次形式とその係数行列

定義 8.2.1

a_{ij}（$1 \leqq i \leqq j \leqq n$）を実数とする．変数 $x_1, \ldots, x_n$ についての 2 次の項だけからなる次の多項式 $q(x_1, \ldots, x_n)$ を（実）**2 次形式**という．

$$q(x_1, \ldots, x_n) = \sum_{i=1}^{n} a_{ii} x_i^2 + 2 \sum_{i=1}^{n} \sum_{j=i+1}^{n} a_{ij} x_i x_j \tag{8.2}$$

定義 8.2.1 において，$a_{ji} = a_{ij}$（$1 \leqq i < j \leqq n$）とおくことで，n 次対称行列 $A = \begin{bmatrix} a_{ij} \end{bmatrix}$ が定まる．式 (8.2) は A を用いて次のように表される．

$$q(x_1, \ldots, x_n) = {}^{t}\boldsymbol{x} A \boldsymbol{x}, \qquad \boldsymbol{x} = \begin{bmatrix} x_1 \\ \vdots \\ x_n \end{bmatrix}$$

このような行列 A を $q(x_1, \ldots, x_n)$ の**係数行列**という．与えられた 2 次形式 $q(x_1, \ldots, x_n)$ に対して，その係数行列として対称行列 A が一意的に決まることに注意しよう．

例 8.2.2 2 次形式

$$q(x_1, x_2) = x_1^2 - 3x_2^2 + 4x_1 x_2$$

は次のように表される．

$$q(x_1, x_2) = \begin{bmatrix} x_1 & x_2 \end{bmatrix} \begin{bmatrix} 1 & 2 \\ 2 & -3 \end{bmatrix} \begin{bmatrix} x_1 \\ x_2 \end{bmatrix}$$

2次形式の標準形　与えられた2次形式 $q(x_1,\ldots,x_n)$ を変数変換によってより簡単な形に表そう．ここでは，正則行列による変数変換，すなわち，ある n 次正則行列 Q について，$\boldsymbol{x}=Q\boldsymbol{z}$ のように表される変数変換を考える．

実 n 次対称行列 A を $q(x_1,\ldots,x_n)$ の係数行列とする．命題8.1.2より，A の固有値はすべて実数であり，定理8.1.6より，A はある n 次直交行列 P によって対角化される．必要であれば，P の列ベクトルの順序を変えることによって，対角行列 ${}^{\mathrm{t}}PAP$ の対応する対角成分の位置を変えることができる．特に，${}^{\mathrm{t}}PAP$ は次の形であるとしてよい．

$$
{}^{\mathrm{t}}PAP=\begin{bmatrix} \lambda_1 & & & & & \\ & \ddots & & & O & \\ & & \lambda_{r+s} & & & \\ & & & 0 & & \\ & O & & & \ddots & \\ & & & & & 0 \end{bmatrix} \qquad (\lambda_1,\ldots,\lambda_r>0,\ \lambda_{r+1},\ldots,\lambda_{r+s}<0)
$$

ここで，r, s は $r+s\leqq n$ を満たす非負整数である．変数のなすベクトル $\boldsymbol{y}=\begin{bmatrix} y_1 \\ \vdots \\ y_n \end{bmatrix}$ を直交変換 $\boldsymbol{x}=P\boldsymbol{y}$ で定めると，式(8.2)は次のように表される．

$$
q(x_1,\ldots,x_n)={}^{\mathrm{t}}\boldsymbol{x}A\boldsymbol{x}={}^{\mathrm{t}}\boldsymbol{y}\,{}^{\mathrm{t}}PAP\boldsymbol{y}=\lambda_1y_1^2+\cdots+\lambda_{r+s}y_{r+s}^2 \tag{8.3}
$$

このように，$\mathbb{R}^n$ の直交変換によって得られる，式(8.3)の形の2次形式を $q(x_1,\ldots,x_n)$ の**標準形**という．

さらに，変数 $z_1,\ldots,z_n$ を正則な線形変換

$$
y_i=\begin{cases} \dfrac{z_i}{\sqrt{\lambda_i}} & (1\leqq i\leqq r) \\ \dfrac{z_i}{\sqrt{-\lambda_i}} & (r+1\leqq i\leqq r+s) \\ z_i & (r+s\leqq i\leqq n) \end{cases}
$$

で定めると，式(8.3)は次のような形にまで簡約化される．

$$
q(x_1,\ldots,x_n)=z_1^2+\cdots+z_r^2-z_{r+1}^2-\cdots-z_{r+s}^2 \tag{8.4}
$$

定理8.2.3　シルベスターの慣性法則

正則行列による変数変換によって，2次形式 $q(x_1,\ldots,x_n)$ を式(8.4)の形に表したときに現れる，非負整数の組 (r,s) は一意的である．

［証明］ 実 n 次対称行列 A を $q(x_1, \ldots, x_n)$ の係数行列とする．実 n 次正則行列 P, Q について，変数変換 $\boldsymbol{x} = P\boldsymbol{y} = Q\boldsymbol{z}$ によって，変数 $y_1, \ldots, y_n$ および $z_1, \ldots, z_n$ を定める．このとき，非負整数 r, s, t, u について，$q(x_1, \ldots, x_n)$ が次の 2 通りの形に簡約化されると仮定する．

$$q(x_1, \ldots, x_n) = {}^{\mathrm{t}}\boldsymbol{x}A\boldsymbol{x} = {}^{\mathrm{t}}\boldsymbol{y}{}^{\mathrm{t}}PAP\boldsymbol{y} = y_1^2 + \cdots + y_r^2 - y_{r+1}^2 - \cdots - y_{r+s}^2$$

$$= {}^{\mathrm{t}}\boldsymbol{z}{}^{\mathrm{t}}QAQ\boldsymbol{z} = z_1^2 + \cdots + z_t^2 - z_{t+1}^2 - \cdots - z_{t+u}^2$$

階数の定義（定義 2.3.2）より，

$$r + s = \mathrm{rank}({}^{\mathrm{t}}PAP) = \mathrm{rank}(A) = \mathrm{rank}({}^{\mathrm{t}}QAQ) = t + u$$

が成り立つので，$r = t$ を示せば $s = u$ も示される．

$r \neq t$ を仮定して矛盾を導く．必要であれば，$\boldsymbol{y}$ と $\boldsymbol{z}$ の役割を取り換えることで，$r > t$ としてよい．$\boldsymbol{y} = P^{-1}\boldsymbol{x}$, $\boldsymbol{z} = Q^{-1}\boldsymbol{x}$ より，各 y_i, z_j （$1 \leqq i, j \leqq n$）は，変数 $x_1, \ldots, x_n$ の関数 $y_i(x_1, \ldots, x_n)$, $z_j(x_1, \ldots, x_n)$ とみなすことができる．$x_1, \ldots, x_n$ についての連立 1 次方程式

$$\begin{cases} y_i(x_1, \ldots, x_n) = 0 & (r+1 \leqq i \leqq n) \\ z_j(x_1, \ldots, x_n) = 0 & (1 \leqq j \leqq t) \end{cases}$$

において，$(n-r)+t < n$ より，方程式の個数より変数の個数の方が多いので，系 2.4.8 より，この連立 1 次方程式は零でない解 $\boldsymbol{a}$ をもつ．$\boldsymbol{b} = P^{-1}\boldsymbol{a}$, $\boldsymbol{c} = Q^{-1}\boldsymbol{a}$ とおくと，ある実数 $b_1, \ldots, b_r, c_{t+1}, \ldots, c_n$ について，

$$\boldsymbol{b} = P^{-1}\boldsymbol{a} = \begin{bmatrix} b_1 \\ \vdots \\ b_r \\ 0 \\ \vdots \\ 0 \end{bmatrix}, \quad \boldsymbol{c} = Q^{-1}\boldsymbol{a} = \begin{bmatrix} 0 \\ \vdots \\ 0 \\ c_{t+1} \\ \vdots \\ c_n \end{bmatrix}$$

と表される．

$${}^{\mathrm{t}}\boldsymbol{a}A\boldsymbol{a} = {}^{\mathrm{t}}\boldsymbol{b}{}^{\mathrm{t}}PAP\boldsymbol{b} = b_1^2 + \cdots + b_r^2 \geqq 0$$

$$= {}^{\mathrm{t}}\boldsymbol{c}{}^{\mathrm{t}}QAQ\boldsymbol{c} = -c_{t+1}^2 - \cdots - c_{t+u}^2 \leqq 0$$

より，$b_1 = \cdots = b_r = 0$，すなわち，$\boldsymbol{b} = \boldsymbol{0}$ となるが，$\boldsymbol{a} = P\boldsymbol{b} = \boldsymbol{0}$ となり，これは矛盾である．以上より，$r = t$ が示された．□

2 次形式の符号　定理 8.2.3 により，2 次形式の符号が定義される．

定義 8.2.4

正則行列による変数変換によって，2 次形式 $q(x_1, \ldots, x_n)$ を式 (8.4) の形に表したときに現れる，非負整数の組 (r, s) を $q(x_1, \ldots, x_n)$ の**符号**という．

特に，実 n 次対称行列 A を $q(x_1, \ldots, x_n)$ の係数行列とするとき，符号 (r, s) における r と s はそれぞれ A の正の固有値の数と負の固有値の数に等しい．

例題 8.2.5

次の 2 次形式の標準形と符号を求めよ．

$$q(x_1, x_2, x_3) = 3x_1^2 + 3x_2^2 + 2x_1x_2 - 4x_2x_3 + 4x_3x_1$$

［解答］　$q(x_1, x_2, x_3)$ は $A = \begin{bmatrix} 3 & 1 & 2 \\ 1 & 3 & -2 \\ 2 & -2 & 0 \end{bmatrix}$ を係数行列とする．例題 8.1 より，

直交行列 $P = \begin{bmatrix} \frac{1}{\sqrt{2}} & \frac{1}{\sqrt{3}} & \frac{1}{\sqrt{6}} \\ \frac{1}{\sqrt{2}} & -\frac{1}{\sqrt{3}} & -\frac{1}{\sqrt{6}} \\ 0 & \frac{1}{\sqrt{3}} & -\frac{2}{\sqrt{6}} \end{bmatrix}$ によって，${}^tPAP = \begin{bmatrix} 4 & 0 & 0 \\ 0 & 4 & 0 \\ 0 & 0 & -2 \end{bmatrix}$ となる．

変数 y_1, y_2, y_3 を $\boldsymbol{x} = P\boldsymbol{y}$ で定めると，標準形 $q(x_1, x_2, x_3) = 4y_1^2 + 4y_2^2 - 2y_3^2$ が得られる．さらに，変数 z_1, z_2, z_3 を $y_1 = \frac{1}{2}z_1$, $y_2 = \frac{1}{2}z_2$, $y_3 = \frac{1}{\sqrt{2}}z_3$ で定めると，この式は $q(x_1, x_2, x_3) = z_1^2 + z_2^2 - z_3^2$ と表される．よって，$q(x_1, x_2, x_3)$ の符号は $(2, 1)$ である．

符号を求めるには，次のように $q(x_1, x_2, x_3)$ を平方完成する方法もある．

$$\begin{aligned} q(x_1, x_2, x_3) &= \frac{1}{3}(3x_1 + x_2 + 2x_3)^2 + \frac{8}{3}x_2^2 - \frac{16}{3}x_2x_3 - \frac{4}{3}x_3^2 \\ &= \frac{1}{3}(3x_1 + x_2 + 2x_3)^2 + \frac{8}{3}(x_2 - x_3)^2 - 4x_3^2 \end{aligned}$$

となる．変数 z_1, z_2, z_3 を $z_1 = \frac{1}{\sqrt{3}}(3x_1 + x_2 + 2x_3)$, $z_2 = \sqrt{\frac{8}{3}}(x_2 - x_3)$, $z_3 = 2x_3$ で定めると，上式は $q(x_1, x_2, x_3) = z_1^2 + z_2^2 - z_3^2$ と表される．

（半）正定値 2 次形式と（半）負定値 2 次形式　$q(x_1, \ldots, x_n)$ を 2 次形式とする．$(0, \ldots, 0)$ でない任意の $(x_1, \ldots, x_n)$ について，$q(x_1, \ldots, x_n) > 0$ となるとき，$q(x_1, \ldots, x_n)$ は**正定値**であるという．また，任意の $(x_1, \ldots, x_n)$ について，$q(x_1, \ldots, x_n) \geqq 0$ となるとき，$q(x_1, \ldots, x_n)$ は**半正定値**であるという．同様に，$(0, \ldots, 0)$ でない任意の $(x_1, \ldots, x_n)$ について，$q(x_1, \ldots, x_n) < 0$ となるとき，$q(x_1, \ldots, x_n)$ は**負定値**であるという．また，任意の $(x_1, \ldots, x_n)$ について，$q(x_1, \ldots, x_n) \leqq 0$ となるとき，$q(x_1, \ldots, x_n)$ は**半負定値**であるという．$q(x_1, \ldots, x_n)$ が（半）負定値であることと $-q(x_1, \ldots, x_n)$ が（半）正定値であることは同値である．

これらの性質は，2 次形式の正則行列による変数変換で保たれる．特に，2 次形式がこれらの性質をもつとき，その標準形 (8.3) および (8.4) も同じ性質をもつので，これらの性質は符号を用いて次のように特徴付けられる．

命題 8.2.6

$q(x_1, \ldots, x_n)$ を 2 次形式とする．

（1）$q(x_1, \ldots, x_n)$ が正定値であるためには，その符号が $(n, 0)$ であることが必要十分である．$q(x_1, \ldots, x_n)$ が半正定値であるためには，その符号が $(r, 0)$（$0 \leqq r \leqq n$）であることが必要十分である．

（2）$q(x_1, \ldots, x_n)$ が負定値であるためには，その符号が $(0, n)$ であることが必要十分である．$q(x_1, \ldots, x_n)$ が半負定値であるためには，その符号が $(0, s)$（$0 \leqq s \leqq n$）であることが必要十分である．

与えられた 2 次形式が正定値または負定値であることを判定する際には，次の定理がしばしば有用である．

定理 8.2.7

$q(x_1, \ldots, x_n)$ を実 n 次対称行列 $A = \begin{bmatrix} a_{ij} \end{bmatrix}_{1 \leqq i \leqq n, 1 \leqq j \leqq n}$ を係数行列とする 2 次形式とする．また，実 k 次対称行列 A_k（$1 \leqq k \leqq n$）を $A_k = \begin{bmatrix} a_{ij} \end{bmatrix}_{1 \leqq i \leqq k, 1 \leqq j \leqq k}$ によって定める．

（1）$q(x_1, \ldots, x_n)$ が正定値であるためには，すべての k（$1 \leqq k \leqq n$）について，$\det(A_k) > 0$ となることが必要十分である．

（2）$q(x_1, \ldots, x_n)$ が負定値であるためには，すべての k（$1 \leqq k \leqq n$）について，$(-1)^k \det(A_k) > 0$ となることが必要十分である．

［証明］ (1)　まず，$q(x_1,\dots,x_n)$ が正定値であることを仮定し，k（$1 \leqq k \leqq n$）を任意に選ぶ．A_k を係数行列とする 2 次形式を $q_k(x_1,\dots,x_k)$ とすると，$q_k(x_1,\dots,x_k) = q(x_1,\dots,x_k,0,\dots,0)$ と表されるので，$q_k(x_1,\dots,x_k)$ は正定値である．命題 8.2.6 より，$q_k(x_1,\dots,x_k)$ の符号は $(k,0)$ であるが，これは A_k の固有値がすべて正であることを意味する．特に，$\det(A_k) > 0$ となる．

次に，すべての k ($1 \leqq k \leqq n$) について $\det(A_k) > 0$ となるならば，$q(x_1,\dots,x_n)$ が正定値であることを，n についての帰納法を用いて示す．$n=1$ のとき，確かに，$a>0$ ならば 2 次形式 $q(x) = ax^2$ は正定値である．$n-1$ のときに主張が正しいことを仮定する．さらに，すべての k（$1 \leqq k \leqq n$）について，$\det(A_k) > 0$ となるものとする．特に，A_{n-1} は正則行列である．$A = \begin{bmatrix} A_{n-1} & \boldsymbol{b} \\ {}^{t}\boldsymbol{b} & a_{nn} \end{bmatrix}$ のように A をブロック分解すると，行列の積を具体的に計算することにより，

$$A = {}^{t}\begin{bmatrix} E_{n-1} & A_{n-1}^{-1}\boldsymbol{b} \\ {}^{t}\boldsymbol{0} & 1 \end{bmatrix} \begin{bmatrix} A_{n-1} & \boldsymbol{0} \\ {}^{t}\boldsymbol{0} & a_{nn} - {}^{t}\boldsymbol{b}A_{n-1}^{-1}\boldsymbol{b} \end{bmatrix} \begin{bmatrix} E_{n-1} & A_{n-1}^{-1}\boldsymbol{b} \\ {}^{t}\boldsymbol{0} & 1 \end{bmatrix}$$

が成り立つことが確かめられる．これより，$q(x_1,\dots,x_n)$ が正定値であることと，$\begin{bmatrix} A_{n-1} & \boldsymbol{0} \\ {}^{t}\boldsymbol{0} & a_{nn} - {}^{t}\boldsymbol{b}A_{n-1}^{-1}\boldsymbol{b} \end{bmatrix}$ を係数行列とする 2 次形式

$$q'(x_1,\dots,x_n) = q_{n-1}(x_1,\dots,x_{n-1}) + \left(a_{nn} - {}^{t}\boldsymbol{b}A_{n-1}^{-1}\boldsymbol{b}\right)x_n^2$$

が正定値であることは同値である．帰納法の仮定より，$q_{n-1}(x_1,\dots,x_{n-1})$ は正定値である．また，$\det(A) = \left(a_{nn} - {}^{t}\boldsymbol{b}A_{n-1}^{-1}\boldsymbol{b}\right)\det(A_{n-1})$ となるが，$\det(A) > 0$，$\det(A_{n-1}) > 0$ としていたので，$a_{nn} - {}^{t}\boldsymbol{b}A_{n-1}^{-1}\boldsymbol{b} > 0$ となる．よって，$q'(x_1,\dots,x_n)$ は正定値であるので，$q(x_1,\dots,x_n)$ も正定値である．

(2)　$q(x_1,\dots,x_n)$ が負定値である，すなわち，$-q(x_1,\dots,x_n)$ が正定値であるためには，(1) より，すべての k ($1 \leqq k \leqq n$) について，$\det(-A_k) = (-1)^k\det(A_k) > 0$ となることが必要十分である．□

2 次曲面の分類 2 次形式の標準形を用いて，座標空間内の 2 次曲面を分類しよう．以下では，$\mathbb{R}^3$ は標準内積によって内積空間であるものと考える．

定義 8.2.8

a_{ij}, b_k, c $(1 \leqq i \leqq j \leqq 3, 1 \leqq k \leqq 3)$ を実数とする．a_{ij} $(1 \leqq i \leqq j \leqq 3)$ の少なくとも 1 つは 0 でないとき，次の方程式を満たす点 (x, y, z) からなる座標空間 $\mathbb{R}^3$ 内の図形 S を 2 **次曲面**という．

$$a_{11}x^2 + a_{22}y^2 + a_{33}z^2 + 2a_{12}xy + 2a_{23}yz + 2a_{13}zx$$
$$+ 2b_1x + 2b_2y + 2b_3z + c = 0 \tag{8.5}$$

$\mathbb{R}^3$ の直交変換と平行移動による変数変換を行うことで，2 次曲面 S をより簡単な方程式で表すことを考えよう．$\mathbb{R}^3$ の直交変換は，具体的には，原点を通るある直線を回転軸とする回転変換であるか，そのような回転変換と原点を通るある平面に関する折り返し変換の合成写像である（例 7.2.15）．

$$A = \begin{bmatrix} a_{11} & a_{12} & a_{13} \\ a_{12} & a_{22} & a_{23} \\ a_{13} & a_{23} & a_{33} \end{bmatrix}, \quad \boldsymbol{b} = \begin{bmatrix} b_1 \\ b_2 \\ b_3 \end{bmatrix}, \quad \boldsymbol{x} = \begin{bmatrix} x \\ y \\ z \end{bmatrix}$$

とおくと，式 (8.5) は次のように表される．

$${}^{\mathrm{t}}\boldsymbol{x}A\boldsymbol{x} + 2(\boldsymbol{b}, \boldsymbol{x}) + c = 0 \tag{8.6}$$

ここで，対称行列 A はある 3 次直交行列 P によって次のように対角化される．

$${}^{\mathrm{t}}PAP = \begin{bmatrix} a'_{11} & 0 & 0 \\ 0 & a'_{22} & 0 \\ 0 & 0 & a'_{33} \end{bmatrix}$$

直交変換 $\boldsymbol{x} = P\boldsymbol{x}'$ によって，新しい座標 $\boldsymbol{x}' = \begin{bmatrix} x' \\ y' \\ z' \end{bmatrix}$ を定めると，ある実数 b'_1, b'_2, b'_3, c' について，式 (8.6) は次のように表される．

$$a'_{11}(x')^2 + a'_{22}(y')^2 + a'_{33}(z')^2 + 2b'_1x' + 2b'_2y' + 2b'_3z + c' = 0 \tag{8.7}$$

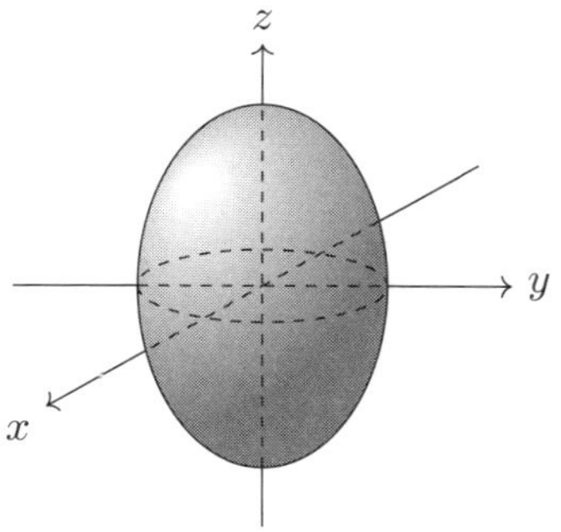

楕円面 $\frac{x^2}{a^2} + \frac{y^2}{b^2} + \frac{z^2}{c^2} = 1$

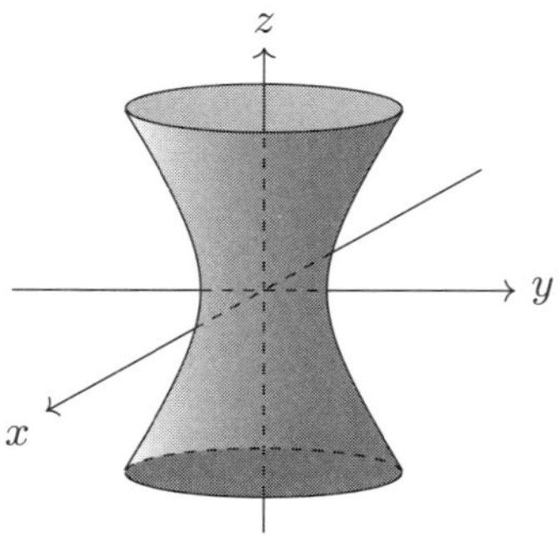

一葉双曲面 $\frac{x^2}{a^2} + \frac{y^2}{b^2} - \frac{z^2}{c^2} = 1$

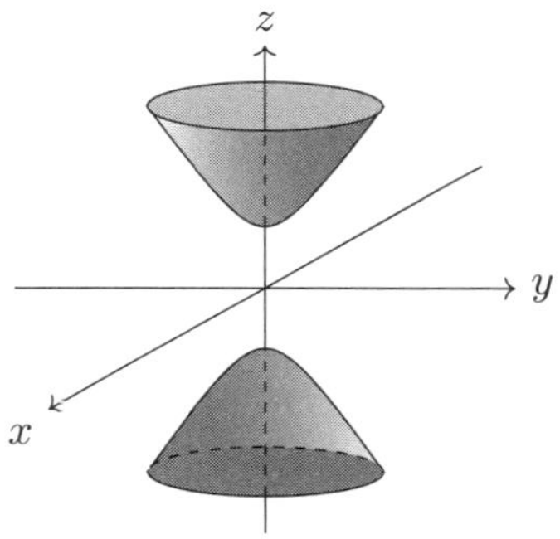

二葉双曲面 $\frac{x^2}{a^2} + \frac{y^2}{b^2} - \frac{z^2}{c^2} = -1$

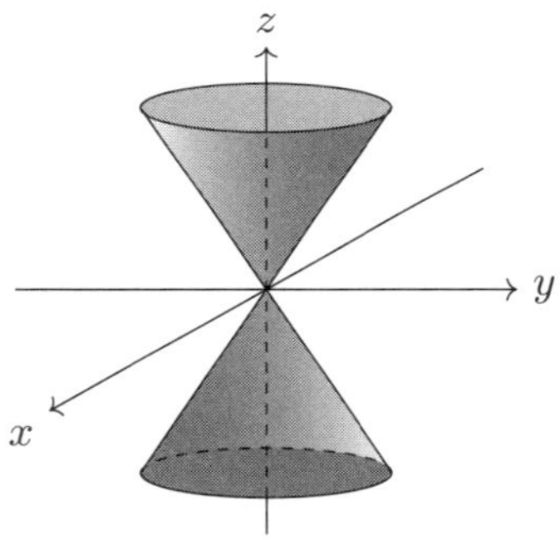

楕円錐面 $\frac{x^2}{a^2} + \frac{y^2}{b^2} - \frac{z^2}{c^2} = 0$

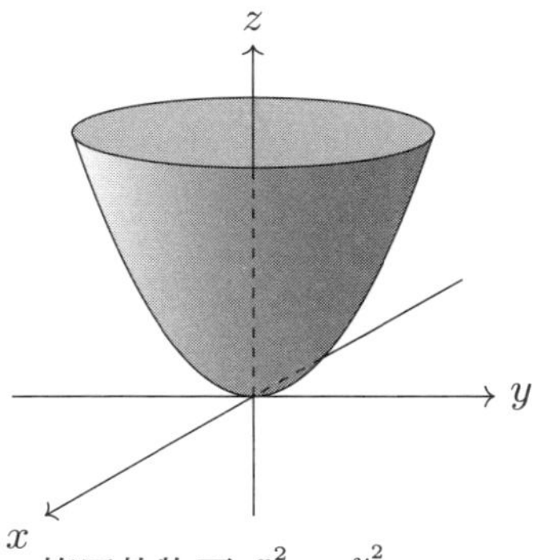

楕円放物面 $\frac{x^2}{a^2} + \frac{y^2}{b^2} = z$

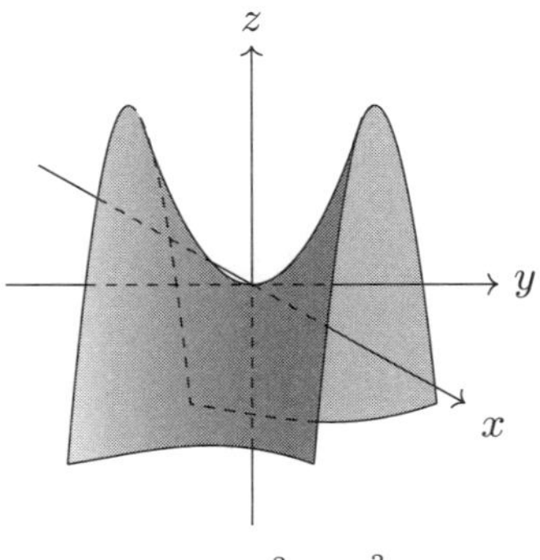

双曲放物面 $\frac{x^2}{a^2} - \frac{y^2}{b^2} = z$

以下，2 次形式 ${}^t\boldsymbol{x}A\boldsymbol{x}$ の符号 (p,q) に応じて場合分けを行う．必要であれば，式 (8.6) の両辺を (-1) 倍することで，$p \geqq q$ と仮定してよい．$A \neq O$ より，$p \geqq 1$ でなければならないことに注意する．

[S1]　$(p,q)=(3,0)$ のとき，$a'_{11}>0,\ a'_{22}>0,\ a'_{33}>0$ である．このとき，平行移動 $x''=x'-b'_1,\ y''=y'-b'_2,\ z''=z'-b'_3$ によって，新しい座標 $\boldsymbol{x}''=\begin{bmatrix} x'' \\ y'' \\ z'' \end{bmatrix}$ を定めると，ある実数 c'' について，式 (8.7) は次のように表される．

$$a'_{11}(x'')^2+a'_{22}(y'')^2+a'_{33}(z'')^2+c''=0 \tag{8.8}$$

[S1a]　$c''>0$ のとき，S は空集合である．

[S1b]　$c''<0$ のとき，S は**楕円面**である．

[S1c]　$c''=0$ のとき，S は 1 点（$x''=y''=z''=0$）である．

[S2]　$(p,q)=(2,1)$ のとき，$a'_{11}>0,\ a'_{22}>0,\ a'_{33}<0$ としてよい．このとき，[S1] と同じ座標変換によって，式 (8.8) を得る．

[S2a]　$c''>0$ のとき，S は**二葉双曲面**である．

[S2b]　$c''<0$ のとき，S は**一葉双曲面**である．

[S2c]　$c''=0$ のとき，S は**楕円錐面**である．

[S3]　$(p,q)=(2,0)$ のとき，$a'_{11}>0,\ a'_{22}>0,\ a'_{33}=0$ としてよい．このとき，平行移動 $x''=x'-b'_1,\ y''=y'-b'_2,\ z''=z'$ によって，新しい座標 $\boldsymbol{x}''=\begin{bmatrix} x'' \\ y'' \\ z'' \end{bmatrix}$ を定めると，ある実数 $b''_3,\ c''$ について，式 (8.7) は次のように表される．

$$a'_{11}(x'')^2+a'_{22}(y'')^2+2b''_3z''+c''=0 \tag{8.9}$$

[S3a]　$b''_3 \neq 0$ のとき，S は**楕円放物面**である．

[S3b]　$b''_3=0$ かつ $c''>0$ のとき，S は空集合である．

[S3c]　$b''_3=0$ かつ $c''<0$ のとき，S は**楕円柱面**（$x''y''$ 平面上の楕円を z'' 軸に沿って連ねた曲面）である．

[S3d]　$b''_3=0$ かつ $c''=0$ のとき，S は直線（$x''=y''=0$）である．

[S4]　$(p,q)=(1,1)$ のとき，$a'_{11}>0,\ a'_{22}<0,\ a'_{33}=0$ としてよい．このとき，[S3] と同じ座標変換によって，式 (8.9) を得る．

[S4a]　$b_3'' \neq 0$ のとき，S は**双曲放物面**である．

[S4b]　$b_3'' = 0$ かつ $c'' \neq 0$ のとき，S は**双曲柱面**（$x''y''$ 平面上の双曲線を z'' 軸に沿って連ねた曲面）である．

[S4c]　$b_3'' = 0$ かつ $c'' = 0$ のとき，S は交差する 2 平面（$\sqrt{a_{11}'}x'' = \pm\sqrt{-a_{22}'}y''$）である．

[S5]　$(p,q) = (1,0)$ のとき，$a_{11}' > 0,\ a_{22}' = a_{33}' = 0$ である．このとき，平行移動 $x'' = x' - b_1',\ y'' = y',\ z'' = z'$ によって，新しい座標 $\boldsymbol{x}'' = \begin{bmatrix} x'' \\ y'' \\ z'' \end{bmatrix}$ を定めると，ある実数 b_2'', b_3'', c'' について，式 (8.7) は次のように表される．

$$a_{11}'(x'')^2 + 2b_2''y'' + 2b_3''z'' + c'' = 0 \qquad (8.10)$$

[S5a]　$b_2'' \neq 0$ または $b_3'' \neq 0$ のとき，さらに，

$$\cos\theta = \frac{b_2''}{\sqrt{(b_2'')^2 + (b_3'')^2}}, \qquad \sin\theta = \frac{b_3''}{\sqrt{(b_2'')^2 + (b_3'')^2}}$$

を満たす実数 θ を用いて，

$$\begin{bmatrix} y'' \\ z'' \end{bmatrix} = \begin{bmatrix} \cos\theta & -\sin\theta \\ \sin\theta & \cos\theta \end{bmatrix} \begin{bmatrix} y''' \\ z''' \end{bmatrix}$$

とおくと，式 (8.10) は次のように表される．

$$a_{11}'(x'')^2 + 2\sqrt{(b_2'')^2 + (b_3'')^2}\,y''' + c'' = 0$$

よって，S は**放物柱面**（$x''y'''$ 平面上の放物線を z''' 軸に沿って連ねた曲面）である．

[S5b]　$b_2'' = b_3'' = 0$ かつ $c'' > 0$ のとき，S は空集合である．

[S5c]　$b_2'' = b_3'' = 0$ かつ $c'' < 0$ のとき，S は平行な 2 平面（$\sqrt{a_{11}'}x = \pm\sqrt{-c''}$）である．

[S5d]　$b_2'' = b_3'' = 0$ かつ $c'' = 0$ のとき，S は平面（$x'' = 0$）である．

問題 8.2

1. 次の 2 次形式の係数行列である対称行列を求めよ．

（1） $q(x_1, x_2) = x_1^2 - 2x_1x_2 + 3x_2^2$

（2） $q(x_1, x_2, x_3) = 4x_1^2 + 3x_2^2 - x_3^2 + 6x_1x_2 - 8x_2x_3 + 2x_3x_1$

（3） $q(x_1, x_2, x_3, x_4) = x_1^2 + x_2^2 + x_3^2 + x_4^2 + x_1x_2 + x_2x_3 + x_3x_4 + x_4x_1$

2. 次の 2 次形式の標準形と符号を求めよ．

（1） $q(x_1, x_2) = 2x_1^2 + 4x_1x_2 - x_2^2$

（2） $q(x_1, x_2, x_3) = x_1^2 + 2x_2^2 + 3x_3^2 - 4x_1x_2 - 4x_2x_3$

（3） $q(x_1, x_2, x_3) = x_1x_2 + x_2x_3 + x_3x_1$

3. （1） 次の 2 次形式は正定値であることを示せ．

$$q(x_1, x_2, x_3) = x_1^2 + 4x_2^2 + 2x_3^2 + 2x_1x_2 + 2x_2x_3$$

（2） 次の 2 次形式は負定値であることを示せ．

$$q(x_1, x_2, x_3) = -x_1^2 - 2x_2^2 + 2x_1x_2 - 6x_2x_3 + 4x_3x_1$$

4. 実数 a, b, c について，2 次形式

$$q(x_1, x_2) = ax_1^2 + bx_1x_2 + cx_2^2$$

が正定値であるための必要十分条件は，$a > 0$ かつ $b^2 - 4ac < 0$ であることを示せ．

5. 実数 a について，次の 2 次形式 $q(x_1, x_2, x_3)$ の符号を求めよ．

$$q(x_1, x_2, x_3) = x_1^2 + x_2^2 + x_3^2 + 2ax_1x_2 + 2ax_2x_3 + 2ax_3x_1$$

6. 実 3 次対称行列 A を係数行列とする 2 次形式 $q(x_1, x_2, x_3)$ について，$x_1^2 + x_2^2 + x_3^2 = 1$ のとき，$q(x_1, x_2, x_3)$ の最大値と最小値はそれぞれ A の最大と最小の実固有値に等しいことを示せ．

7. $F(x, y, z)$ を次の多項式とする．

$$F(x, y, z) = 8x^2 - 3y^2 - 3z^2 + 10yz - 16x$$

方程式 $F(x, y, z) = 8$，$F(x, y, z) = -8$，$F(x, y, z) = -24$ が表す 2 次曲面はそれぞれ座標空間内のどのような図形であるか．

8. 座標空間 $\mathbb{R}^3$ 内の 2 次曲面の場合と同様にして，座標平面 $\mathbb{R}^2$ 上の 2 次曲線を分類せよ．

8.3 (*) ユニタリ行列と正規行列

本節では，体 K を複素数体 $\mathbb{C}$ に限定した事項を扱う．$\mathbb{C}$ 上のベクトル空間の内積であるエルミート内積を定義し，エルミート内積を保つ線形変換であるユニタリ変換と，その表現行列として現れるユニタリ行列の性質について学ぶ．また，ユニタリ行列によって対角化される複素正方行列を特徴付ける．ユニタリ行列は，例えば量子力学においても重要な役割を果たす．

エルミート内積とエルミート空間　定義 7.1.1 において，$\mathbb{R}$ 上のベクトル空間に対する内積を定義した．$\mathbb{C}$ 上のベクトル空間に対する内積を定義しよう．

数ベクトル空間 $\mathbb{C}^n$ のベクトル $\boldsymbol{a} = \begin{bmatrix} a_1 \\ \vdots \\ a_n \end{bmatrix}$, $\boldsymbol{b} = \begin{bmatrix} b_1 \\ \vdots \\ b_n \end{bmatrix}$ に対して，

$$(\boldsymbol{a}, \boldsymbol{b}) = {}^{\mathrm{t}}\boldsymbol{a}\overline{\boldsymbol{b}} = a_1\overline{b}_1 + \cdots + a_n\overline{b}_n$$

と定めたものを $\boldsymbol{a}$ と $\boldsymbol{b}$ の**標準エルミート内積**という．$\boldsymbol{a}$, $\boldsymbol{b}$ に $(\boldsymbol{a}, \boldsymbol{b})$ を対応させる関数 $(\cdot,\cdot)\colon \mathbb{C}^n \times \mathbb{C}^n \to \mathbb{C}$ を $\mathbb{C}^n$ の**標準エルミート内積**という．

定義 8.3.1

V を $\mathbb{C}$ 上のベクトル空間とする．V の 2 つのベクトル $\boldsymbol{a}$, $\boldsymbol{b}$ に対して，複素数 $(\boldsymbol{a}, \boldsymbol{b})$ を対応させる関数 $(\cdot,\cdot)\colon V \times V \to \mathbb{C}$ であって，次の 4 条件を満たすものを V の**エルミート内積**という．

（1）　$(\boldsymbol{a} + \boldsymbol{a}', \boldsymbol{b}) = (\boldsymbol{a}, \boldsymbol{b}) + (\boldsymbol{a}', \boldsymbol{b})$

（2）　$(k\boldsymbol{a}, \boldsymbol{b}) = k(\boldsymbol{a}, \boldsymbol{b})$

（3）　$(\boldsymbol{a}, \boldsymbol{b}) = \overline{(\boldsymbol{b}, \boldsymbol{a})}$

（4）　$(\boldsymbol{a}, \boldsymbol{a}) \geqq 0$ であり，等号成立は $\boldsymbol{a} = \boldsymbol{0}$ のときに限る．

ここで，$\boldsymbol{a}$, $\boldsymbol{a}'$, $\boldsymbol{b}$ は V の任意のベクトルとし，k は任意の複素数とする．$(\boldsymbol{a}, \boldsymbol{b})$ を $\boldsymbol{a}$ と $\boldsymbol{b}$ の**エルミート内積**という．$(\boldsymbol{a}, \boldsymbol{b})$ は $\boldsymbol{a} \cdot \boldsymbol{b}$ や $\langle \boldsymbol{a}, \boldsymbol{b} \rangle$ で表されることもある．エルミート内積 $(\cdot,\cdot)$ が 1 つ定まったベクトル空間 V を**エルミート空間**，**複素内積空間**または**複素計量ベクトル空間**という．

(1) と (3) および (2) と (3) より，エルミート内積は次の条件 (1)′, (2)′ も満たす．

(1)′　$(\boldsymbol{a}, \boldsymbol{b} + \boldsymbol{b}') = (\boldsymbol{a}, \boldsymbol{b}) + (\boldsymbol{a}, \boldsymbol{b}')$

(2)′　$(\boldsymbol{a}, k\boldsymbol{b}) = \overline{k}(\boldsymbol{a}, \boldsymbol{b})$

ここで，$\boldsymbol{a}$, $\boldsymbol{b}$, $\boldsymbol{b}'$ は V の任意のベクトルとし，k は任意の複素数とする．また，(2), $(2)'$ において $k=0$ とすると，特に $(\boldsymbol{0}, \boldsymbol{b}) = (\boldsymbol{a}, \boldsymbol{0}) = 0$ が得られる．

例題 7.1.3 と同様に，$\mathbb{C}^n$ の標準エルミート内積は，定義 8.3.1 の 4 条件を満たすことが確かめられる．以下では，$\mathbb{C}^n$ は標準エルミート内積によってエルミート空間であるものと考える．

ノルム 定義 7.1.5 と同様に，エルミート空間のノルムが定義される．

定義 8.3.2

エルミート空間 V のベクトル $\boldsymbol{a}$ に対して，

$$\|\boldsymbol{a}\| = \sqrt{(\boldsymbol{a}, \boldsymbol{a})}$$

とおき，これを $\boldsymbol{a}$ の**ノルム**または**長さ**という．$\boldsymbol{a}$ に $\|\boldsymbol{a}\|$ を対応させる関数 $\|\cdot\|: V \to \mathbb{R}$ を V の**ノルム**という．

命題 7.1.6 と同様に，次の命題が証明される．

命題 8.3.3

エルミート空間 V のベクトル $\boldsymbol{a}$ と複素数 k について，次が成り立つ．

（1） $\|\boldsymbol{a}\| \geqq 0$ であり，等号成立は $\boldsymbol{a} = \boldsymbol{0}$ のときに限る．

（2） $\|k\boldsymbol{a}\| = |k|\|\boldsymbol{a}\|$

定理 7.1.8 と定理 7.1.9 と同様に，**シュワルツの不等式**と**三角不等式**が成り立つ．命題 8.3.3 に三角不等式を合わせたものは，ノルムの基本性質である．

定理 8.3.4 ―― シュワルツの不等式と三角不等式

エルミート空間 V の 2 つのベクトル $\boldsymbol{a}$, $\boldsymbol{b}$ について，次が成り立つ．

（1） $|(\boldsymbol{a}, \boldsymbol{b})| \leqq \|\boldsymbol{a}\|\|\boldsymbol{b}\|$ であり，等号成立は，$\boldsymbol{a}$ と $\boldsymbol{b}$ が線形従属であるとき，すなわち，ある複素数 k について $\boldsymbol{a} = k\boldsymbol{b}$ または $\boldsymbol{b} = k\boldsymbol{a}$ となるときに限る（シュワルツの不等式）．

（2） $\|\boldsymbol{a}+\boldsymbol{b}\| \leqq \|\boldsymbol{a}\| + \|\boldsymbol{b}\|$ であり，等号成立は，ある実数 $k \geqq 0$ について $\boldsymbol{a} = k\boldsymbol{b}$ または $\boldsymbol{b} = k\boldsymbol{a}$ となるときに限る（三角不等式）．

[証明] (2) は定理 7.1.9 と同様に示されるので，(1) のみを示す．

(1) $\boldsymbol{b} = \boldsymbol{0}$ のとき，等号が成立する．$\boldsymbol{b} \neq \boldsymbol{0}$ のとき，$k = \frac{(\boldsymbol{a}, \boldsymbol{b})}{\|\boldsymbol{b}\|^2}$ とおくと，

$$0 \leqq \|\boldsymbol{a} - k\boldsymbol{b}\|^2 = \|\boldsymbol{a}\|^2 - \bar{k}(\boldsymbol{a}, \boldsymbol{b}) - k\overline{(\boldsymbol{a}, \boldsymbol{b})} + |k|^2\|\boldsymbol{b}\|^2 = \|\boldsymbol{a}\|^2 - \frac{|(\boldsymbol{a}, \boldsymbol{b})|^2}{\|\boldsymbol{b}\|^2}$$

となり，これより求める不等式を得る．等号成立は $\|\boldsymbol{a} - k\boldsymbol{b}\| = 0$ となるときであるが，命題 8.3.3 (1) より，この条件は $\boldsymbol{a} = k\boldsymbol{b}$ に他ならない．逆に，ある複素数 k について $\boldsymbol{a} = k\boldsymbol{b}$ とすると，両辺はともに $|k|\|\boldsymbol{b}\|^2$ であり等しい． □

正規直交基底 一般のエルミート空間におけるベクトルの直交性について考察しよう．

エルミート空間 V の 2 つのベクトル $\boldsymbol{a}$, $\boldsymbol{b}$ について，$(\boldsymbol{a}, \boldsymbol{b}) = 0$ が成り立つとき，$\boldsymbol{a}$ と $\boldsymbol{b}$ は**直交する**といい，$\boldsymbol{a} \perp \boldsymbol{b}$ で表す．特に，零ベクトル $\boldsymbol{0}$ は V のすべてのベクトルと直交する．

命題 7.1.10 と定理 7.1.11 と同様に，次の定理が証明される．

定理 8.3.5

エルミート空間 V の互いに直交する零でない n 個のベクトル $\boldsymbol{a}_1, \ldots, \boldsymbol{a}_n$ は線形独立である．特に $\dim(V) = n$ のとき，組 $\boldsymbol{a}_1, \ldots, \boldsymbol{a}_n$ は V の基底である．

定義 7.2.1 と同様に，エルミート空間の正規直交基底が定義される．

定義 8.3.6

エルミート空間 V の基底 $\boldsymbol{v}_1, \ldots, \boldsymbol{v}_n$ が

$$(\boldsymbol{v}_i, \boldsymbol{v}_j) = \delta_{ij} \qquad (1 \leqq i, j \leqq n) \qquad (*)$$

を満たすとき，すなわち，$\boldsymbol{v}_1, \ldots, \boldsymbol{v}_n$ はいずれもノルムが 1 で互いに直交するとき，組 $\boldsymbol{v}_1, \ldots, \boldsymbol{v}_n$ を V の**正規直交基底**という．ここで，δ_{ij} はクロネッカーのデルタである．

定理 8.3.5 より，n 次元エルミート空間 V において，(*) を満たす V のベクトルの組 $\boldsymbol{v}_1, \ldots, \boldsymbol{v}_n$ は V の基底であるので，V の正規直交基底である．

例 8.3.7 $\mathbb{C}^n$ の標準基底 $\boldsymbol{e}_1, \ldots, \boldsymbol{e}_n$ は正規直交基底である．

例 8.3.8 $|z| = 1$, $|\alpha|^2 + |\beta|^2 = 1$ を満たす任意の複素数 z, α, β について，$\mathbb{C}^2$ のベクトルの組 $\begin{bmatrix} \alpha \\ \beta \end{bmatrix}$, $z\begin{bmatrix} -\bar{\beta} \\ \bar{\alpha} \end{bmatrix}$ は正規直交基底である．逆に，$\mathbb{C}^2$ の任意の正規直交基底はこれらのいずれかである（例 8.3.12，命題 8.3.13 参照）．

エルミート空間 V の与えられた基底 $\boldsymbol{v}_1, \ldots, \boldsymbol{v}_n$ に対して，7.2 節における**グラム・シュミットの直交化法**をエルミート内積に関して適用することによって，V の正規直交基底 $\boldsymbol{w}_1, \ldots, \boldsymbol{w}_n$ が帰納的に構成される．式 (7.2) においては，エルミート内積 $(\boldsymbol{v}_i, \boldsymbol{w}_j)$ $(1 \leqq j \leqq i-1)$ の順序を反対のもの $(\boldsymbol{w}_i, \boldsymbol{v}_j)$ に取り違えないように注意する必要がある．より一般に，定理 7.2.5 と同様に，次の定理が証明される．

定理 8.3.9 ——— グラム・シュミットの直交化法

エルミート空間 V の線形独立なベクトル $\boldsymbol{v}_1, \ldots, \boldsymbol{v}_m$ に対して，グラム・シュミットの直交化法を適用することによって構成されるベクトル $\boldsymbol{w}_1, \ldots, \boldsymbol{w}_m$ は次を満たす．

（1） $(\boldsymbol{w}_i, \boldsymbol{w}_j) = \delta_{ij}$ $(1 \leqq i, j \leqq m)$

（2） $\langle \boldsymbol{w}_1, \ldots, \boldsymbol{w}_i \rangle = \langle \boldsymbol{v}_1, \ldots, \boldsymbol{v}_i \rangle$ $(1 \leqq i \leqq m)$

（ベクトル空間としての）エルミート空間 V の部分空間 W に対して，

$$W^{\perp} = \{\boldsymbol{x} \in V \mid \boldsymbol{x} \text{ は } W \text{ のすべてのベクトルと直交する}\}$$

とおき，これを W の**直交補空間**という．W が有限次元であり，組 $\boldsymbol{v}_1, \ldots, \boldsymbol{v}_n$ を W の基底とするとき，V のベクトル $\boldsymbol{x}$ が $W^{\perp}$ のベクトルであるためには，$\boldsymbol{x}$ がすべての $\boldsymbol{v}_i$ と直交することが必要十分である．命題 7.1.12 と同様に，$W^{\perp}$ は V の部分空間であることが示される．さらに，定理 7.2.7 と同様に，エルミート内積に関するグラム・シュミットの直交化法を用いて，次の定理が証明される．

定理 8.3.10

有限次元エルミート空間 V の部分空間 W について，次が成り立つ．

（1） $V = W \oplus W^{\perp}$

（2） $(W^{\perp})^{\perp} = W$

ユニタリ変換とユニタリ行列　複素行列 $A = \begin{bmatrix} a_{ij} \end{bmatrix}$ に対して，$A^* = {}^{\mathrm{t}}\overline{A} = {}^{\mathrm{t}}\begin{bmatrix} \bar{a}_{ij} \end{bmatrix}$ とおき，A^* を A の**随伴行列**という．$(A^*)^* = A$ であり，また，A が正方行列であるとき，$\det({}^{\mathrm{t}}A) = \det(A)$ および $\det(\overline{A}) = \overline{\det(A)}$ に注意すると，$\det(A^*) = \overline{\det(A)}$ である．

$\mathbb{C}^n$ の任意のベクトル $\boldsymbol{a}$，$\mathbb{C}^m$ の任意のベクトル $\boldsymbol{b}$，任意の複素 (m, n) 型正方行列 A について，${}^{\mathrm{t}}(A\boldsymbol{a})\bar{\boldsymbol{b}} = {}^{\mathrm{t}}\boldsymbol{a}{}^{\mathrm{t}}A\bar{\boldsymbol{b}} = {}^{\mathrm{t}}\boldsymbol{a}\overline{A^*\boldsymbol{b}}$ より，次式が成り立つ．

$$(A\boldsymbol{a}, \boldsymbol{b}) = (\boldsymbol{a}, A^*\boldsymbol{b}) \tag{8.11}$$

複素正方行列 U が

$$U^*U = E$$

を満たすとき，U は**ユニタリ行列**であるという．ユニタリ行列 U は正則であり，$U^{-1} = U^*$ である．また，$\dfrac{1}{\det(U)} = \det(U^{-1}) = \det(U^*) = \overline{\det(U)}$ となるので，$|\det(U)| = 1$ である．

例 8.3.11　直交行列は複素行列としてユニタリ行列である．

例 8.3.12　$|z| = 1$, $|\alpha|^2 + |\beta|^2 = 1$ を満たす任意の複素数 z, α, β について，行列 $\begin{bmatrix} \alpha & -z\bar{\beta} \\ \beta & z\bar{\alpha} \end{bmatrix}$ はユニタリ行列である．逆に，任意の 2 次ユニタリ行列はこれらのいずれかであることが確かめられる（問題 8.3.4）．

命題 8.3.13

複素 n 次正方行列 $U = \begin{bmatrix} \boldsymbol{u}_1 & \cdots & \boldsymbol{u}_n \end{bmatrix}$ について，次は同値である．

（1）　U はユニタリ行列である．

（2）　組 $\boldsymbol{u}_1, \ldots, \boldsymbol{u}_n$ は $\mathbb{C}^n$ の正規直交基底である．

［証明］　$U^*U = \begin{bmatrix} \boldsymbol{u}_1^* \\ \vdots \\ \boldsymbol{u}_n^* \end{bmatrix} \begin{bmatrix} \boldsymbol{u}_1 \cdots \boldsymbol{u}_n \end{bmatrix} = \begin{bmatrix} \boldsymbol{u}_i^* \boldsymbol{u}_j \end{bmatrix} = \begin{bmatrix} \overline{(\boldsymbol{u}_i, \boldsymbol{u}_j)} \end{bmatrix}$

となるので，$U^*U = E$ が成り立つことと，$(\boldsymbol{u}_i, \boldsymbol{u}_j) = \delta_{ij}$（$1 \leqq i, j \leqq n$）が成り立つことは同値である．すなわち，(1) と (2) は同値である．□

エルミート内積を保つ線形変換とその表現行列について考えよう．

定義 8.3.14

エルミート空間 V の線形変換 f が，V の任意のベクトル $\boldsymbol{a}$, $\boldsymbol{b}$ について，

$$(f(\boldsymbol{a}), f(\boldsymbol{b})) = (\boldsymbol{a}, \boldsymbol{b})$$

を満たすとき，f は V の**ユニタリ変換**であるという．

ユニタリ変換 f について，$\|f(\boldsymbol{a})\| = \sqrt{(f(\boldsymbol{a}), f(\boldsymbol{a}))} = \sqrt{(\boldsymbol{a}, \boldsymbol{a})} = \|\boldsymbol{a}\|$ となる．すなわち，f はノルムを保つ．例題 7.1.7 (1) と同様に，エルミート内積はノルムを用いて表すことができるので，逆に，ノルムを保つ線形変換 f はユニタリ変換である．

命題 7.2.17 と命題 7.2.18 と同様に，次の 2 つの命題が証明される．

命題 8.3.15

エルミート空間 V のユニタリ変換 f は単射である．特に，V が有限次元のとき，f は同型写像である．

命題 8.3.16

n 次元エルミート空間 V の線形変換 f について，次は同値である．

（1） f はユニタリ変換である．

（2） V の任意の正規直交基底 $\boldsymbol{v}_1, \ldots, \boldsymbol{v}_n$ に対して，組 $f(\boldsymbol{v}_1), \ldots, f(\boldsymbol{v}_n)$ は V の正規直交基底である．

（3） V のある正規直交基底 $\boldsymbol{v}_1, \ldots, \boldsymbol{v}_n$ に対して，組 $f(\boldsymbol{v}_1), \ldots, f(\boldsymbol{v}_n)$ は V の正規直交基底である．

定理 7.2.19 と同様に，命題 8.3.13 と命題 8.3.16 を用いて，次の定理が証明される．

定理 8.3.17

有限次元エルミート空間 V の線形変換 f について，次は同値である．

（1） f はユニタリ変換である．

（2） V の任意の正規直交基底に関する f の表現行列はユニタリ行列である．

（3） V のある正規直交基底に関する f の表現行列はユニタリ行列である．

エルミート変換とエルミート行列　複素正方行列 $A = \begin{bmatrix} a_{ij} \end{bmatrix}$ が

$$A^* = A,\ \text{すなわち},\ \bar{a}_{ij} = a_{ji}\ (1 \leqq i, j \leqq n)$$

を満たすとき，A は**エルミート行列**であるという．

例 8.3.18　実対称行列は複素行列としてエルミート行列である．

例 8.3.19 任意の実数 a, b と複素数 z について，行列 $\begin{bmatrix} a & z \\ \bar{z} & b \end{bmatrix}$ はエルミート行列である．

エルミート行列の定義と式 (7.1) より，任意の $\mathbb{C}^n$ のベクトル $\boldsymbol{a}$，$\boldsymbol{b}$ と任意の n 次エルミート行列 A について，次式が成り立つ．

$$(A\boldsymbol{a}, \boldsymbol{b}) = (\boldsymbol{a}, A\boldsymbol{b}) \tag{8.12}$$

逆に，後に定理 8.3.23 としてより一般に述べるように，式 (8.12) を満たす複素 n 次正方行列 A はエルミート行列である．

命題 8.1.2 と命題 8.1.3 と同様に，次の 2 つの命題が成り立つ．

命題 8.3.20

n 次エルミート行列 A の特性多項式 $\Phi_A(t)$ は，重複度を込めてちょうど n 個の実数根をもつ．

［証明］ 複素数 λ を A の任意の固有値として，λ が実数であることを示せばよい．$\mathbb{C}^n$ のベクトル $\boldsymbol{x}$ $(\neq \boldsymbol{0})$ を λ に属する A の固有ベクトルとする．このとき，式 (8.12) に注意すると，

$$\lambda(\boldsymbol{x}, \boldsymbol{x}) = (\lambda\boldsymbol{x}, \boldsymbol{x}) = (A\boldsymbol{x}, \boldsymbol{x}) = (\boldsymbol{x}, A\boldsymbol{x}) = (\boldsymbol{x}, \lambda\boldsymbol{x}) = \overline{\lambda}(\boldsymbol{x}, \boldsymbol{x})$$

となる．ここで，$\boldsymbol{x} \neq \boldsymbol{0}$ より，$(\boldsymbol{x}, \boldsymbol{x}) \neq 0$ であるから，$\lambda = \overline{\lambda}$ が成り立つ．すなわち，λ は実数である．□

命題 8.3.21

エルミート行列の相異なる固有値に属する 2 つの固有ベクトルは直交する．

［証明］ 実数 λ, μ をエルミート行列 A の相異なる固有値とし，$\mathbb{C}^n$ のベクトル $\boldsymbol{x}$, $\boldsymbol{y}$ をそれぞれ λ, μ に対する A の固有ベクトルとする．このとき，式 (8.12) に注意すると，

$$\lambda(\boldsymbol{x}, \boldsymbol{y}) = (\lambda\boldsymbol{x}, \boldsymbol{y}) = (A\boldsymbol{x}, \boldsymbol{y}) = (\boldsymbol{x}, A\boldsymbol{y}) = (\boldsymbol{x}, \mu\boldsymbol{y}) = \overline{\mu}(\boldsymbol{x}, \boldsymbol{y})$$

となる．ここで，命題 8.3.20 より，μ は実数であり，$\lambda \neq \mu$ であるから，$(\boldsymbol{x}, \boldsymbol{y}) = 0$ が成り立つ．すなわち，$\boldsymbol{x}$ と $\boldsymbol{y}$ は直交する．□

エルミート内積に関して対称な線形変換とその表現行列について考えよう．

定義 8.3.22

エルミート空間 V の線形変換 f が，V の任意のベクトル $\boldsymbol{a}, \boldsymbol{b}$ について，

$$(f(\boldsymbol{a}), \boldsymbol{b}) = (\boldsymbol{a}, f(\boldsymbol{b}))$$

を満たすとき，f は V の**エルミート変換**であるという．

定理 8.1.11 と同様に，次の定理が証明される．

定理 8.3.23

有限次元エルミート空間 V の線形変換 f について，次は同値である．

（1） f はエルミート変換である．

（2） V の任意の正規直交基底に関する f の表現行列はエルミート行列である．

（3） V のある正規直交基底に関する f の表現行列はエルミート行列である．

ユニタリ行列による上三角化　定理 6.3.2 より，複素 n 次正方行列 A に対して，$P^{-1}AP$ が上三角行列であるような，ある複素 n 次正則行列 P が存在する．実は，このような P として特にユニタリ行列を選ぶことができる．(ユニタリ行列 U について，$U^{-1} = U^*$ である.)

定理 8.3.24

複素 n 次正方行列 A に対して，U^*AU が上三角行列であるような，ある n 次ユニタリ行列 U が存在する．

[証明]　まず，命題 6.3.1 においては，$K = \mathbb{C}$ の場合，複素 n 次正則行列 P として特にユニタリ行列を選ぶことができる．これは，必要であればグラム・シュミットの直交化法を適用することにより，命題の証明中で構成した P の列ベクトル $\boldsymbol{v}_1, \ldots, \boldsymbol{v}_n$ は $\mathbb{C}^n$ の正規直交基底であるとしてよいからである．

以上を踏まえて，$K = \mathbb{C}$ の場合に，定理 6.3.2 の証明を $K = \mathbb{C}$ の場合に以下のように修正する．上で述べたことから，定理の証明中の複素 n 次正則行列 P_0 として特にユニタリ行列を選ぶことができる．さらに，帰納法の仮定を強めて，複素 $(n-1)$ 次正則行列 P_1 としてユニタリ行列を選び，同様に $U = P_0 \begin{bmatrix} 1 & {}^t\mathbf{0} \\ \mathbf{0} & P_1 \end{bmatrix}$ とおく．このとき，同様の計算により，U^*AU は上三角行列である．さらに，

$$U^*U = \begin{bmatrix} 1 & {}^t\mathbf{0} \\ \mathbf{0} & P_1 \end{bmatrix}^* P_0^* P_0 \begin{bmatrix} 1 & {}^t\mathbf{0} \\ \mathbf{0} & P_1 \end{bmatrix} = \begin{bmatrix} 1 & {}^t\mathbf{0} \\ \mathbf{0} & P_1^* \end{bmatrix} \begin{bmatrix} 1 & {}^t\mathbf{0} \\ \mathbf{0} & P_1 \end{bmatrix}$$
$$= \begin{bmatrix} 1 & {}^t\mathbf{0} \\ \mathbf{0} & P_1^* P_1 \end{bmatrix} = E$$

となり，U はユニタリ行列である．□

ユニタリ行列による対角化と正規行列　複素正方行列 A が

$$A^*A = AA^*$$

を満たすとき，A は**正規行列**であるという．

例 8.3.25　ユニタリ行列とエルミート行列は正規行列である．

例 8.3.26　複素 n 次正方行列 $A = \begin{bmatrix} a_{ij} \end{bmatrix}$ が

$$A^* = -A, \text{ すなわち，} \bar{a}_{ij} = -a_{ji} \ (1 \leqq i, j \leqq n)$$

を満たすとき，A は**歪エルミート行列**であるという．歪エルミート行列は正規行列である．

例 8.3.27　正規行列のスカラー倍は正規行列であるので，ユニタリ行列，エルミート行列，歪エルミート行列のスカラー倍も正規行列である．そのようなものでない正規行列も存在し，例えば，$\begin{bmatrix} 2 & 1 \\ i & 2 \end{bmatrix}$ は正規行列である．

正規行列はユニタリ行列を用いて対角化できることを示そう．そのために，まず次の命題を用意する．

命題 8.3.28

正規行列は上三角行列であるならば対角行列である．

[証明]　正規行列の次数についての帰納法を用いて示す．まず，1 次行列に対して命題が成り立つことは明らかである．次に，n 次正規行列に対して命題が成り立つことを仮定する．上三角行列である $(n+1)$ 次正規行列 A を任意に選ぶ．このとき，A は複素数 a，複素 n 次元数ベクトル $\boldsymbol{b}$，複素 n 次上三角行列 C を用いて，

$A = \begin{bmatrix} a & {}^t\boldsymbol{b} \\ \mathbf{0} & C \end{bmatrix}$ と表される．$A^* = \begin{bmatrix} \bar{a} & {}^t\mathbf{0} \\ \bar{\boldsymbol{b}} & C^* \end{bmatrix}$ より，

$$A^*A = \begin{bmatrix} |a|^2 & \bar{a}{}^t\boldsymbol{b} \\ a\bar{\boldsymbol{b}} & \bar{\boldsymbol{b}}{}^t\boldsymbol{b} + C^*C \end{bmatrix}, \quad AA^* = \begin{bmatrix} |a|^2 + \|\boldsymbol{b}\|^2 & {}^t\boldsymbol{b}C^* \\ C\bar{\boldsymbol{b}} & CC^* \end{bmatrix}$$

となる．A は正規行列であるから，$A^*A = AA^*$ が成り立つが，上の計算より，$\boldsymbol{b} = \mathbf{0}$ かつ $C^*C = CC^*$ が成り立つ．C は上三角行列である n 次正規行列であるので，帰納法の仮定より，C は対角行列であり，$A = \begin{bmatrix} a & {}^t\mathbf{0} \\ \mathbf{0} & C \end{bmatrix}$ も対角行列である．よって，$(n+1)$ 次正規行列に対しても命題が成り立つ．□

定理 8.3.29

複素 n 次正方行列 A について，次は同値である．

（1） A は正規行列である．

（2） A の固有ベクトルからなる $\mathbb{C}^n$ の正規直交基底が存在する．

（3） U^*AU が対角行列であるような，ある n 次ユニタリ行列 U が存在する．

[証明] 定理 6.2.2，式 (6.14)，命題 8.3.13 より，(2) と (3) は同値である．特に，(2) の正規直交基底をなすベクトルを列ベクトルとする行列として (3) のユニタリ行列 U が与えられ，逆に，(3) のユニタリ行列 U の列ベクトルが (2) の正規直交基底をなす．

以下，(1) と (3) が同値であることを示す．一般に，n 次正規行列 B と n 次ユニタリ行列 V に対して，V^*BV も正規行列であることを用いる．これは次のように確かめられる．

$$\begin{aligned}(V^*BV)^*V^*BV &= V^*B^*VV^*BV = V^*B^*BV \\ &= V^*BB^*V = V^*BVV^*BV = V^*BV(V^*BV)^*\end{aligned}$$

まず，(1) を仮定して (3) を示す．定理 8.3.24 より，U^*AU が上三角行列であるような，ある n 次ユニタリ行列 U が存在する．仮定と上で述べたことより，U^*AU は正規行列でもあり，命題 8.3.28 より，U^*AU は対角行列である．よって，(3) が成り立つ．

次に，(3) を仮定して (1) を示す．対角行列 U^*AU は特に正規行列であり，U^* はユニタリ行列であるので，上で述べたことより，$A = U(U^*AU)U^*$ は正規行列である．よって，(1) が成り立つ．□

定理 8.3.29 より，命題 8.3.21 のより一般の場合に対する命題として，特に次が成り立つ．

系 8.3.30

正規行列の相異なる固有値に属する 2 つの固有ベクトルは直交する．

8.1 節において，与えられた実 n 次対称行列を直交行列を用いて対角化する手順についてまとめた．同様に，定理 8.3.29，系 8.3.30 を踏まえて，与えられた n 次正規行列 A をユニタリ行列を用いて対角化する手順をまとめておこう．

[1] 方程式 $\Phi_A(t) = \det(tE - A) = 0$ を解いて，A の固有値 λ をすべて求める．

[2] A の各固有値 λ について，連立 1 次方程式 $(\lambda E - A)\boldsymbol{x} = \boldsymbol{0}$ を解いて，λ に対する A の固有空間 $V(A, \lambda)$ を求め，その基底を 1 つ選ぶ．

[3] [2] で選んだ各 $V(A, \lambda)$ の基底に，（エルミート内積に関する）グラム・シュミットの直交化法を適用して，$V(A, \lambda)$ の正規直交基底を構成する．

[4] [3] で構成した各 $V(A, \lambda)$ の正規直交基底をすべての固有値 λ について並べることで，$\mathbb{C}^n$ の正規直交基底 $\boldsymbol{u}_1, \ldots, \boldsymbol{u}_n$ を得る．

[5] $U = \begin{bmatrix} \boldsymbol{u}_1 & \cdots & \boldsymbol{u}_n \end{bmatrix}$ はユニタリ行列であり，U^*AU は対角行列である．

問題 8.3

1. $\mathbb{C}^2$ のベクトル $\boldsymbol{a} = \begin{bmatrix} 1 \\ 1+i \end{bmatrix}, \boldsymbol{b} = \begin{bmatrix} 1-i \\ 2+3i \end{bmatrix}$ について，ノルム $\|\boldsymbol{a}\|, \|\boldsymbol{b}\|$ と標準エルミート内積 $(\boldsymbol{a}, \boldsymbol{b})$ をそれぞれ求めよ．

2. 次の $\mathbb{C}^n$ $(n = 2, 3)$ の基底にグラム・シュミットの直交化法を適用することによって，正規直交基底を構成せよ．

（1） $\boldsymbol{v}_1 = \begin{bmatrix} 1 \\ -i \end{bmatrix}, \boldsymbol{v}_2 = \begin{bmatrix} 2i \\ 1 \end{bmatrix}$ （2） $\boldsymbol{v}_1 = \begin{bmatrix} i \\ 1 \\ i \end{bmatrix}, \boldsymbol{v}_2 = \begin{bmatrix} 1 \\ i \\ 1 \end{bmatrix}, \boldsymbol{v}_3 = \begin{bmatrix} 3i \\ 0 \\ 0 \end{bmatrix}$

3. エルミート空間 V の部分空間 W_1, W_2 について，次を示せ．

（1） $(W_1 + W_2)^\perp = W_1^\perp \cap W_2^\perp$

（2） V が有限次元であるとき，$(W_1 \cap W_2)^\perp = W_1^\perp + W_2^\perp$

4. 任意の 2 次ユニタリ行列は，$|z| = 1$, $|\alpha|^2 + |\beta|^2 = 1$ を満たすある複素数 z, α, β について，$\begin{bmatrix} \alpha & -z\bar{\beta} \\ \beta & z\bar{\alpha} \end{bmatrix}$ の形に表されることを示せ（例 8.3.12 参照）．

5. f, g をエルミート空間 V のユニタリ変換とする．

（1） 合成写像 $g \circ f$ は V のユニタリ変換であることを示せ．

（2） f が同型写像であるとき，逆写像 f^{-1} は V のユニタリ変換であることを示せ．

6. 次のエルミート行列をユニタリ行列によって対角化せよ．

（1） $\begin{bmatrix} 1 & i \\ -i & 1 \end{bmatrix}$ （2） $\begin{bmatrix} 1 & i & 0 \\ -i & 2 & i \\ 0 & -i & 1 \end{bmatrix}$ （3） $\begin{bmatrix} 1 & -\sqrt{2}i & -1 \\ \sqrt{2}i & 0 & \sqrt{2}i \\ -1 & -\sqrt{2}i & 1 \end{bmatrix}$

7. 正規行列 A について，次を示せ．

（1） A がユニタリ行列であるためには，A のすべての固有値の絶対値が 1 であることが必要十分である．

（2） A がエルミート行列であるためには，A のすべての固有値が実数であることが必要十分である．

問題の略解

問題 1.1

1. web 参照

2. 性質 (1) から (4) と (6) は計算することで機械的に確かめられる．性質 (5) の詳細な計算については web を参照のこと．

3. (1) $\begin{bmatrix} 1+s \\ 3+2s \end{bmatrix}$ (2) $\begin{bmatrix} 1+s+t \\ 1+2s-t \\ 1+4s-4t \end{bmatrix}$

問題 1.2

1. (1) 線形変換でない ((i) と (ii) のどちらも不成立).

(2) 線形変換である．

(3) 線形変換である．

2. $f^{-1}\left(\begin{bmatrix} x \\ y \end{bmatrix}\right) = \begin{bmatrix} -2x+y \\ \frac{3}{2}x - \frac{1}{2}y \end{bmatrix}$.

3. $g\left(\begin{bmatrix} x \\ y \end{bmatrix}\right) = \frac{1}{ad-bc}\begin{bmatrix} dx-by \\ -cx+ay \end{bmatrix}$ で定まる 1 次変換 $g : \mathbb{R}^2 \longrightarrow \mathbb{R}^2$ に対して $g \circ f$, $f \circ g$ がともに $\mathbb{R}^2$ 上の恒等写像である．よって，f は逆変換をもつ．

4. web 参照

5. $a = \frac{6}{7}, b = \frac{-2}{7}, c = \frac{-3}{7}, d = \frac{-2}{7}, e = \frac{3}{7}, f = \frac{-6}{7}, g = \frac{-3}{7}, h = \frac{-6}{7}, i = -\frac{2}{7}$.

6. 題意を満たす直線は，$y = -2x$ で定まる直線，$y = x - c$ (c は任意定数) で定まる直線のいずれかである（議論の詳細は web を参照）.

問題 2.1

1. $A = \begin{bmatrix} 2 & 3 & 4 \\ 3 & 4 & 5 \\ 4 & 5 & 6 \end{bmatrix}$, $B = \begin{bmatrix} 1 & 2 & 4 \\ 2 & 4 & 8 \\ 4 & 8 & 16 \end{bmatrix}$.

2. (1) 行列の積として定まらないものは CB, AC である.

(2) $AB = \begin{bmatrix} -1 & 7 \\ 2 & 4 \end{bmatrix}$, $BA = \begin{bmatrix} 2 & -5 & 9 \\ 2 & -2 & 6 \\ 2 & 1 & 3 \end{bmatrix}$, $BC = \begin{bmatrix} 8 & 10 \\ 6 & 8 \\ 4 & 6 \end{bmatrix}$,

$CA = \begin{bmatrix} 1 & 0 & 6 \\ 7 & 2 & 12 \end{bmatrix}$.

3. web 参照　**4.** web 参照

5. $A^k = \begin{bmatrix} a^k & ka^{k-1}b \\ 0 & a^k \end{bmatrix}$ となる．詳細は web を参照.

6. (1) $p = 2,\ q = 1$.　(2) $A^{10} = \begin{bmatrix} 31 & -30 \\ 30 & -29 \end{bmatrix}$ (計算方法は web を参照).

7. A は正則行列ではなく，B は正則行列である（詳細は web を参照).

8. $AX = XA$ が成り立つための必要十分条件は実数 a, b が存在して $A = \begin{bmatrix} a & b \\ -b & a \end{bmatrix}$ と書けることである（詳細は web を参照).

9. (1) $(E + A)(E - A + A^2 + \cdots + (-1)^{k-1}A^{k-1}) = E - A^k$.　(2) web 参照

10. web 参照　**11.** web 参照　**12.** web 参照

13. 与えられた M に対して，$A = \frac{1}{2}(M + {}^{t}M)$, $B = \frac{1}{2}(M - {}^{t}M)$ とおくと，${}^{t}({}^{t}M) = M$ であることより，A は対称行列，B は交代行列となる．また，$M = A + B$ となるので題意が従う.

問題 2.2

1. (1) $\begin{bmatrix} 1 & 0 & -1 \\ 0 & 1 & 2 \\ 0 & 0 & 0 \end{bmatrix}$　(2) web 参照

2. $A = E_4(3; s)E_4(2, 4)E_3(3, 1; t)$ なので，問題 2.1.12 より，$A^{-1} = E_3(3, 1; t)^{-1} E_4(2, 4)^{-1} E_4(3; s)^{-1}$ となる．$E_3(3, 1; t)^{-1} = E_3(3, 1; -t)$, $E_4(2, 4)^{-1} = E_4(2, 4)$, $E_4(3; s)^{-1} = E_4(3; s^{-1})$ より，$A^{-1} = E_3(3, 1; -t)E_4(2, 4)E_4(3; s^{-1})$.

3. web 参照　**4.** (1) web 参照　(2) web 参照

問題 2.3

1. (1) A は行簡約，B は行簡約ではない． (2) A は列簡約ではなく，B は列簡約（理由については web を参照）．

2. (1) A, B, C の行簡約化を A', B', C' とするとき，

$$A' = \begin{bmatrix} 1 & 0 & -1 \\ 0 & 1 & 2 \\ 0 & 0 & 0 \end{bmatrix},\ B' = \begin{bmatrix} 1 & 0 & -3 & 0 \\ 0 & 1 & 2 & 0 \\ 0 & 0 & 0 & 1 \end{bmatrix},\ C' = \begin{bmatrix} 1 & 0 & 5 & 2 \\ 0 & 1 & 2 & 1 \\ 0 & 0 & 0 & 0 \\ 0 & 0 & 0 & 0 \end{bmatrix}.$$

(2) A, B, C の列簡約化を A'', B'', C'' とするとき，

$$A'' = \begin{bmatrix} 1 & 0 & 0 \\ 0 & 1 & 0 \\ -1 & 2 & 0 \end{bmatrix},\ B'' = \begin{bmatrix} 1 & 0 & 0 & 0 \\ 0 & 1 & 0 & 0 \\ 0 & 0 & 1 & 0 \end{bmatrix},\ C'' = \begin{bmatrix} 1 & 0 & 0 & 0 \\ 0 & 1 & 0 & 0 \\ -\frac{5}{7} & \frac{13}{7} & 0 & 0 \\ -\frac{1}{7} & \frac{4}{7} & 0 & 0 \end{bmatrix}.$$

(3) A, B, C の標準化を A''', B''', C''' とするとき，

$$A''' = \begin{bmatrix} 1 & 0 & 0 \\ 0 & 1 & 0 \\ 0 & 0 & 0 \end{bmatrix},\ B''' = \begin{bmatrix} 1 & 0 & 0 & 0 \\ 0 & 1 & 0 & 0 \\ 0 & 0 & 1 & 0 \end{bmatrix},\ C''' = \begin{bmatrix} 1 & 0 & 0 & 0 \\ 0 & 1 & 0 & 0 \\ 0 & 0 & 0 & 0 \\ 0 & 0 & 0 & 0 \end{bmatrix}.$$

3. $\mathrm{rank}(A) = 1$ となるための必要十分条件は $a = b = d = 0$ であること．$\mathrm{rank}(A) = 2$ となるための必要十分条件は $ad = 0$ かつ a, b, d のうちのいずれかが 0 でないこと．$\mathrm{rank}(A) = 3$ となるための必要十分条件は $ad \neq 0$ であること．

問題 2.4

1. (1) $x_1 = 1, x_2 = -4, x_3 = -8.$ (2) $x_1 = 9, x_2 = 0, x_3 = -2, x_4 = -1.$
(3) $x_1 = 0, x_2 = -1 + s, x_3 = 1 - s, x_4 = s$ (s はパラメータ)．

2. ただ1つの解をもつための必要十分条件は $(a-b)(b-c)(c-a) \neq 0$ が成り立つことである．そのときのただ1つの解は，$x = abc,\ y = -(ab + bc + ca),\ z = a + b + c.$

3. $x_1 = -\frac{25}{7},\ x_2 = \frac{30}{7},\ x_3 = \frac{59}{7}$ となる（詳細は web を参照）．

4. 行列方程式 $A\boldsymbol{x} = \boldsymbol{b}$ の解は2つのパラメータ s, t によって

$$\boldsymbol{x} = s \begin{bmatrix} -\frac{7}{13} \\ -\frac{17}{13} \\ \frac{25}{13} \\ 1 \\ 0 \end{bmatrix} + t \begin{bmatrix} -\frac{2}{13} \\ -\frac{3}{13} \\ \frac{9}{13} \\ 0 \\ 1 \end{bmatrix} + \begin{bmatrix} \frac{8}{13} \\ -\frac{14}{13} \\ \frac{16}{13} \\ 0 \\ 0 \end{bmatrix}$$

と表される（求め方の詳細は web を参照）．

5. $A\boldsymbol{x}=\boldsymbol{b}$の任意の解$\boldsymbol{y}\in K^n$をとり, $\boldsymbol{y}'=\boldsymbol{y}-\boldsymbol{w}$とおく. このとき, $A\boldsymbol{y}'=A\boldsymbol{y}-A\boldsymbol{w}=\boldsymbol{b}-\boldsymbol{b}=\boldsymbol{0}$. よって, $\boldsymbol{y}'$は行列方程式$A\boldsymbol{x}=\boldsymbol{0}$の解となる. 逆に, $\boldsymbol{y}'$を行列方程式$A\boldsymbol{x}=\boldsymbol{0}$の任意の解として, $\boldsymbol{y}=\boldsymbol{y}'+\boldsymbol{w}$とおく. このとき, $A\boldsymbol{y}=A\boldsymbol{y}'+A\boldsymbol{w}=\boldsymbol{0}+\boldsymbol{b}=\boldsymbol{b}$. よって, $\boldsymbol{y}$は行列方程式$A\boldsymbol{x}=\boldsymbol{b}$の解となる.

問題 2.5

1. (1), (2) web 参照

(3) 例えば, $A=\begin{bmatrix}1&0\\3&1\end{bmatrix}\begin{bmatrix}1&0\\0&-2\end{bmatrix}\begin{bmatrix}1&2\\0&1\end{bmatrix}$と書ける (議論の詳細は web を参照).

2. (1) $A^{-1}=\begin{bmatrix}3&-5\\-1&2\end{bmatrix}$. (2) $A^{-1}=\begin{bmatrix}\frac{1}{3}&-\frac{8}{3}&-1\\0&2&1\\\frac{1}{3}&-\frac{5}{3}&-1\end{bmatrix}$.

(3) $A^{-1}=\frac{1}{2}\begin{bmatrix}2&4&0&-2\\-8&-11&2&11\\8&10&-2&-10\\18&23&-4&-23\end{bmatrix}$.

3. web 参照

問題 3.1

1. (1) -1 (2) -1 (3) 1

2. (1) 11 (2) 19 (3) x^2+y^2

3. (1) 35 (2) -1 (3) $-bc$

4. $x=1,2$.

5. (1) web 参照 (2) $(k_1,k_2,\ldots,k_m)=(k_1,k_m)\cdots(k_1,k_3)(k_1,k_2)$.

(3) 互換の符号は-1なので, (2) より長さmの巡回置換の符号は$(-1)^{m-1}$.

6. $(\sigma\tau\sigma^{-1})^n=\sigma\tau\underbrace{\sigma^{-1}\cdot\sigma}_{\varepsilon}\tau\underbrace{\sigma^{-1}\cdot\sigma}_{\varepsilon}\tau\sigma^{-1}\cdots\tau\sigma^{-1}=\sigma\tau^n\sigma^{-1}$.

問題 3.2

1. (1) -1 (2) $-x-x^2+y+y^2$ (3) 0 (4) -330 (5) $-abc$

(6) $9abc$ (7) 16 (8) -126

2. (1) $-6d$ (2) $-d$ (3) d (4) $15d$

3. web 参照

問題 3.3

1. (1) -16 (2) 120

2. $\det(A)=1$ (右辺の 3 つの行列の行列式はそれぞれ 1 であることからわかる).

3. (1) $\det(AB)=\det(A)\det(B)$を使って, kについての帰納法で$\det(A^k)=(\det A)^k$を示す.

(2)　n 次正方行列について，階数が n であることと正則行列であることは同値である．よって，$\mathrm{rank}(A)=n \iff \det(A)\neq 0 \iff \det(A^k)\neq 0 \iff \mathrm{rank}(A^k)=n$.

4. (1)　${}^{\mathrm{t}}I=-I$ より $\det({}^{\mathrm{t}}I)=\det(-I) \iff \det(I)=(-1)^n\det(I)$ である．$I^2=-E$ なので，$\det(I)\neq 0$. よって，n は偶数でなくてはならない．

(2)　$n=2k$ とおく．$(xE+yI)(xE+y{}^{\mathrm{t}}I)=(xE+yI)(xE-yI)=x^2E-y^2I^2=(x^2+y^2)E$ なので $\det(xE+yI)^2=(x^2+y^2)^{2k}$ である．$f(x,y)=\det(xE+yI)$ とおくと，これは x,y を変数とする複素数係数の多項式である．よって，$\det(xE+yI)^2=(x^2+y^2)^{2k} \iff (f(x,y)-(x^2+y^2)^k)(f(x,y)+(x^2+y^2)^k)=0$ であり，これが x,y を変数とする多項式についての等号となっていることから，どちらか一方の項は恒等的に 0 でなくてはならない．$(x,y)=(1,0)$ のとき，$f(1,0)=\det(E)=1$ であることから，$f(x,y)+(x^2+y^2)^k$ は恒等的に 0 でない多項式である．よって，$f(x,y)-(x^2+y^2)^k=0 \iff \det(xE+yI)=(x^2+y^2)^k$ である．

5. (1)　正しくない．$\det(-A)=(-1)^n\det(A)$ が正しい．(2)　正しくない．反例として，1 つの行が零ベクトルである行列など．(3)　正しくない．$A=E$, $B=xE$ とすると，$\det(A+B)=(1+x)^n$ だが，$\det(A)+\det(B)=1+x^n$ となって反例を与える．

問題 3.4

1. (1)　$-\begin{vmatrix}1&0\\3&1\end{vmatrix}-5\begin{vmatrix}2&0\\0&1\end{vmatrix}+4\begin{vmatrix}2&1\\0&3\end{vmatrix}$

(2)　$-4\begin{vmatrix}1&0\\1&-2\end{vmatrix}+7\begin{vmatrix}0&9\\1&-2\end{vmatrix}-4\begin{vmatrix}0&9\\1&0\end{vmatrix}$

2. (1)　$\begin{bmatrix}6&-9\\3&7\end{bmatrix}$　(2)　$\begin{bmatrix}\sqrt{5}&-\sqrt{2}\\-\sqrt{3}&1\end{bmatrix}$　(3)　$\begin{bmatrix}-6&0&0\\-2&15&-9\\2&-6&0\end{bmatrix}$

(4)　$\begin{bmatrix}0&0&-5\\0&0&19\\0&0&-8\end{bmatrix}$　(5)　$\begin{bmatrix}2&-1&-1&-1\\-1&2&-1&-1\\-1&-1&2&-1\\-1&-1&-1&2\end{bmatrix}$

3. $\dfrac{1}{x^3-x}\begin{bmatrix}x^2&0&-x\\1-x^2&x^2-1&1-x^2\\-x&0&x^2\end{bmatrix}$

4. (1)　$\det(A)$ を a_{ij} を変数とする多項式とみなす．このとき，$\det(\widetilde{A})$ も a_{ij} を変数とする多項式である．$A\widetilde{A}=(\det A)E$ より，多項式としての等号 $\det(A)\det(\widetilde{A})=(\det A)^n$ を得る．$\det(A)$ は恒等的に 0 でないから，多項式としての等号 $\det(\widetilde{A})=(\det A)^{n-1}$

が従う．多項式として等しいので，各 a_{ij} に任意の K の元を代入しても等号が成立する．

(2)　B を $\widetilde{A}$ の余因子行列とする．B の各成分もまた a_{ij} を変数とする多項式とみなす．このとき，$B\widetilde{A} = (\det \widetilde{A})E$ であるが，(1) の結果から右辺は $(\det A)^{n-1}E$ である．よって $B\widetilde{A} = (\det A)^{n-1}E$ であるが，さらに左から A を掛けて $(\det A)B = (\det A)^{n-1}A$ が成り立つ．$\det(A)$ は恒等的に 0 でないから，多項式を成分とする行列として，$B = (\det A)^{n-2}A$ が成り立つ．よって，任意の K の元を代入しても等号が成立する．

5. $\begin{vmatrix} A & O \\ * & B \end{vmatrix}$ の第 1 行についての余因子展開を考えれば，A が $n-1$ 次正方行列である場合に帰着できる．$\begin{vmatrix} A & * \\ O & B \end{vmatrix}$ の場合は第 1 列についての余因子展開を考えればよい．

問題 3.5

1. (1)　9　　(2)　9^n　　**2.** web 参照

3. $d = \begin{vmatrix} x_1 & x_2 & x_3 \\ y_1 & y_2 & y_3 \\ z_1 & z_2 & z_3 \end{vmatrix}$ とおくと，1 行についての余因子展開によって，$d = (\boldsymbol{x}, \boldsymbol{y} \times \boldsymbol{z})$ を得る．同様に，2 行，3 行についての余因子展開によって，$d = (\boldsymbol{y}, \boldsymbol{z} \times \boldsymbol{x})$ および $d = (\boldsymbol{z}, \boldsymbol{x} \times \boldsymbol{y})$ に等しいことを得る．

問題 4.1

1. web 参照

2. (1)　W_1, W_2 ともに部分空間ではない．

(2)　W_1, W_2 は部分空間であり，W_3, W_4, W_5 は部分空間ではない．

3. $\boldsymbol{x} = x_1\boldsymbol{a}_1 + x_2\boldsymbol{a}_2 = x_3\boldsymbol{a}_3 + x_4\boldsymbol{a}_4$　($x_i \in K$) と表せるベクトル全体を求めればよい．これを連立 1 次方程式とみなして解くと，共通部分は，$ab \neq -2$ のとき $\{\boldsymbol{0}\}$，$ab = -2$ のとき $\left\langle {}^{\mathrm{t}}\begin{bmatrix} 2 & -1 & -1 & 2 \end{bmatrix} \right\rangle_K$．

4. $W_1 \cup W_2$ が部分空間とすると，任意の $\boldsymbol{x}_i \in W_i$ に対し $\boldsymbol{y} = \boldsymbol{x}_1 + \boldsymbol{x}_2 \in W_1 \cup W_2$．もし $\boldsymbol{y} \in W_1$ とすると $\boldsymbol{x}_2 = \boldsymbol{y} - \boldsymbol{x}_1 \in W_1$，ゆえに $W_2 \subset W_1$．もし $\boldsymbol{y} \in W_2$ とすると同様にして $W_1 \subset W_2$ となる．

$W_1 \subset W_2$ と仮定すると $W_1 \cup W_2 = W_2$ となり，これは部分空間．$W_2 \subset W_1$ の場合も同様．

5. $\begin{bmatrix} \boldsymbol{a}_1 & \cdots & \boldsymbol{a}_n \end{bmatrix} P = \begin{bmatrix} \boldsymbol{b}_1 & \cdots & \boldsymbol{b}_n \end{bmatrix}$ より各 $\boldsymbol{b}_j$ は $\boldsymbol{a}_1, \ldots, \boldsymbol{a}_n$ の線形結合だから $\langle \boldsymbol{a}_1, \ldots, \boldsymbol{a}_n \rangle \supset \langle \boldsymbol{b}_1, \ldots, \boldsymbol{b}_n \rangle$．　P が正則ならば $\begin{bmatrix} \boldsymbol{a}_1 & \cdots & \boldsymbol{a}_n \end{bmatrix} =$

$\begin{bmatrix} \boldsymbol{b}_1 & \cdots & \boldsymbol{b}_n \end{bmatrix} P^{-1}$ だから，同様にして $\langle \boldsymbol{a}_1, \ldots, \boldsymbol{a}_n \rangle \subset \langle \boldsymbol{b}_1, \ldots, \boldsymbol{b}_n \rangle$ も成り立ち，これらは一致する．

問題 4.2

1. $\boldsymbol{a}_1, \boldsymbol{a}_3, \boldsymbol{a}_5$ が独立で，$\boldsymbol{a}_2 = 2\boldsymbol{a}_1$，$\boldsymbol{a}_4 = 3\boldsymbol{a}_1 + 4\boldsymbol{a}_3$．

2. いずれも線形独立

(1) $\boldsymbol{x}_1 = \boldsymbol{y}_1$，$\boldsymbol{x}_2 = -\boldsymbol{y}_1 + \boldsymbol{y}_2$，$\boldsymbol{x}_3 = -\boldsymbol{y}_2 + \boldsymbol{y}_3$，$\boldsymbol{x}_4 = -\boldsymbol{y}_3 + \boldsymbol{y}_4$．

(2) $\boldsymbol{x}_1 = (-2\boldsymbol{y}_1 + \boldsymbol{y}_2 + \boldsymbol{y}_3 + \boldsymbol{y}_4)/3$, $\boldsymbol{x}_2 = (\boldsymbol{y}_1 - 2\boldsymbol{y}_2 + \boldsymbol{y}_3 + \boldsymbol{y}_4)/3$,
$\boldsymbol{x}_3 = (\boldsymbol{y}_1 + \boldsymbol{y}_2 - 2\boldsymbol{y}_3 + \boldsymbol{y}_4)/3$, $\boldsymbol{x}_4 = (\boldsymbol{y}_1 + \boldsymbol{y}_2 + \boldsymbol{y}_3 - 2\boldsymbol{y}_4)/3$.

3. O が ABCD の内部に含まれるとき，$\boldsymbol{a}, \boldsymbol{b}, \boldsymbol{c}, \boldsymbol{d}$ のどの 3 つも同一平面上にない（さもなくば O は ABCD のある面上に存在する）．よって，それらは線形独立である．作図法は省略する．

4. (1) $\boldsymbol{a}_1, \ldots, \boldsymbol{a}_n$ が関係式 $c_1\boldsymbol{a}_1 + \cdots + c_n\boldsymbol{a}_n = \boldsymbol{0}$ を満たすということは，すべての i に対し $\boldsymbol{a}_j$ の第 i 成分 a_{ij} たちが同じ関係式 $c_1 a_{i1} + \cdots + c_n a_{in} = 0$ を満たすことと同値である．したがって，$\boldsymbol{a}'_1, \ldots, \boldsymbol{a}'_n$ も同じ関係式を満たす．

(2) $m = n = 2$, $r = 1$, $i_1 = 1$, $\boldsymbol{a}_1 = \begin{bmatrix} 1 \\ 0 \end{bmatrix}$, $\boldsymbol{a}_2 = \begin{bmatrix} 1 \\ 1 \end{bmatrix}$ とすると，$\boldsymbol{a}'_1 - \boldsymbol{a}'_2 = \boldsymbol{0}$ だが $\boldsymbol{a}_1 - \boldsymbol{a}_2 \neq \boldsymbol{0}$.

問題 4.3

1. この組が基底であることの証明は web を参照．求める座標は ${}^t[0\ 1\ 3\ 1]$.

2. (1) 例えば，組 $\begin{bmatrix} 1 & 0 \\ 0 & 0 \end{bmatrix}, \begin{bmatrix} 0 & 1 \\ 0 & 0 \end{bmatrix}, \begin{bmatrix} 0 & 0 \\ 1 & 0 \end{bmatrix}, \begin{bmatrix} 0 & 0 \\ 0 & 1 \end{bmatrix}$, $\dim(V) = 4$.

(2) 例えば，組 $(x-2)(x+1)$, $x(x-2)(x+1)$, $\dim(V) = 2$.

(3) 例えば，n が奇数のとき，$a_n = 2^{n-1}$，$b_n = 0$，n が偶数のとき，$a_n = 0$，$b_n = 2^{n-2}$ である数列の組 (a_n), (b_n), $\dim(V) = 2$.

3. (1) $\dim(W) = 1$, 例えば，${}^t[-3\ 1\ 1]$.

(2) $\dim(W) = 2$, 例えば，組 ${}^t[1\ \ -1\ 1\ 0]$, ${}^t[-2\ \ -3\ 0\ 1]$.

4. $\dim(W_1 \cap W_2) = 1$, $\dim(W_1 + W_2) = 3$, 例えば，${}^t[1\ 0\ \ -2]$, 組 $\boldsymbol{a}_1$, $\boldsymbol{a}_2$, $\boldsymbol{b}_1$.

5. $\dim(V) = n$ より，これらのベクトルの組が V を生成することを示せばよい．

6. 必要性は系 4.3.23 より成立．十分性については定理 4.3.22 を繰り返し用いよ．

問題 5.1

1. (1) 線形写像でない　(2) 線形写像　(3) 線形写像

(4) 線形写像でない

2. (1) 線形写像　(2) 線形写像　(3) 線形写像　(4) 線形写像でない

3. (1) $K = \mathbb{C}$ とし，写像 $f : \mathbb{C} \to \mathbb{C}$ を $f(z) = \bar{z}$ (複素共役) とすれば，$f(z_1 + z_2) =$

$\bar{z}_1 + \bar{z}_2 = f(z_1) + f(z_2)$ となって (1) を満たすが，$f(az) = \bar{a}\bar{z} \neq a\bar{z}$ となって (2) を満たさない．

(2) $K = \mathbb{R}$ とし，$f : \mathbb{R}^2 \to \mathbb{R}$ を

$$f(x_1, x_2) = \begin{cases} x_1 & (|x_1| \geqq |x_2|) \\ x_2 & (|x_1| < |x_2|) \end{cases}$$

とおく．このとき，f は (1) を満たさない．例えば $f(1,0) = 1$, $f(0,-1) = -1$ だが $f(1,-1) = 1$ なので，$f(1,0) + f(0,-1) \neq f(1,-1)$ である．一方，$a \neq 0$ について

$$f(ax_1, ax_2) = \begin{cases} ax_1 & (|x_1| \geqq |x_2|) \\ ax_2 & (|x_1| < |x_2|) \end{cases} = af(x_1, x_2)$$

であり，また $f(0,0) = 0$ ゆえ，これは $a = 0$ のときも成り立つ．よって，f は (2) を満たす．

4. web 参照

5. $\mathbf{0} \in W$ でなくてはならないので，$\boldsymbol{v} = f(\mathbf{0}) = \mathbf{0}$ である．逆に $\boldsymbol{v} = \mathbf{0}$ であれば，部分空間の条件 (定義 4.1.4) を満たす．よって，$\boldsymbol{v} = \mathbf{0}$ が条件である．

問題 5.2

1. (1) 核の基底 $\begin{bmatrix} -7 \\ 1 \\ 1 \end{bmatrix}$, 像の基底 $\begin{bmatrix} 1 \\ 0 \end{bmatrix}$, $\begin{bmatrix} 0 \\ 1 \end{bmatrix}$.

(2) 核の基底 $\begin{bmatrix} -3 \\ -2 \\ 1 \end{bmatrix}$, 像の基底 $\begin{bmatrix} 1 \\ -1 \\ 3 \\ 2 \end{bmatrix}$, $\begin{bmatrix} 0 \\ 2 \\ -4 \\ -3 \end{bmatrix}$.

(3) 核の基底 $\begin{bmatrix} -1 \\ 2 \\ 4 \\ 0 \\ 0 \end{bmatrix}$, $\begin{bmatrix} 0 \\ 3 \\ 0 \\ 1 \\ 0 \end{bmatrix}$, $\begin{bmatrix} -1 \\ 2 \\ 0 \\ 0 \\ 1 \end{bmatrix}$, 像の基底 $\begin{bmatrix} 1 \\ 1 \\ 2 \end{bmatrix}$, $\begin{bmatrix} 1 \\ -1 \\ 0 \end{bmatrix}$.

2. (1) web 参照

(2) 核の定義より $T(g(x)) = (0, \ldots, 0)$ ならば $g(x) = 0$ を示せばよい．因数定理より，$g(a_i) = 0$ ならば $g(x)$ は $(x - a_i)$ で割り切れる．仮定より，$a_1, \ldots, a_n$ は相異なるので，$g(x)$ は $(x - a_1) \cdots (x - a_n)$ で割り切れる．ところが，$g(x)$ の次数は

$n-1$ 以下だから，$g(x)=0$ となるしかない．よって示された．

(3)　$K[x]_{n-1}$ と K^n はともに n 次元なので，定理 5.2.6 を適用できて，T が単射であることから全射が従う．

3. $f\circ f=0$ なので，$\mathrm{Ker}(f)\supset\mathrm{Im}(f)$ が成り立つ．よって，$\dim\mathrm{Ker}(f)\geqq\dim\mathrm{Im}(f)$ である．一方，f について次元公式より，$\dim\mathrm{Ker}(f)+\dim\mathrm{Im}(f)=n$ なので，$n-\dim\mathrm{Im}(f)\geqq\dim\mathrm{Im}(f)\iff\dim\mathrm{Im}(f)\leqq n/2$ である．

4. 次元公式より，$\dim V=\mathrm{rank}(g)+\dim\mathrm{Ker}(g)$．$\mathrm{Ker}(g)=\mathrm{Im}(f)$ なので，$\dim\mathrm{Ker}(g)=\mathrm{rank}(f)$．よって，$\dim V=\mathrm{rank}(f)+\mathrm{rank}(g)$．

5. (1)　余因子行列の各成分は $n-1$ 次小行列式からなるから，定理 5.2.9 よりすべて 0 である．

(2)　定理 5.2.9 より，$\widetilde{A}$ は 0 でない成分をもつので，$\widetilde{A}\neq O$ である．$\det(A)=0$ なので，$A\widetilde{A}=O$ である．A の階数が $n-1$ なので，定理 4.3.16 より，$A\boldsymbol{x}=\boldsymbol{0}$ の解空間の次元は 1 次元である．その解を $\boldsymbol{a}$ とすれば，$\widetilde{A}$ の各列ベクトルは $\boldsymbol{a}$ のスカラー倍になる．よって，$\widetilde{A}$ の階数は 1 である．

(3)　$\mathrm{rank}(A)\leqq n-2$ ならば，(1) より $\widetilde{A}=O$ であるからその余因子行列も零行列である．$\mathrm{rank}(A)=n-1$ のとき，(2) より $\mathrm{rank}(\widetilde{A})=1\leqq n-2$ なので，再び (1) より，$\widetilde{A}$ の余因子行列は零行列である．

問題 5.3

1. $\begin{bmatrix}-4 & 4 & 3\\ 4 & -5 & -3\end{bmatrix}$　**2.** $\begin{bmatrix}-1 & 2\\ 2 & 0\end{bmatrix}$　**3.** $\begin{bmatrix}\frac{4}{3} & -\frac{4}{3}\\ \frac{2}{3} & \frac{4}{3}\\ 0 & 1\end{bmatrix}$

4. $$\begin{bmatrix}0 & 1 & & & & \\ & 1 & 2 & & \text{\huge O} & \\ & & 2 & 3 & & \\ & & & \ddots & \ddots & \\ & \text{\huge O} & & & n-1 & n\\ & & & & & n\end{bmatrix}$$

5. 略

問題 6.1

1. (1)　$\Phi_A(t)=(t-1)^3$,　$\lambda=1$,　$V(A;1)=\left\langle {}^{\mathrm{t}}\begin{bmatrix}0 & 0 & 1\end{bmatrix}\right\rangle$

(2)　$\Phi_A(t)=(t-1)^2(t-2)^2$,　$\lambda=1,2$,

$$V(A;1)=\left\langle {}^{\mathrm{t}}\begin{bmatrix}-1 & 0 & 0 & 1\end{bmatrix}\right\rangle,\quad V(A;2)=\left\langle {}^{\mathrm{t}}\begin{bmatrix}0 & 1 & 1 & 0\end{bmatrix}\right\rangle$$

2. $\det(tE-A)$ を行列式の定義に従って計算するとき，t に関する最高次の項は，対角成分の積 $(t-a_{11})\cdots(t-a_{nn})$ から現れる t^n である．t^{n-1} の項は，やはりこの積から現れるもので，$-(a_{11}+\cdots+a_{nn})t^{n-1}=-\mathrm{Tr}(A)t^{n-1}$ となる．定数項は $\Phi_A(0)=\det(-A)=(-1)^n\det(A)$ である．

3. (1) 行列式の定義により $\det(A(t))$ は $a_{ij}(t)$ たちの多項式であるから t の多項式でもある．

(2) 一般に，2 つの多項式 $g(t),h(t)$ と $t_0\in K$ に対し，$s(t)=g(t)+h(t)$, $p(t)=g(t)h(t)$ とするとき，$s(t_0)=g(t_0)+h(t_0)$, $p(t_0)=g(t_0)h(t_0)$ が成り立つことより従う．

4. (1) $f^i\boldsymbol{v}=(f(\cdots(f(\boldsymbol{v}))))=\lambda^i\boldsymbol{v}$ に注意して，

$$\phi(f)\boldsymbol{v}=\left(\sum_{i=0}^{m}a_if^i\right)\boldsymbol{v}=\sum_{i=0}^{m}a_i(f^i\boldsymbol{v})=\sum_{i=0}^{m}a_i\lambda^i\boldsymbol{v}=\phi(\lambda)\boldsymbol{v}.$$

(2) $V(f,\lambda)$ は V の部分空間であり，(1) より $V(f,\phi(\lambda))$ に含まれるから，$V(f,\lambda)$ は $V(f,\phi(\lambda))$ の部分空間である．

問題 6.2

1. どちらも $\sum_i\dim(V(A,\lambda_i))<n$ だから対角化不可能である．

2. f の固有値は 0 のみ，その固有空間は K（= 定数多項式全体）で 1 次元．固有空間の次元の和が $n+1$ 未満だから，対角化不可能である．

3. $\Phi_{J_n(\lambda)}(t)=(t-\lambda)^n$ だから固有値は λ のみ．固有空間は ${}^t\begin{bmatrix}1 & 0 & \cdots & 0\end{bmatrix}$ で生成される 1 次元部分空間だから，$n\geqq 2$ のとき $J_n(\lambda)$ は対角化不可能である．

4. $P^{-1}A^kP=(P^{-1}AP)\cdots(P^{-1}AP)=\begin{bmatrix}\lambda_1^k & & O\\ & \ddots & \\ O & & \lambda_n^k\end{bmatrix}.$

5. (1) $P=\begin{bmatrix}1&4&9\\1&2&3\\1&1&1\end{bmatrix}$ とおくと（これは正則で）$A^n=P\begin{bmatrix}1^n & & O\\ & 2^n & \\ O & & 3^n\end{bmatrix}P^{-1}$.

(2) $a_n=2^{n+3}-2^{n+2}-3^{n+1}+2\cdot 3^n-3\quad(n\geqq 3)$.

問題 6.3

1. (1) 例えば $P=\begin{bmatrix}0&0&1\\0&1&0\\1&0&0\end{bmatrix}$ により $P^{-1}AP=\begin{bmatrix}1&1&1\\0&1&1\\0&0&1\end{bmatrix}$.

(2) 例えば $P=\begin{bmatrix} -1 & 0 & 0 & 1 \\ 0 & 0 & 1 & 0 \\ 0 & 1 & 0 & 0 \\ 1 & 0 & 0 & 1 \end{bmatrix}$ により $P^{-1}AP=\begin{bmatrix} 1 & -1 & 0 & 0 \\ 0 & 1 & 1 & 1 \\ 0 & 0 & 2 & 1 \\ 0 & 0 & 0 & 2 \end{bmatrix}$.

2. $P^{-1}\phi(A)P=\phi(P^{-1}AP)$ よりわかる．詳細は web を参照．

3. A の固有値は $\Phi_A(t)$ の根であるから，(2) と (3) の同値性が従う．(2) とケイリー・ハミルトンの定理より $A^n=O$ であるから，(2) ⇒ (1) である．A の固有値を（重複も込めて）$\lambda_1,\ldots,\lambda_n$ とすると A^k の固有値は $\lambda_1^k,\ldots,\lambda_n^k$ であるから，もしある λ_i が 0 でなければ λ_i^k も 0 でなく，したがって $A^k\neq O$ である．よって，(1) ⇒ (3) である．

4. (1) ケイリー・ハミルトンの定理により $\Phi_A(A)=O$ だから，$\Phi_A(t)=t^n+a_1t^{n-1}+\cdots+a_n$ とすると，$A^n=-a_1A^{n-1}-\cdots-a_nE$. この関係式を繰り返し用いることにより，$A^m$ $(m\geqq n)$ は $E,A,\ldots,A^{n-1}$ の線形結合で書ける．よって，$\dim(V_A)\leqq n$.

(2) 各 k に対し $A=\begin{bmatrix} J_k(0) & {}^t\mathbf{0} \\ \mathbf{0} & O \end{bmatrix}$（$J_k(0)$ は問題6.2.3の行列）とおくと，$A^k=O$ であり，$E,A,\ldots,A^{k-1}$ は線形独立である．よって，$\dim(V_A)=k$.

5. t^n を $\Phi_A(t)=(t-1)(t-2)(t-3)$ で割った余りを at^2+bt+c とおく．$t=1,2,3$ を代入し，未定係数法により a,b,c を求める．ケイリー・ハミルトンの定理により $A^n=aA^2+bA+cE$ となる．

6. N の特性多項式を $\Phi_N(t)=\prod_{i=1}^{n}(t-\lambda_i)$ とすると，$\Phi_{P^{-1}NP}(t)=\Phi_N(t)$. 一方，$\Phi_{qN}(t)=\prod_{i=1}^{n}(t-q\lambda_i)$. これらが等しいと仮定すると，「$q$ 倍」は集合 $\{\lambda_1,\ldots,\lambda_n\}$ の置換を引き起こす．$\lambda_1,\ldots,\lambda_n$ の中に 0 でないものがあるとき，これが可能であるためには q がある $1\leqq m\leqq n$ に対し $q^m=1$ を満たさねばならず，仮定に矛盾する．$\lambda_1,\ldots,\lambda_n$ がすべて 0 ならば N はべき零である．

問題 6.4

1. (1) 一般固有空間分解は $V=\widetilde{V}(1)\oplus\widetilde{V}(2)$ で，$\widetilde{V}(1)$ の基底として ${}^t\begin{bmatrix} -1 & 0 & 1 \end{bmatrix}$ が $\widetilde{V}(2)$ の基底として ${}^t\begin{bmatrix} 1 & 1 & 0 \end{bmatrix}$, ${}^t\begin{bmatrix} 0 & 0 & 1 \end{bmatrix}$ がとれる．

(2) 一般固有空間分解は $V=\widetilde{V}(1)\oplus\widetilde{V}(2)$ で，$\widetilde{V}(1)$ の基底として ${}^t\begin{bmatrix} -1 & 1 & 0 & 0 \end{bmatrix}$ が，$\widetilde{V}(2)$ の基底として ${}^t\begin{bmatrix} 1 & 0 & 0 & 1 \end{bmatrix}$, ${}^t\begin{bmatrix} 0 & 0 & 1 & 0 \end{bmatrix}$ がとれる．

2. (1) 例えば $P=\begin{bmatrix}-1&1&1\\0&1&0\\1&1&0\end{bmatrix}$ とおくと $P^{-1}AP=\begin{bmatrix}2&0&0\\0&2&1\\0&0&2\end{bmatrix}$.

(2) 例えば $P=\begin{bmatrix}-1&1&1&0\\-1&0&-2&0\\2&-1&0&0\\0&1&1&1\end{bmatrix}$ とおくと $P^{-1}AP=\begin{bmatrix}1&0&0&0\\0&1&1&0\\0&0&1&1\\0&0&0&1\end{bmatrix}$.

3. (1) $\boldsymbol{x}\in V_j$ のとき，$\boldsymbol{x}=\mathcal{E}_j\boldsymbol{v}$ （$\boldsymbol{v}\in V$）とすると，$T_{\mathcal{E}_i}(\boldsymbol{v})=\mathcal{E}_i\mathcal{E}_j\boldsymbol{v}=\delta_{ij}\boldsymbol{x}$.

(2) 任意の $\boldsymbol{x}\in V$ に対し，$\boldsymbol{x}_i=\mathcal{E}_i\boldsymbol{x}$ とおくと $\boldsymbol{x}=\boldsymbol{x}_1+\cdots+\boldsymbol{x}_r$ （$\boldsymbol{x}_i\in V_i$）と書ける．この書き方は一意的であることが (1) よりわかる．よって，$V=V_1\oplus\cdots\oplus V_r$ である．

4. $\nu_1=0,\ \nu_2=1,\ \nu_3=1$.

問題 7.1

1. $\|\boldsymbol{a}\|=\sqrt{14},\ \|\boldsymbol{b}\|=\sqrt{7},\ (\boldsymbol{a},\boldsymbol{b})=7$, $\boldsymbol{a}$ と $\boldsymbol{b}$ のなす角は $\frac{\pi}{4}$.

2. (1) $-\frac{8}{3}$ (2) $x^2-\frac{1}{3}$ （最小値 $\frac{2\sqrt{10}}{15}$）

3. (1) 例題 7.1.3, 例題 7.1.4 と同様. (2) $\alpha-\beta$

4. $A=[a_{ij}]$, $B=[b_{ij}]$ とおくと，$a_{ij}=(\boldsymbol{e}_i,A\boldsymbol{e}_j)=(\boldsymbol{e}_i,B\boldsymbol{e}_j)=b_{ij}$ となる．

5. 例題 7.1.7 (1) より，与式と $(\boldsymbol{a},\boldsymbol{b})=0$ は同値である．

6. (1) $W\cap W^{\perp}$ のベクトル $\boldsymbol{a}$ に対して，$(\boldsymbol{a},\boldsymbol{a})=0$ となるので $\boldsymbol{a}=\boldsymbol{0}$.

(2) $W_1\subset W_2$ ならば，$W_2^{\perp}$, W_1 の各ベクトル $\boldsymbol{a},\boldsymbol{b}$ に対して，$(\boldsymbol{a},\boldsymbol{b})=0$.

7. $A=[\boldsymbol{a}_1\ \cdots\ \boldsymbol{a}_n]$ とおくと，$G={}^{t}AA$ と表せることを用いよ．

問題 7.2

1. (1) $\frac{1}{5}{}^{t}[3\ 4],\ \frac{1}{5}{}^{t}[-4\ 3]$ (2) $\frac{1}{3}{}^{t}[2\ \ -2\ 1],\ \frac{1}{\sqrt{2}}{}^{t}[1\ 1\ 0],\ \frac{1}{3\sqrt{2}}{}^{t}[1\ \ -1\ \ -4]$

2. $\frac{\sqrt{2}}{2},\ \frac{\sqrt{6}}{2}x,\ \frac{3\sqrt{10}}{4}x^2-\frac{\sqrt{10}}{4}$

3. ${}^{t}[3\ 2\ 1]$

4. $P=\begin{bmatrix}a&b\\c&d\end{bmatrix}$ とおいて，${}^{t}PP=E$ が成り立つための条件を書き下せばよい．

5. (1) V のベクトル $\boldsymbol{a}$ に対して，$\|g\circ f(\boldsymbol{a})\|=\|f(\boldsymbol{a})\|=\|\boldsymbol{a}\|$（命題 7.2.13）.

(2) (1) と同様に，$\|f^{-1}(\boldsymbol{a})\|=\|f\circ f^{-1}(\boldsymbol{a})\|=\|\boldsymbol{a}\|$.

6. $\mathbb{R}^3$ の正規直交基底 $\boldsymbol{v}_1,\boldsymbol{v}_2,\boldsymbol{v}_3$ であって，$\boldsymbol{v}_1=\frac{\boldsymbol{u}}{\|\boldsymbol{u}\|}$ となるものを考えよ．

7. web 参照

問題 8.1

1. 命題 8.1.2 の証明と同様.

2. 与えられた行列を A とする．

(1)　例えば $P = \frac{1}{\sqrt{5}}\begin{bmatrix}1 & 2\\ 2 & -1\end{bmatrix}$ によって ${}^{\mathrm{t}}PAP = \begin{bmatrix}-1 & 10\\ 0 & -1\end{bmatrix}$.

(2)　例えば $P = \begin{bmatrix}0 & \frac{1}{\sqrt{2}} & \frac{1}{\sqrt{2}}\\ 0 & -\frac{1}{\sqrt{2}} & \frac{1}{\sqrt{2}}\\ 1 & 0 & 0\end{bmatrix}$ によって ${}^{\mathrm{t}}PAP = \begin{bmatrix}2 & 0 & \sqrt{2}\\ 0 & 2 & -2\\ 0 & 0 & 2\end{bmatrix}$.

3.　与えられた行列を A とする.

(1)　例えば $P = \frac{1}{\sqrt{2}}\begin{bmatrix}1 & 1\\ 1 & -1\end{bmatrix}$ によって ${}^{\mathrm{t}}PAP = \begin{bmatrix}5 & 0\\ 0 & -1\end{bmatrix}$.

(2)　例えば $P = \begin{bmatrix}\frac{1}{\sqrt{2}} & \frac{1}{\sqrt{3}} & \frac{1}{\sqrt{6}}\\ 0 & -\frac{1}{\sqrt{3}} & \frac{2}{\sqrt{6}}\\ -\frac{1}{\sqrt{2}} & \frac{1}{\sqrt{3}} & \frac{1}{\sqrt{6}}\end{bmatrix}$ によって ${}^{\mathrm{t}}PAP = \begin{bmatrix}1 & 0 & 0\\ 0 & 2 & 0\\ 0 & 0 & -1\end{bmatrix}$.

(3)　例えば $P = \begin{bmatrix}\frac{1}{\sqrt{2}} & \frac{1}{\sqrt{3}} & \frac{1}{\sqrt{6}}\\ -\frac{1}{\sqrt{2}} & \frac{1}{\sqrt{3}} & \frac{1}{\sqrt{6}}\\ 0 & \frac{1}{\sqrt{3}} & -\frac{2}{\sqrt{6}}\end{bmatrix}$ によって ${}^{\mathrm{t}}PAP = \begin{bmatrix}2 & 0 & 0\\ 0 & 2 & 0\\ 0 & 0 & -4\end{bmatrix}$.

4.　web 参照

5.　恒等変換（$\theta = 0$）と -1 倍写像（$\theta = \pi$）に限る.

6.　(1)　$AB = BA = \begin{bmatrix}2 & -4\\ -4 & 8\end{bmatrix}$.

(2)　共通の固有空間は $\begin{bmatrix}1\\ -2\end{bmatrix}$ または $\begin{bmatrix}2\\ 1\end{bmatrix}$ が生成する $\mathbb{R}^2$ の部分空間である.

(3)　$P = \frac{1}{\sqrt{5}}\begin{bmatrix}1 & 2\\ -2 & 1\end{bmatrix}$ とおくと，${}^{\mathrm{t}}PAP = \begin{bmatrix}5 & 0\\ 0 & 0\end{bmatrix}$, ${}^{\mathrm{t}}PBP = \begin{bmatrix}2 & 0\\ 0 & 7\end{bmatrix}$.

問題 8.2

1.　(1)　$\begin{bmatrix}1 & -1\\ -1 & 3\end{bmatrix}$　(2)　$\begin{bmatrix}4 & 3 & 1\\ 3 & 3 & -4\\ 1 & -4 & -1\end{bmatrix}$　(3)　$\begin{bmatrix}1 & \frac{1}{2} & 0 & \frac{1}{2}\\ \frac{1}{2} & 1 & \frac{1}{2} & 0\\ 0 & \frac{1}{2} & 1 & \frac{1}{2}\\ \frac{1}{2} & 0 & \frac{1}{2} & 1\end{bmatrix}$

2.　(1)　$3x_1^2 - 2x_2^2$,　$(1,1)$　(2)　$2x_1^2 + 5x_2^2 - x_3^2$,　$(2,1)$

(3)　$x_1^2 - \frac{1}{2}x_2^2 - \frac{1}{2}x_3^2$,　$(1,2)$

3.　例えば，定理 8.2.7 を用いよ.

4. $q(x_1, x_2)$ の係数行列 $\begin{bmatrix} a & \frac{b}{2} \\ \frac{b}{2} & c \end{bmatrix}$ に対して，定理 8.2.7(1) を適用すればよい．

5. $-\frac{1}{2} < a < 1$ のとき $(3,0)$，　$a < -\frac{1}{2}$ のとき $(2,1)$，　$a > 1$ のとき $(1,2)$，　$a = -\frac{1}{2}$ のとき $(2,0)$，　$a = 1$ のとき $(1,0)$．

6. 標準形 $q(x_1, x_2, x_3) = \lambda_1 y_1^2 + \lambda_2 y_2^2 + \lambda_3 y_3^2$（$\lambda_1 \geqq \lambda_2 \geqq \lambda_3$）を考えよ．

7. $F(x, y, z) = 8, -8, -24$ のとき，それぞれ一葉双曲面，楕円錐面，二葉双曲面．

8. web 参照

問題 8.3

1. $\|\boldsymbol{a}\| = \sqrt{3}$, $\|\boldsymbol{b}\| = \sqrt{15}$, $(\boldsymbol{a}, \boldsymbol{b}) = 6$.

2. (1)　$\frac{1}{\sqrt{2}}{}^t[1 \ \ -i]$, $\frac{1}{\sqrt{2}}{}^t[i \ \ -1]$　　(2)　$\frac{1}{\sqrt{3}}{}^t[i \ 1 \ i]$, $\frac{1}{\sqrt{6}}{}^t[1 \ 2i \ 1]$, $\frac{1}{\sqrt{2}}{}^t[i \ 0 \ \ -i]$

3. (1)　web 参照

(2)　(1) と定理 8.3.10 より，$(W_1^{\perp} + W_2^{\perp})^{\perp} = (W_1^{\perp})^{\perp} \cap (W_2^{\perp})^{\perp} = W_1 \cap W_2$.

4. $U = \begin{bmatrix} \alpha & \gamma \\ \beta & \delta \end{bmatrix}$ とおいて，$U^*U = E$ が成り立つための条件を書き下せばよい．

5. 問題 7.2.5 と同様．

6. (1)　例えば $U = \frac{1}{\sqrt{2}} \begin{bmatrix} 1 & 1 \\ -i & i \end{bmatrix}$ によって $U^*AU = \begin{bmatrix} 2 & 0 \\ 0 & 0 \end{bmatrix}$.

(2)　例えば $U = \begin{bmatrix} \frac{1}{\sqrt{2}} & \frac{1}{\sqrt{6}} & \frac{1}{\sqrt{3}} \\ 0 & -\frac{2i}{\sqrt{6}} & \frac{i}{\sqrt{3}} \\ \frac{1}{\sqrt{2}} & -\frac{1}{\sqrt{6}} & -\frac{1}{\sqrt{3}} \end{bmatrix}$ によって $U^*AU = \begin{bmatrix} 1 & 0 & 0 \\ 0 & 3 & 0 \\ 0 & 0 & 0 \end{bmatrix}$.

(3)　例えば $U = \begin{bmatrix} \frac{1}{\sqrt{2}} & \frac{i}{2} & \frac{1}{2} \\ 0 & -\frac{1}{\sqrt{2}} & -\frac{i}{\sqrt{2}} \\ -\frac{1}{\sqrt{2}} & \frac{i}{2} & \frac{1}{2} \end{bmatrix}$ によって $U^*AU = \begin{bmatrix} 2 & 0 & 0 \\ 0 & 2 & 0 \\ 0 & 0 & -2 \end{bmatrix}$.

7. web 参照

索　　引

さ　行

た　行

な　行

は　行

ま　行

や　行

ら　行

わ　行

著者紹介

朝倉政典（あさくら まさのり）

1999年　東京大学大学院数理科学研究科博士課程修了
現　在　北海道大学大学院理学研究院教授，博士（数理科学）
担当：3章，5章

落合　理（おちあい ただし）

2001年　東京大学大学院数理科学研究科博士課程修了
現　在　東京科学大学教授，博士（数理科学）
担当：1章，2章

北山貴裕（きたやま たかひろ）

2011年　東京大学大学院数理科学研究科博士課程修了
現　在　東京大学大学院数理科学研究科准教授，博士（数理科学）
担当：4.3節，7章，8章

田口雄一郎（たぐち ゆういちろう）

1990年　東京大学大学院数理科学研究科修士課程修了
現　在　東京科学大学教授，博士（数理科学）
担当：4.1節，4.2節，6章

2025年4月4日　初版発行

数理情報・工学系のための数学教程
基礎編2

線形代数

著　者　朝倉政典
　　　　落合　理
　　　　北山貴裕
　　　　田口雄一郎
発行者　山本　格

発行所　株式会社　培風館
東京都千代田区九段南4-3-12・郵便番号102-8260
電話(03)3262-5256(代表)・振替00140-7-44725

三美印刷・牧 製本

PRINTED IN JAPAN

ISBN978-4-563-00623-5　C3341